中文版 **SketchUp**
草图绘制 技术精粹

李红术 / 编著

清华大学出版社
北 京

内容简介

本书是一本SketchUp 2015的案例教程，全面讲解了该软件的各项功能和使用方法。全书共11章，循序渐进地介绍了SketchUp 2015的基础知识、基本绘图工具、辅助设计工具、绘图管理工具、SketchUp插件、材质与贴图、渲染与输出等内容。最后通过室内客厅与餐厅、时尚建筑和小区景观设计等综合实例，来实战演练前面所学知识。

本书提供长达9小时的教学光盘，内容极其丰富，包含全书相关实例的素材和源文件，以及高清语音视频教学，可以大幅提高学习兴趣和效率。

本书内容全面、实例丰富、结构严谨、深入浅出，既可作为大中专院校相关专业的教材，也适用于广大的SketchUp 2015用户自学和参考。

图书在版编目(CIP)数据

中文版SketchUp草图绘制技术精粹 / 李红术编著. --北京：清华大学出版社，2016（2022.1重印）
ISBN 978-7-302-40189-6

Ⅰ. ①中… Ⅱ. ①李… Ⅲ. ①建筑设计－计算机辅助设计－应用软件 Ⅳ. ①TU201.4

中国版本图书馆CIP数据核字（2015）第101588号

责任编辑：陈绿春
封面设计：潘国文
责任校对：徐俊伟
责任印制：杨　艳

出版发行：清华大学出版社
　　　　网　　　址：http://www.tup.com.cn，http://www.wqbook.com
　　　　地　　　址：北京清华大学学研大厦A座　　　　邮　　编：100084
　　　　社　总　机：010-62770175　　　　　　　　　邮　　购：010-83470235
　　　　投稿与读者服务：010-62776969，c-service@tup.tsinghua.edu.cn
　　　　质　量　反　馈：010-62772015，zhiliang@tup.tsinghua.edu.cn
印　装　者：天津鑫丰华印务有限公司
经　　销：全国新华书店
开　　本：188mm×260mm　　　　　印　　张：23.75　　　　字　　数：612千字
　　　　（附DVD1张）
版　　次：2016年2月第1版　　　　　印　　次：2022年1月第6次印刷
定　　价：99.00元

产品编号：061943-01

前言

SketchUp是一款直接面向设计过程的三维软件，区别于追求模型造型与渲染表现真实度的其他三维软件。SketchUp更多关注于设计，软件的应用方法类似于现实中的铅笔绘画。SketchUp软件可以让使用者非常容易地在三维空间中画出尺寸精确的图形，并能够快速生成3D模型。因此，读者通过短期的认真学习，既可熟练掌握该软件的使用，也可在设计工作中发掘出该软件的无限潜力。

本书特色

与同类书相比，本书具有以下特点。

（1）完善的知识体系

本书从SketchUp基础知识讲起，从简单到复杂，循序渐进地介绍了SketchUp的基础知识、基本绘图工具、辅助设计工具、绘图管理工具、SketchUp插件、材质与贴图、渲染与输出等内容，最后针对各行业需要，详细讲解SketchUp在室内、建筑、景观及规划设计等行业的应用方法。

（2）丰富的经典案例

本书所有的案例针对初、中级用户量身定做。针对每节所学的知识点，将经典案例以实例的方式穿插其中，与知识点相辅相成。

（3）实时的知识点提醒

SketchUp绘图的一些技巧和注意点贯穿全书，使读者在实际应用中更加得心应手。

（4）实用的行业案例

本书每个练习和案例都取材于实际工程案例，具有典型性和实用性，涉及室内设计、建筑设计、景观设计及规划设计等，使广大读者在学习软件的同时，能够了解相关行业的绘图特点和规律，积累实际工作经验。

（5）手把手的教学视频

全书配备了高清语音视频教学，清晰直观地讲解使得学习更有趣、更有效率。

本书内容

全书共分11章，主要内容如下。

第1章 初识SketchUp 2015：介绍了SketchUp 2015软件的概述、软件的应用领域、运行环境、安装与卸载、工作界面等。

第2章 SketchUp基本绘图工具：介绍了SketchUp的绘图工具、编辑工具，使读者掌握软件最为常用的一些建模方法，快速上手；同时介绍了实体工具、沙盒工具，使读者进一步掌握SketchUp建模方法。

第3章 SketchUp辅助设计工具：介绍了选择和编辑工具（如选择工具、制作组件、擦除工具等）、构造工具（如卷尺工具、尺寸和文字标注、量角器工具等）、相机工具（如环绕观察工具、平移工具、缩放工具）、漫游工具（定位镜头工具、正面观察工具等）、剖面工具、视图工具、样式工具（如消隐模式、线框模式、材质贴图模式等）。

第4章 SketchUp绘图管理工具：介绍了样式设置、图层设置、雾化和柔化边线设置、SketchUp群组工具、SketchUp组件工具。

第5章 SketchUp常用插件：介绍了SUAPP（中文建筑插件库总称）插件的安装、SUAPP插件基本工具，如镜像物体、生成面域、拉线成面。

第6章 SketchUp材质与贴图：介绍了SketchUp材质与贴图、色彩取样器、透明材质、贴图坐标。

第7章 SketchUp渲染与输出：介绍了V-Ray工具栏，SketchUp与AutoCAD、3ds Max等软件间的互转，方便在实际工作中使用相关文件。

第8章 创建基本建筑模型练习：主要通过介绍一些常用的模型组件建立的方法，如楼梯施工剖面图、人物组件、特色茶几、室内盆栽、景观亭子、山体坡道等模型，使读者具备初步的软件应用能力。

第9~11章 综合实例：深入讲解SketchUp在室内设计、建筑设计和景观设计等行业的应用和建模技巧，以达到学以致用的目的。

本书作者

本书由李红术主笔，参加编写的还有：陈运炳、申玉秀、李红萍、李红艺、陈云香、陈文香、陈军云、彭斌全、林小群、刘清平、钟睦、刘里锋、朱海涛、廖博、喻文明、易盛、陈晶、张绍华、黄柯、何凯、黄华、陈文轶、杨少波、杨芳、刘有良、刘珊、赵祖欣、齐慧明、胡莹君等。

由于作者水平有限，书中错误、疏漏之处在所难免。在感谢您选择本书的同时，也希望您能够把对本书的意见和建议告诉我们。

联系邮箱：lushanbook@qq.com

读者QQ群：327209040

中文版SKetchUp草图绘制技术精粹

目录
contents

第1章 初识SketchUp 2015

1.1 SketchUp概述 ················ 2
 1.1.1 关于SketchUp ············· 2
 1.1.2 SketchUp的特色 ··········· 2
 1.1.3 SketchUp的缺点 ··········· 3
 1.1.4 SketchUp 2015新功能 ······ 4
1.2 SketchUp的应用领域 ········· 5
 1.2.1 建筑设计中的SketchUp ····· 5
 1.2.2 城市规划中的SketchUp ····· 5
 1.2.3 园林景观中的SketchUp ····· 5
 1.2.4 室内设计中的SketchUp ····· 7
 1.2.5 工业设计中的SketchUp ····· 7
 1.2.6 动漫设计中的SketchUp ····· 7
1.3 SketchUp的运行环境 ········· 8
 1.3.1 Windows 7 ··············· 8
 1.3.2 Mac OS X ················ 8
1.4 SketchUp的安装与卸载 ······· 8

 1.4.1 安装SketchUp 2015 ········ 8
 1.4.2 卸载SketchUp 2015 ········ 9
1.5 SketchUp 2015欢迎界面 ······ 10
1.6 SketchUp 2015工作界面 ······ 11
 1.6.1 标题栏 ················· 12
 1.6.2 菜单栏 ················· 12
 1.6.3 工具栏 ················· 13
 1.6.4 绘图区 ················· 13
 1.6.5 状态栏 ················· 14
 1.6.6 数值输入框 ············· 14
 1.6.7 窗口调整柄 ············· 14
1.7 优化工作界面 ·············· 14
 1.7.1 设置系统属性 ··········· 14
 1.7.2 设置SketchUp模型信息 ····· 17
 1.7.3 设置快捷键 ············· 20

第2章 SketchUp基本绘图工具

2.1 绘图工具 ················ 23
 2.1.1 矩形工具 ··············· 23
 2.1.2 实例——绘制门 ··········· 25
 2.1.3 直线工具 ··············· 27
 2.1.4 实例——绘制镂空窗 ······· 31
 2.1.5 圆工具 ················· 32
 2.1.6 圆弧工具 ··············· 34
 2.1.7 多边形工具 ············· 35
 2.1.8 手绘线工具 ············· 36
2.2 编辑工具 ················ 36
 2.2.1 推/拉工具 ·············· 37
 2.2.2 实例——创建花坛 ········· 38
 2.2.3 实例——创建木质柜 ······· 39
 2.2.4 移动工具 ··············· 43
 2.2.5 实例——复制线性阵列 ····· 44
 2.2.6 实例——制作楼盘建筑 ····· 46
 2.2.7 实例——创建百叶窗 ······· 47
 2.2.8 旋转工具 ··············· 49
 2.2.9 实例——旋转复制阵列 ····· 51
 2.2.10 路径跟随工具 ··········· 52

 2.2.11 实例——创建长椅 ········ 53
 2.2.12 缩放工具 ············· 55
 2.2.13 偏移工具 ············· 58
 2.2.14 实例——创建储物柜 ······ 59
2.3 实体工具 ················ 64
 2.3.1 实体外壳工具 ··········· 64
 2.3.2 相交工具 ··············· 66
 2.3.3 联合工具 ··············· 66
 2.3.4 减去工具 ··············· 66
 2.3.5 剪辑工具 ··············· 67
 2.3.6 拆分工具 ··············· 67
2.4 沙盒工具 ················ 68
 2.4.1 根据等高线建模 ········· 68
 2.4.2 实例——创建伞 ··········· 68
 2.4.3 根据网格创建建模 ······· 70
 2.4.4 曲面起伏 ··············· 71
 2.4.5 曲面平整 ··············· 74
 2.4.6 实例—创建地形 ········· 74
 2.4.7 曲面投射 ··············· 76
 2.4.8 实例——创建园路 ········· 77

2.4.9 添加细部 ·········· 77
2.4.10 对调角线 ·········· 78
2.5 课后练习 ·········· 78

2.5.1 绘制室外座椅 ·········· 78
2.5.2 绘制电视柜 ·········· 79

第3章 SketchUp 辅助设计工具

3.1 选择和编辑工具 ·········· 82
3.1.1 选择工具 ·········· 82
3.1.2 实例——窗选和框选 ·········· 83
3.1.3 实例——右键关联选择 ·········· 84
3.1.4 制作组件 ·········· 85
3.1.5 擦除工具 ·········· 87
3.1.6 实例——处理边线 ·········· 88

3.2 建筑施工工具 ·········· 88
3.2.1 卷尺工具 ·········· 89
3.2.2 实例——全局缩放 ·········· 91
3.2.3 尺寸标注与文字标注工具 ·········· 92
3.2.4 量角器工具 ·········· 97
3.2.5 轴工具 ·········· 98
3.2.6 三维文字工具 ·········· 100
3.2.7 实例——添加酒店名称 ·········· 100

3.3 相机工具 ·········· 102
3.3.1 环绕观察工具 ·········· 102
3.3.2 平移工具 ·········· 102
3.3.3 缩放工具 ·········· 103
3.3.4 缩放窗口工具 ·········· 103
3.3.5 充满视窗工具 ·········· 103
3.3.6 上一个工具 ·········· 104
3.3.7 定位相机工具 ·········· 104
3.3.8 绕轴旋转工具 ·········· 105

3.3.9 漫游工具 ·········· 106
3.3.10 实例——漫游博物馆 ·········· 106

3.4 截面工具 ·········· 108
3.4.1 创建截面 ·········· 109
3.4.2 编辑截面 ·········· 109
3.4.3 导出剖面 ·········· 112
3.4.4 实例——导出室内剖面 ·········· 113

3.5 视图工具 ·········· 115
3.5.1 在视图中查看模型 ·········· 115
3.5.2 透视模式 ·········· 116
3.5.3 轴测模式 ·········· 117

3.6 样式工具 ·········· 118
3.6.1 X光透视模式 ·········· 118
3.6.2 后边线模式 ·········· 118
3.6.3 线框显示模式 ·········· 119
3.6.4 消隐模式 ·········· 119
3.6.5 阴影模式 ·········· 119
3.6.6 材质贴图模式 ·········· 119
3.6.7 单色显示模式 ·········· 119

3.7 课后练习 ·········· 120
3.7.1 编辑铅笔 ·········· 120
3.7.2 标注办公室桌 ·········· 120

第4章 SketchUp绘图管理工具

4.1 样式设置 ·········· 123
4.1.1 样式面板 ·········· 123
4.1.2 实例——颜色选项 ·········· 130
4.1.3 实例——设置车房背景 ·········· 132
4.1.4 实例——添加水印 ·········· 133

4.2 图层设置 ·········· 135
4.2.1 图层工具栏 ·········· 135
4.2.2 图层管理器 ·········· 135

4.2.3 图层属性 ·········· 141

4.3 雾化和柔化边线设置 ·········· 142
4.3.1 雾化设置 ·········· 142
4.3.2 实例——添加雾化效果 ·········· 142
4.3.3 柔化边线设置 ·········· 143

4.4 SketchUp群组工具 ·········· 144
4.4.1 群组的特点 ·········· 144
4.4.2 组的创建与分解 ·········· 145

4.4.3 组的锁定与解锁 ···········147
4.4.4 组的编辑 ···················148
4.4.5 实例——添加躺椅 ·········151

4.5 SketchUp组件工具　　152
4.5.1 组件的特点 ···············152
4.5.2 删除组件 ···················153
4.5.3 锁定与解锁组件 ···········153
4.5.4 实例——锁定组件 ·········154
4.5.5 编辑组件 ···················155

4.5.6 实例——翻转推拉门 ·······158
4.5.7 实例——创建吊灯花样 ·····159
4.5.8 实例——组件替代 ·········160
4.5.9 插入组件 ···················162
4.5.10 制作动态组件 ···········165

4.6 课后练习　　166
4.6.1 编辑宫灯 ···················166
4.6.2 设置背景和雾化效果 ·······167

第5章　SketchUp常用插件

5.1 SUAPP插件的安装 ···········169
5.1.1 实例——安装SUAPP插件 ·····169

5.2 SUAPP插件基本工具 ·········170
5.2.1 镜像物体 ···················170
5.2.2 实例——创建廊架 ·········171
5.2.3 生成面域 ···················171

5.2.4 实例——生成面域 ·········172
5.2.5 拉线成面 ···················173
5.2.6 实例——创建飘窗 ·········173

5.3 课后练习 ······················175
5.3.1 创建室内墙体 ···············175
5.3.2 创建对谈桌椅 ···············176

第6章　SketchUp材质与贴图

6.1 SketchUp填充材质 ···········178
6.1.1 默认材质 ···················178
6.1.2 材质编辑器 ···············178
6.1.3 填充材质 ···················182
6.1.4 实例——填充材质 ·········182

6.2 色彩取样器　　183

6.3 材质透明度　　184

6.4 贴图坐标　　185
6.4.1 锁定图钉模式 ···············185
6.4.2 自由图钉模式 ···············188

6.5 贴图技巧 ······················188
6.5.1 转角贴图 ···················189
6.5.2 实例——创建魔盒 ·········189
6.5.3 贴图坐标和隐藏几何体 ·····190
6.5.4 实例——创建笔筒花纹 ·····190
6.5.5 曲面贴图与投影贴图 ·······191
6.5.6 实例——创建地球仪 ·······192

6.6 课后练习 ······················193
6.6.1 填充亭子材质 ···············193
6.6.2 创建红酒瓶标签 ···········194

第7章　SketchUp渲染与输出

7.1 V-Ray SketchUp模型的渲染 ·····197
7.1.1 V-Ray简介 ···············197
7.1.2 V-Ray for SketchUp渲染器的
　　　 安转与卸载 ···············198

7.1.3 V-Ray for SketchUp主工具栏 ·········200
7.1.4 V-Ray for SketchUp材质编辑器 ·····200
7.1.5 V-Ray for SketchUp材质系类型介绍 204
7.1.6 V-Ray for SketchUp光源工具栏 ·····208

7.1.7 V-Ray for SketchUp渲染面板介绍 …211

7.2 室内渲染实例 ……… 216
7.2.1 测试渲染 ………216
7.2.2 设置材质参数 ………220
7.2.3 设置最终渲染参数 ………225

7.3 SketchUp导入功能 ……… 227
7.3.1 导入AutoCAD文件 ………227
7.3.2 实例——导入AutoCAD文件 ………227
7.3.3 实例——绘制教师公寓墙体 ………229
7.3.4 实例——导入3ds文件 ………230
7.3.5 实例——导入二维图像 ………231

7.4 SketchUp导出功能 ……… 233
7.4.1 导出AutoCAD文件 ………233

7.4.2 实例——导出AutoCAD二维矢量图文件 ………234
7.4.3 实例——导出AutoCAD三维模型文件 ………235
7.4.4 导出常用三维文件 ………236
7.4.5 实例——导出三维文件 ………237
7.4.6 导出二维图像文件 ………238
7.4.7 实例——导出二维图像文件 ………239
7.4.8 导出二维剖面文件 ………240
7.4.9 实例——导出二维剖切文件 ………241

7.5 课后练习 ……… 242
7.5.1 渲染主卧场景 ………242
7.5.2 导出夜景图片 ………245

第8章 创建基本建筑模型练习

8.1 绘制楼梯施工剖面图 ……… 247
8.1.1 导入CAD文件 ………247
8.1.2 构建楼梯模型 ………247
8.1.3 铺贴施工图材质 ………249

8.2 绘制人物组件 ……… 252
8.2.1 绘制线框并导入SketchUp中 ………252
8.2.2 制作人物组件 ………254

8.3 绘制特色茶几 ……… 257
8.3.1 创建茶几模型 ………258
8.3.2 铺贴材质 ………261

8.4 制作室内盆栽组件 ……… 262
8.4.1 制作模型 ………262

8.4.2 铺贴材质 ………268

8.5 制作景观亭子模型 ……… 269
8.5.1 创建亭子模型 ………269
8.5.2 铺贴材质 ………273

8.6 照片匹配绘制岗亭模型 ……… 274
8.6.1 创建岗亭模型 ………274
8.6.2 铺贴材质 ………280

8.7 绘制山体坡道 ……… 282

8.8 课后练习 ……… 286
8.8.1 创建廊架 ………286
8.8.2 创建2D树木组件 ………287

第9章 综合实例——现代风格客厅与餐厅表现

9.1 导入SketchUp前准备工作 ……… 289
9.1.1 导入CAD平面图形 ………289
9.1.2 优化SketchUp模型信息 ………290

9.2 在SketchUp中创建模型 ……… 291
9.2.1 绘制墙体 ………291
9.2.2 绘制平面 ………296

9.2.3 绘制天花板 ………298
9.2.4 赋予材质 ………300
9.2.5 安置家具 ………305

9.3 后期渲染 ……… 307
9.3.1 渲染前期准备 ………307
9.3.2 设置渲染材质参数 ………309
9.3.3 设置渲染参数 ………315

目录

第10章 综合实例——时尚别墅建筑表现

10.1 导入SketchUp前准备工作 ········ 318
 10.1.1 整理CAD平面图纸 ············318
 10.1.2 优化SketchUp场景设置 ········319
10.2 创建模型前准备工作 ············ 319
 10.2.1 导入CAD图形 ···············319
 10.2.2 调整图形位置 ···············320
10.3 在SketchUp中创建模型 ········ 321
 10.3.1 创建地下室模型 ·············321
 10.3.2 绘制建筑一层模型 ···········323

10.3.3 绘制建筑二层模型 ···········329
10.3.4 绘制建筑三层模型 ···········333
10.3.5 绘制建筑顶面模型 ···········336
10.3.6 绘制建筑其他细节 ···········337
10.3.7 处理别墅景观效果 ···········339
10.4 后期渲染 ····················· 340
 10.4.1 渲染前准备工作 ·············340
 10.4.2 设置材质参数 ···············340
 10.4.3 设置渲染参数 ···············341
10.5 后期效果图处理 ··············· 343

第11章 综合实例——小区景观设计

11.1 创建模型前准备工作 ············ 346
 11.1.1 整理CAD平面图纸 ············346
 11.1.2 导入CAD图形 ···············347
11.2 在SketchUp中创建模型 ········ 348
 11.2.1 绘制主干道和中心圆形喷泉
     广场模型 ···················348
 11.2.2 绘制老年人活动区及周围
     景观模型 ···················351
 11.2.3 绘制休闲区模型 ·············353
 11.2.4 绘制枯山水区模型 ···········356
 11.2.5 绘制儿童游乐区模型 ·········356
 11.2.6 绘制静区模型 ···············357
11.3 细化场景模型 ················· 359
 11.3.1 赋予主干道模型材质 ·········359

11.3.2 赋予中心喷泉广场模型材质 ········361
11.3.3 赋予休闲区模型材质 ···········362
11.3.4 赋予老年人活动区模型材质 ······362
11.3.5 赋予枯山水区模型材质 ·········363
11.3.6 赋予儿童活动区模型材质 ········363
11.3.7 赋予静区模型材质 ···········364
11.4 丰富场景模型 ················· 365
 11.4.1 添加构筑物 ···············365
 11.4.2 添加植物 ················365
 11.4.3 添加人、动物、车辆及路灯 ····366
11.5 整理场景 ····················· 367
 11.5.1 渲染图片 ················367
 11.5.2 后期处理 ················368

第1章

初识 SketchUp 2015

本课知识：

- 了解 SketchUp 2015 的基本知识。

- 掌握 SketchUp 2015 的安装与卸载。

- 熟悉 SketchUp 2015 的界面构成。

本章首先介绍 Sketchup 的诞生和发展、相对于其他软件的优势和劣势及其在各行业的应用情况，同时介绍 Sketchup 2015 新增功能以及工作界面，并指导安装与卸载 Sketchup。

1.1 SketchUp 概述

1.1.1 关于 SketchUp

Sketchup 是一款极受欢迎并易于使用的 3D 设计软件，官方网站将它比喻为电子设计中的"铅笔"。其中开发公司 @Last Software 成立于 2000 年，规模虽小，但却以 Sketchup 而闻名。为了增强 Google Eearth 的功能，让使用者可以利用 Sketchup 创建 3D 模型并放入 Google Eearth 中，使得 Google Eearth 所呈现的地图更具立体感、更接近真实世界，Google 于 2006 年 3 月宣布收购 3D 绘图软件 Sketchup 及其开发公司 @Last Software。使用者可以通过一个名叫 Google 3D Warehouse 的网站（http://sketchup.google.com.3dwarehouse/）寻找与分享各种由 Sketchup 创建的模型，如图 1-1 所示。

图 1-1　搜索模型

自 Google 公司的 SketchUp 正式成为 Trimble 家族的一员之后，2014 年 11 月 4 日，SketchUp 迎来了一次重大更新。这一次更新给 SketchUp 注入了新活力，优化了其原有性能、界面、功能更易于操作，设计思想、实体表现更易于表达。

1.1.2 SketchUp 的特色

SketchUp 的界面简洁直观，如图 1-2 所示。其命令简单实用，避免了其他类似软件的复杂操作缺陷，这样大大提高了工作效率。对于初学者来说，易于上手，而经过一段时间的练习后，用户使用鼠标就

能像拿着铅笔一样灵活，可以尽情地表现创意和设计思维。

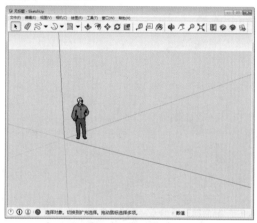

图 1-2　界面简洁

SketchUp 直接面向设计过程，快捷直观、即时显现。SketchUp 提供了强大的实时显现工具，如基于视图操作的照相机工具，能够从不同角度、不同显示比例浏览建筑形体和空间效果，并且这种实时处理完毕后的画面与最后渲染出来的图片完全一致，所见即所得，不用花费大量的时间来等待渲染效果，如图 1-3 所示。

图 1-3　渲染效果

SketchUp 显示风格灵活多样，可以快捷地进行风格转换以及页面切换，如图 1-4 所示。这样不但摆脱了传统的绘图方法的

繁重与枯燥，而且能与客户进行更为直接、灵活和有效的交流。

图1-4 模拟草图效果

SketchUp材质和贴图使用更方便，如图1-5所示，通过调节材质编辑器里的相关参数就可以对颜色和材质进行修改。同时SketchUp与其他软件数据高度兼容，不仅与AutoCAD、3ds Max、Revit等相关图形处理软件共享数据成果，以弥补SketchUp的不足。同时还能完美地结合V-Ray、Piranesi、Artlantis等渲染器，实现丰富多样的表现效果。

图1-5 赋予材质贴图

SketchUp可以非常方便地生成各种空间分析的剖切图，如图1-6所示。剖面不仅可以表达空间关系，更能直观准确地反映复杂的空间结构。另外，结合页面功能还可以生成剖面动画，动态展示模型内部空间的相互关系，或者规划场景中的生长动画等。

图1-6 产生剖面

SketchUp光影分析非常的直观准确，通过设定某一特定城市的经纬和时间，得到日照情况。另外，还可以通过此日照分析系统来评估一栋建筑的各项日照技术指标，如图1-7所示。

图1-7 不同时间的不同阴影效果

1.1.3 SketchUp的缺点

SketchUp虽然不断地更新换代，但却因为软件本身存在兼容性的问题而导致一些不可避免的缺陷。

（1）SketchUp 被称为草图大师，主要是因为它的随意性和灵动性，就像手握铅笔在纸上绘画，所以偏重设计构思过程表现，一般在方案的初期阶段使用。对于后期严谨的工程制图和效果图表现相对较弱，需要导出图片，利用 Photoshop 等专业处理图像的软件进行修改。

（2）SketchUp 在曲面建模和灯光的处理上较稍显逊色，因此当场景模型中有曲面物体时，需在 AutoCAD 中绘制好轮廓线或剖面，再导入到 SketchUp 中做进一步的处理。

（3）SketchUp 本身的渲染功能较弱，只能表达模型的形体和大概效果，不能真实地放映物体本身因为外界影响而产生的物理、化学现象，如反射、折射、自发光、凸凹等，因此无法形成真实的照片级效果。最好通过其他软件（如 V-Ray、Piranesi、Artlantis）一起使用。

1.1.4　SketchUp 2015 新功能

较之前的 SketchUp 2014 版本，SketchUp 2015 增加和改善了一些功能，主要表现在以下几个方面。

1. 64 位操作系统

在 SketchUp 2015 版本中更新了 SketchUp 引擎，使其能作为 64 位应用程序同时在 PC 和 Mac 操作系统中运行。64 位的版本能在 SketchUp 和电脑的活动内存之间留出更多带宽，32 位的版本将不再支持 Windows Vista 和 XP 操作系统。

2. 快速样式

样式是 SketchUp 中一项非常强大而有趣的功能，但有些不熟悉软件的用户不知道哪种样式会影响建模速度，在最新的 SketchUp 2015 版本中将那些能令 SketchUp 快速平稳运行的样式标记了出来，这样不需要耗费更多电脑显卡硬件，能够快速运行。

3. 面寻找器的改进

当 SketchUp 自动根据共面边线创建平面时，就会运行面寻找器代码。在 SketchUp 2015 版本中，大大优化了面寻找器代码，同时组分解和模型交错等操作上的性能有了很大的改进。

4. 新的旋转矩形

以往的版本需要先绘制好矩形后再旋转，SketchUp 2015 新增的旋转"矩形"工具 能在任意角度绘制离轴矩形（并不一定要在地面上），这样节省了大量的时间。

5. 新的"弧线"工具

现在用户可以用 4 种不同的方法来绘制弧线：默认的两点"圆弧"工具 可以选取两个端点，再选取一个定义"弧线高度"的第三个点。"圆弧"工具 先选取弧线的中心点，再选取边线上的两点，根据角度定义出弧线。"饼图弧线"工具 的运作方式相同，但是可以生成饼形表面。新增的"3点画弧"工具 则先选取弧线的端点定义出弧线高度，再选取第二个点，可以画任意弧线。

6. 新增 IFC 格式导入

添加了一项 IFC（Industry Foundation Classes，导入功能），SketchUp 和其他 BIM（Building Information Modeling，创建安装项目文件）应用程序之间可以双向交换信息模型，这样加大了与其他软件数据的兼容。

7. 分类器的改进

增添了根据分类生成报告的功能。"分类器"工具能够标出 IFC Building 和 IFC Building Story 组件，并能在导出时将其保存。

8. 智能标签

正如在 SketchUp 中一样，用户在添加到 LayOut 中的标签会用相关文本来自动预填充。当用户为组或组件贴标签时，其组件定义、信息建模分类、面积计算等等都会出现。就像模型几何一样，更新 LayOut 文件中的引用就能更新标签中显示的基本元数据。

9. 30 天的试用期

SketchUp 2015 新版本从以前 8 小时的试用期延长至 30 天，用户可以免费使用

SketchUp Pro 的所有功能，包括 LayOut 和 Style Builder。为用户提供更多机会，让用户更加充分领略到 SketchUp Pro 的魅力。

1.2 SketchUp 的应用领域

SketchUp 由于其方便易学、灵活性强、丰富的功能等优点，给设计师提供了一个在灵感和现实间自由转换的空间，让设计师在设计过程中享受方案创作的乐趣。SketchUp 的种种优点使其迅速风靡全球，广泛运用于各个领域，无论是在建筑、城市规划、园林景观设计领域，还是在室内装潢、户型设计和工业品设计领域。

1.2.1 建筑设计中的 SketchUp

SketchUp 在建筑设计中的应用十分广泛，从前期现状场地构建，到建筑大概形体的确定，再到建筑造型及立面设计。SketchUp 建模系统具有"基于实体"和"数据精确"等特性，这些特性符合建筑行业的专业要求标准，深受使用者的喜爱，成为建筑设计师的首选软件。

目前，在实际建筑设计中，一般的设计流程是：构思→方案→确定方案→深入方案→施工图纸的绘制。SketchUp 主要运用在建筑设计的方案阶段，在这个阶段需要建立一个大致的模型，然后通过这个模型来推敲建筑的体量、尺度、空间划分、色彩和材质以及某些细部构造，如图1-8 所示。

图1-8 建筑设计中的 SketchUp

1.2.2 城市规划中的 SketchUp

SketchUp 在城市规划行业以其直观便捷的优点深受规划师的喜爱，不管是宏观的城市空间形态，还是相较较小、微观的规划设计，都能够通过 SketchUp 辅助建模及功能的分析，大大解放了设计师的思维，提高了规划编制的科学性和合理性。目前，SketchUp 广泛应用于规划设计工作的方案构思、规划互动、设计过程与规划成果表达、感性择优方案等方面，如图1-9 所示为结合 SketchUp 构建的几个规划场景。

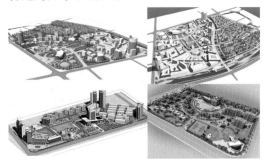

图1-9 城市规划中的 SketchUp

1.2.3 园林景观中的 SketchUp

从一个园林景观设计师的角度来说，SketchUp 在园林景观设计中的应用与在建筑设计和室内设计中的应用不同，它是以实际景观工程项目作为载体，可以直接赋予实际场。SketchUp 的引入在一定程度上提高了设计的工作效率和质量，随着插件功能和软件包的不断升级，在方案构思阶段推敲方案的功能也会越来越强大，运用 SketchUp 进行景观设计也越来越普遍，如图1-10 所示为结合 SketchUp 创建的几个简单的园林景观模型场景。

图 1-10　园林景观设计中的 SketchUp

　　SketchUp 在创建地形高差等方面也可以产生非常直观的效果，而且拥有丰富的景观素材库和强大的贴图材质功能，并且 SketchUp 图纸的风格非常适合景观设计的效果表现，如图 1-11 和图 1-12 所示分别为普通模式和混合模式下的别墅模型的不同效果。

图 1-11　普通模式

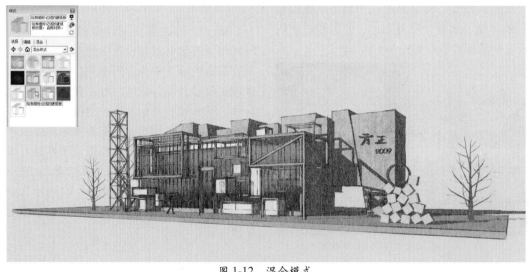

图 1-12　混合模式

1.2.4 室内设计中的 SketchUp

室内设计是根据建筑物的使用性质、所处环境和相应标准，运用物质技术手段和建筑设计原理，创造功能合理、舒适优美、满足人们物质和精神生活需要的室内环境。这一空间环境既具有使用价值，满足相应的功能要求，同时也反映了历史文脉、建筑风格、环境气氛等精神因素，但有时设计的风格和理念在传统的 2D 室内设计表现中无法让很多业主理解，而 3ds Max 等类似的三维软件创建的室内效果图又不能灵活地进行修改，SketchUp 作为一种全新的、高效的设计工具，能够在已知的房型图基础上快速建立三维模型，并快捷地添加门窗、家具、电器等物件，并且附上地板和墙面的材质，启动照明，直观、快速的向业主展现室内场景效果和表达设计师的设计理念，如图 1-13 所示为结合 SketchUp构建的几个室内场景效果。

图 1-13 室内设计中的 SketchUp

1.2.5 工业设计中的 SketchUp

工业设计是以工学、美学、经济学为基础对工业产品进行设计。工业设计的对象是批量生产的产品，凭借训练、技术知识、经验、视觉及心理感受，而赋予产品材料、结构、构造、形态、色彩、表面加工、装饰以新的品质和规格。

SketchUp 在工业设计中也越来越普遍，如机械设计产品设计、橱窗或展馆的展示设计等，如图 1-14 所示。

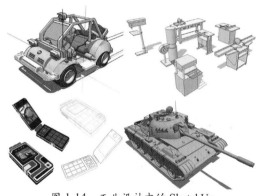

图 1-14 工业设计中的 SketchUp

1.2.6 动漫设计中的 SketchUp

从早期的二维动漫制作到二维、三维的结合制作，再发展到三维立体式动漫，在整个动画制作发展史上维度认知在不断地更新和探索，并且迅速地被应用到动漫领域中。SketchUp 在多维度空间动漫场景创新中有着独特的魅力。

在游戏动漫的制作过程中，需要 3D 道具与场景设计、动漫三维角色制作、三维动画、特效设计等，SketchUp 可以初步满足其制作，如图 1-15 所示。

图 1-15 动漫设计中的 SketchUp

1.3 SketchUp 的运行环境

SketchUp 2015 的运行环境包括 Win 2000/ /Win 2003/ /Win 7，不支持 WinXP、Windows Vista、Linux、VMWare、Boot Camp/Parallels 等操作系统。

1.3.1 Windows 7

1. 软件

- Microsoft Internet Explorer 7.0 或更高版本；
- Google SketchUp Pro，需要 .NET Framework 2.0 版本。

2. 最低硬件配置

- 1GHz CPU；
- 1GB 内存；
- 16GB 可用硬盘空间；
- 显卡具有 256MB 以上显存，显卡驱动程序支持 OpenGL 1.5 或更高版本。

1.3.2 Mac OS X

1. 软件

Mac OS X 10.5+ 或 10.6+；Quick Time 5.0 和网络浏览器；Safari。

2. 最低硬件配置

- 2.1+GHz PowerPC G4；
- 1GB 内存；
- 300MB 可用硬盘空间；
- 显卡具有 128MB 以上显存，显卡驱动程序支持 PpenGL 1.5 或更高版本；三键鼠标。

1.4 SketchUp 的安装与卸载

1.4.1 安装 SketchUp 2015

SketchUp 2015 与以往版本一样，安装程序十分简单，安装过程的提示也十分详尽。

01 首先将 SketchUp 2015 安装光盘放入光驱，双击 "SketchUpPro-zh-CN.exe" ，运行安装程序，并初始化，如图 1-16 所示。

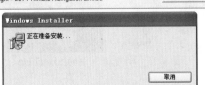

图 1-16　初始化安装程序

02 在弹出的安装向导对话框中单击 "下一

个" 按钮，开始正式安装，如图 1-17 所示。

图 1-17　安装向导

03 在弹出的 "最终用户许可协议" 对话框中，勾选 "我接受协议许可中的条款" 复选框，然后单击 "下一个" 按钮继续安装，如图 1-18 所示。

04 执行下一步操作前，可以使用安装程序的默认路径，也可以单击 "更改" 按钮，修改安装文件路径，然后单击 "下一个"

按钮，如图1-19所示。

图1-18 接受用户许可协议

图1-19 指定安装目录

05 在弹出的对话框中单击"安装"按钮，程序开始安装，如图1-20所示。

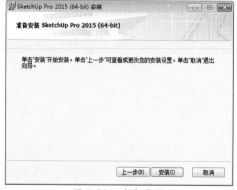

图1-20 准备安装

06 在经过几分钟的等待后，全部安装完成，单击"完成"按钮，结束SketchUp 2015的安装，如图1-21所示。双击桌面上的SketchUp程序图标，即可开始使用SketchUp了。

图1-21 完成安装

1.4.2 卸载 SketchUp 2015

若不需要再使用SketchUp 2015或需要安装其他版本的SketchUp时，可以将其进行卸载，具体操作过程如下：

01 打开Windows中的"控制"面板，选择"卸载程序"选项，如图1-22所示。

图1-22 打开"控制"面板

02 在弹出的"卸载或更改程序"对话框中选择SketchUp 2015，如图1-23所示。

03 单击鼠标右键，在弹出的下拉列表中单选"卸载"按钮，然后根据系统提示，即可一步步将 SketchUp 卸载，如图 1-24 所示。

图 1-23 选择需要删除的软件

图 1-24 卸载软件

1.5 SketchUp 2015 欢迎界面

第一次启动 SketchUp 2015 时，首先出现的是如图 1-25 所示的用户欢迎界面，是用户了解 SketchUp 最基本的平台。SketchUp 2015 欢迎界面主要有"学习"、"许可证"和"模板" 3 个选项，通过展开相应的面板可以了解和设置相关的内容和参数。

图 1-25 SketchUp 欢迎界面

1. 学习

单击打开"学习"按钮，可从展开的面板中学到 SketchUp 基本工具的操作方法，如直线的绘制、"推拉"工具的使用、"旋转"等工具的操作，如图 1-26 所示。

图 1-26 学习面板

2. 许可证

单击展开"许可证"按钮，可从展开的面板中读取到添加许可证信息。单击"添加许可证"按钮，在弹出的对话框中填写"序列号"和"验证码"正版软件使用信息，单击"添加许可证"按钮，可完成许可证的添加，如图 1-27 所示。

添加完许可证后，SketchUp 的黑白图标被点亮为红色，并出现"始终在启动时显示"复选框，如图 1-28 所示。

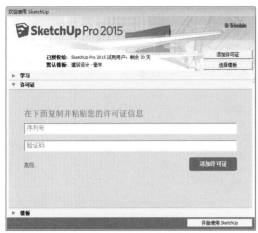

图1-27 添加许可证

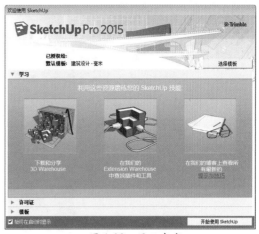

图1-28 界面点亮

提示：

在向导界面中取消"始终在启动时显示"复选框的选择，下次启动SketchUp时将不会出现"欢迎使用SketchUp"界面。若想重新显示该欢迎界面，可通过执行"帮助"｜"欢迎使用SketchUp专业版"命令，在弹出的欢迎界面中重新选择，如图1-29所示。

图1-29 重启欢迎界面

3. 模板

单击展开"模板"按钮，可以根据绘图任务的需要选择SketchUp模板，模板间最主要的区别是单位的设置，此外显示风格与颜色上也会有区别。一般情况下将模板尺寸设定为"建筑设计-毫米"，如图1-30所示。

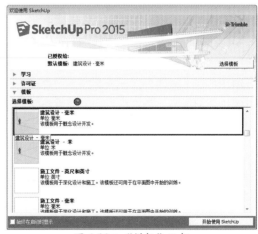

图1-30 "模板"面板

1.6 SketchUp 2015工作界面

在欢迎界面中单击"开始使用SketchUp"按钮，即可进入SketchUp 2015的工作界面，如图 1-31 所示，该默认工作界面十分简洁，主要由"标题栏"、"菜单栏"、"工具栏"、"绘图区"、"状态栏"、"数值输入框"、"窗口调整柄"7 部分构成。

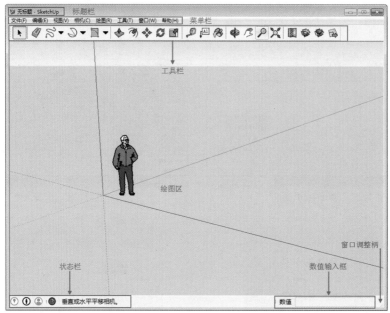

图 1-31　SketchUp 2015 工作界面

1.6.1　标题栏

"标题栏"位于绘图窗口最顶部，包括右边的"标准窗口控制"按钮（最小化、最大化、关闭）和当前打开的文件名称。

对于未命名的文件，SketchUp 系统将为其命名为"无标题"，如图 1-32 所示。

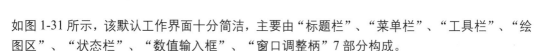

图 1-32　标题栏

1.6.2　菜单栏

"菜单栏"位于标题栏下方。SketchUp 2015 菜单栏由"文件"、"编辑"、"视图"、"相机"、"绘图"、"工具"、"窗口"以及"帮助"8 个菜单项构成，单击这些主菜单，可以打开相应的"子菜单"以及"次级主菜单"，如图 1-33 所示。各菜单的说明如下。

图 1-33　菜单栏

- 文件：用于管理场景中的文件，主要包含"新建"、"保存"、"导入导出"、"打印"、"3D 模型库"以及"最近打开记录"等命令。
- 编辑(E)：用于对场景中的模型进行编辑操作，主要包含具体操作过程中的"撤销返回"、剪切复制"、"隐藏锁定"和"组件编辑"等命令。
- 视图（V）：用于控制模型显示，主要包含各类"显示样式"、"隐藏物体"、"显示剖面"、阴影"、"动画"以及"工具栏选择"等命令。
- 相机（C）：用于改变模型视角，主要包含"视图模式"、"观察模式"、"镜头定位"等命令。
- 绘图（R）：包含六个基本的绘图命令和沙盒地形工具。

- 工具（T）：主要包括对物体进行操作的常用命令，如测量和各类型的辅助、修改工具。
- 窗口（W）：打开或关闭相应的"编辑器和管理器"，如"基本设置"、"材料组件"、"阴影雾化"、"扩充工具"等方面的弹出窗口栏。
- 帮助（H）：可以打开帮助文件，了解软件各个部分的详细信息和学习数据。

> **提示：** 安装插件后，SketchUp 菜单栏会增添一个"插件"菜单项，如图 1-34 所示。
>
> | 文件(F) | 编辑(E) | 视图(V) | 相机(C) | 绘图(R) | 工具(T) | 窗口(W) | 插件 | 帮助(H) |
>
> 图 1-34　插件菜单项

1.6.3　工具栏

默认状态下 SketchUp 2015仅显示横向工具栏，主要为"绘图"、"编辑"、"建筑施工"、"相机"、"仓库"等工具组按钮，如图 1-35 所示。

图 1-35　工具栏

图 1-36　快捷菜单

在工具栏上单击鼠标右键，将出现如图 1-36 所示的工具栏列表快捷菜单，在弹出的快捷菜单中可以快速调出或关闭某个工具栏，其中左侧有"√"标记的，表示该工具栏已经在工作界面上显示。

> **技巧：** 单击菜单栏上的"窗口"|"工具向导"命令，如图 1-37 所示，即可打开"工具向导"动画面板，观看操作演示，以方便初学者了解工具的功能和用法，如图 1-38 所示。

图 1-37　执行"工具向导"命令

图 1-38　"工具向导"演示

1.6.4　绘图区

"绘图区"占据了 SketchUp 工作界面大部分的空间，与 Maya、3ds Max 等大型三维软件平面图、立面图、剖面图及透视多视口显示方式不同，SketchUp 为了界面的简洁，仅设置了单视口，通过对应的工具按钮或快捷键，可以快速地进行各个视图的切换，如图 1-39 ～图 1-41 所示，有效节省系统显示的负载。而通过 SketchUp 独有的"剖面"工具，还能快速实现如图 1-42 所示的剖面效果。

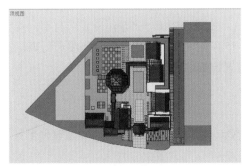

图 1-39　俯视图

图 1-40　前视图

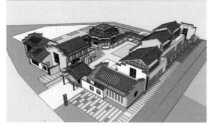

图 1-41　透视图

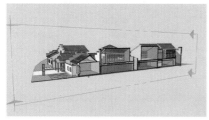

图 1-42　剖面图

1.6.5　状态栏

"状态栏"位于界面底部，当操作者在绘图区进行任意操作时，状态栏会出现相应

的文字提示，根据这些提示，操作者可以更准确地完成操作，如图 1-43 所示。

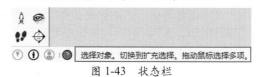

图 1-43　状态栏

1.6.6　数值输入框

"数值"输入框位于界面右下方，在进行精确模型创建时，可以通过键盘直接在输入框内输入"长度"、"距离"、"角度"和"个数"等数值，准确的绘制图形的大小，如图 1-44 所示。

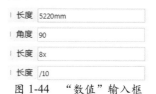

图 1-44　"数值"输入框

1.6.7　窗口调整柄

"窗口调整柄"位于"数值"输入框右下角，显示为一个条纹组成的倒三角符号，通过拖动窗口调整柄可以调整窗口的大小。当界面最大化显示时，窗口调整柄是隐藏的，此时只需双击标题栏将界面缩小即可看到。

1.7　优化工作界面

SketchUp 的系统属性可为程序设置许多不同的特性。通过对 SketchUp 工作界面进行优化，可以在很大程度上加快系统运行速度，提高作图效率。

1.7.1　设置系统属性

选择"窗口"|"系统设置"命令，在弹出的"系统设置"对话框中设置系统属性，如图 1-45 所示。该对话框左侧为选项卡列表，首先选择需要设置的选项卡，然后在对话框的右侧设置详细参数。

1．OpenGL

OpenGL 是个专业的 3D 程序接口，是一个功能强大、调用方便的底层 3D 图形库。"OpenGL"选项卡主要用于设置硬件加速，如图 1-46 所示。

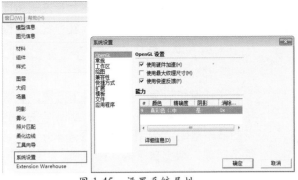

图 1-45 设置系统属性

图 1-46 "OpenGL"选项卡

其中的复选框说明如下。

- 使用硬件加速：勾选后 SketchUp 将利用显卡加速提高显示质量与速度。

> **提示**：显卡主要功能为显示，SketchUp 将阴影计算、纹理显示等三维运算都交由显卡经 OpenGL 指令集操控做硬件运算，故启动硬件加速功能十分必要。

- 使用最大纹理尺寸：强化了 SketchUp 对材质纹理的控制力，场地贴图的显示会比较清晰，但显卡增加负担导致显示速度下降，因此一般对贴图清晰度要求不高时不会勾选此项。
- 使用快速反馈：可在模型场景较大时勾选此项以提高速度，一般在渲染速度变慢的情况下，快速反馈会发挥其作用。

2. 常规

"常规"选项卡主要包括文件的保存、模型检查、场景和样式以及 SketchUp 软件更新的提示设置，如图 1-47 所示。

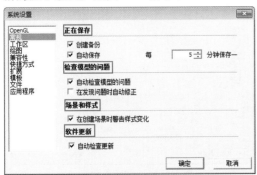

图 1-47 "常规"选项卡

其中的复选框说明如下。

- 创建备份：勾选"创建备份"选项后，在保存文件时会自动创建文件备份，备份文件与保存文件在同一文件夹中。备份文件扩展名为 .skb，若遇到意外情况导致 SketchUp 非人为关闭，则可找到相应 .skb 文件将其扩展名更改为 .skp，即可在 SketchUp 中将其打开。
- 自动保存：勾选该选项后，SketchUp 可以每隔一段时间自动生成一个自动保存文件，与当前编辑文件保存于同一文件夹中，可根据个人需要在右侧的自动保存时间文本框中设置系统自动保存时间。

> **提示**：若自动保存设置时间短，频繁的自动保存会影响工作效率。若自动保存设置时间长，则起不到自动保存的作用。

- 检查模型的问题：可随时发现并及时修复模型中出现的错误，该选项组选项建议全部勾选。
- 场景和样式：勾选后在每次创建场景时都会弹出提示，建议勾选。

3. 绘图

"绘图"选项卡参数设置鼠标操作有关的选项，主要包括单击样式与杂项，如图 1-48 所示。

其中的选项说明如下。

- "单击样式"选项组用于设置鼠标对单击操作的反馈。

图 1-48 "绘图"选项卡

- 单击 - 拖拽 - 释放："线"工具的画线方式只能在一个点上按住鼠标，然后拖动，再在另一个端点处松开鼠标完成画线。
- 单击 - 移动 - 单击：通过点击线段的端点进行画线。

提示：系统默认设置为"自动检测"，系统可以自动切换上述两种画线方式。

- 连续画线：直线工具会从每一个新画线段的端点开始画另一条线。若不勾选，则可自由画线。
- 显示十字准线：可切换跟随绘图工具的辅助坐标轴线的显示和隐藏，有助在三维空间中更快速地定位。
- 停用推 / 拉工具的预选取功能：可在推拉一个实体时，从其他实体上捕捉到推拉距离。

4. 兼容性

"兼容性"选项卡参数如图 1-49 所示。

图 1-49 "兼容性"选项卡

其中的选项说明如下。

- 组件 / 群组突出显示：设置选择组件或群组内模型时，边线是否显示。
- 鼠标轮样式：SketchUp 默认鼠标滚轮

向前滚动为靠近物体，向后滚动为远离物体。勾选"反转"复选框，则设置与默认操作相反。

5. 快捷方式

快捷键可以为作图提供很多方便，设置快捷键后可隐藏一些工具条，从而有更大的绘图操作空间，所以快捷键的设置十分必要。很多时候，根据自己的作图习惯，可以设置常用的快捷键，以加快作图速度。

"快捷方式"选项卡如图 1-50 所示，首先在"功能"列表框中选择需要设置快捷键的命令，然后在右侧查看和更改快捷键。

图 1-50 "快捷方式"选项卡

提示：快捷方式的设置将在本章 1.7.3 节中详细进行讲解。

6. 扩展

该选项卡用于设置扩展程序是否禁用，当去掉勾选，在下次启动软件时不再载入或添加工具时不再显示扩展程序。单击该选项卡中的安装扩展程序按钮，可以加载自己经常使用的程序，更加方便快捷操作，使软件功能更强大，如图 1-51 所示。

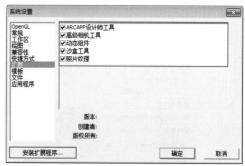

图 1-51 "扩展"选项卡

7. 模板

该选项卡用于设置 SketchUp 的默认绘制模板，一般情况下选用"建筑设计 - 毫米"模板，如图 1-52 所示。

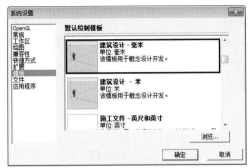

图 1-52 "模板"选项卡

单击该选项卡中"浏览"按钮，可以选择保存的其他模板文件。

> **提示：** 用户也可以自定义个性化的模板。首先新建一个文件，进行绘图单位、标注样式、地理位置、风格样式等设置，然后选择"文件"|"另存为模板"命令，在弹出的"另存为模板"对话框中设置参数，生成一个 .spk 文件，最后勾选"设为预设模板"选项，单击"保存"按钮，则每次启动 SketchUp 都会调用自定义模板。

8. 文件

该选项卡可设置各种常用项的文件路径，可直接进入设置好的文件夹中选取，便于浏览，如图 1-53 所示。若要修改路径，单击文件夹 按钮，在弹出的标准浏览文件对话框中指定新的文件路径。

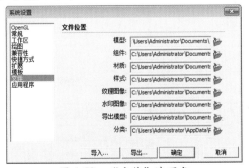

图 1-53 "文件"选项卡

9. 应用程序

该选项卡用于设置默认图像编辑器，以

编辑贴图等图像文件，单击右侧"选择"按钮，设置 SketchUp 的默认图像编辑器为 Photoshop，如图 1-54 所示。

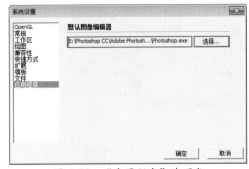

图 1-54 "应用程序"选项卡

1.7.2 设置 SketchUp 模型信息

在"窗口"菜单中选择"模型信息"命令，在弹出的"模型信息"对话框可对场景模型的单位、尺寸、文本等内容进行设置，如图 1-55 所示。

图 1-55 "模型信息"对话框

1. 尺寸

"尺寸"选项卡用于设置模型尺寸标注的文字字体、大小、引线和对齐样式，如图 1-56 所示。尺寸选项卡说明如下。

图 1-56 "尺寸"选项卡

- 文本：单击"字体"按钮，即可进入"文字"编辑器，对文字的字体、样式、大小进行编辑。单击色块 ██，可进入"颜色"编辑器对文字颜色进行编辑，如图1-57所示。
- 引线：用于设置尺寸标注引线的显示方式，包括无、斜线、点、闭合箭头和开放箭头5个选项，如图1-58所示。

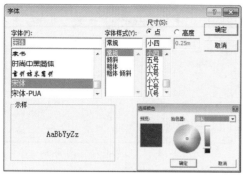

图1-57　编辑字体和颜色

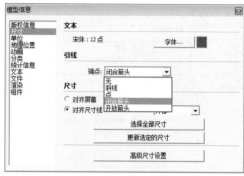

图1-58　设置引线

- 尺寸：用于设置标注的对齐方式，主要包括对齐屏幕和对齐尺寸线两种，可以根据需要选择对齐方式。同时还可以对尺寸标注进行如图1-59所示的高级尺寸设置。

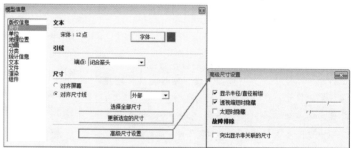

图1-59　尺寸设置

2. 单位

SketchUp能以不同的单位绘图，包括长度单位和角度单位，可设置文件默认的绘图单位及精确度，如图1-60所示。

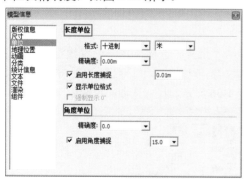

图1-60　单位设置

3. 地理位置

SketchUp可给模型设定地理位置和时区，SketchUp将提供正确的逐时太阳方位和角度，如图1-61所示。即使不使用建筑性能分析软件进行日照模拟，也可直接在SketchUp中简单模拟出太阳光照射状态。

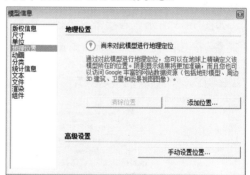

图1-61　地理位置设置

4．动画

可设置场景切换的过渡时间和拖延时间，方便动画的调整制作，如图 1-62 所示。

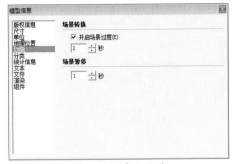

图 1-62 动画设置

5．分类

根据自己作图的需要，可选择一个分类系统加载到 IFC2*3 模型中，也可导出 / 删除模型，如图 1-63 所示，方便操作，能快速找到所需的模型。

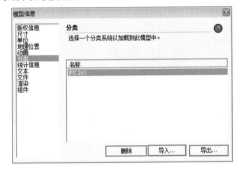

图 1-63 分类设置

6．统计信息

用于统计当前场景中各种模型元素的名称和数量，如图 1-64 所示。其中：

图 1-64 统计信息设置

● 整个模型：用于显示整体模型信息；

● 显示嵌套组件：勾选此项将显示组件内部信息；

● 清理未使用项：用于清理模型中为使用的组件、材质、图层、图形等多余的模型元素，可为模型大幅度"瘦身"；

● 修正问题 ：用于检测模型中出错的元素，且尽量自动修正。

7．文本

可设置视图中文字信息，与尺寸选项的设置十分类似，如图 1-65 所示，主要包括"屏幕文字"、"引线文字"和"引线" 3 个设置选项。单击"字体"按钮，进入文字编辑器，可对文字的字体、样式、大小进行编辑。单击字体右侧色块█，进入"颜色"编辑器，可对文字颜色进行编辑。

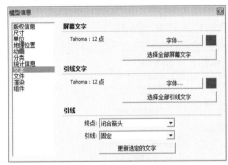

图 1-65 文本设置

8．文件

主要管理模型文件信息,主要包括"常规"和"对齐"设置选项。其中"常规"选项中可设置文件存储位置、使用版本和文件大小，并可在说明中加入自定义信息，如图 1-66 所示。

图 1-66 文件设置

9．渲染

用于提高消除锯齿纹理来提高系统性能和纹理质量，如图1-67所示。

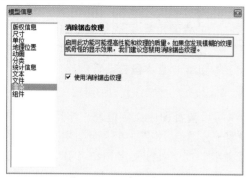

图1-67　正在渲染设置

10．组件

用于控制类似组件或其余部分的显隐效果，如图1-68示。关于组件将在本书后面相关章节中进行详细讲解。

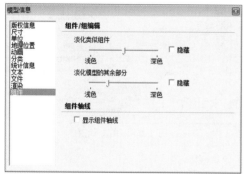

图1-68　组件设置

1.7.3　设置快捷键

在以前的版本中重装系统或重新安装SketchUp后，原来设置的快捷键将全部消失，虽然以前的SketchUp版本为此提供了快捷键导入与导出的功能，但还是显得麻烦，在SketchUp 2015版本中的快捷键是能自动识别用户电脑上已安装的SketchUp软件设置好的快捷键，不再需要重新设置快捷键。

1．添加快捷方式

这里以设置"旋转"工具的快捷键为例，讲解添加快捷键的方法。

01 首先打开"系统设置"对话框，选择"快捷方式"选项卡。

02 在"功能"列表框中选中"工具（T）/旋转（T）"选项，在"添加快捷方式"文本框中输入大写字母Q，单击右侧按钮，如图1-69所示。

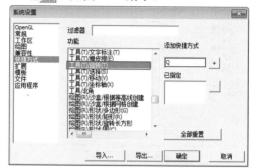

图1-69　添加快捷键

03 "已指定"的文本框中出现字母Q，如图1-70所示。

图1-70　添加完成

04 单击"确定"按钮，关闭对话框，即完成"旋转"工具快捷键的设置。

2．修改快捷方式

已经设置了的快捷键，用户可以根据需要随时进行更改，具体操作方法如下。

01 在"功能"列选框中选中"工具（T）/旋转（T）"选项，在"已指定"文本框中可以查看到已经设置的快捷键Q，单击右侧的删除按钮，如图1-71所示。

02 此时"已指定"文本框中快捷键消失，单击"确定"按钮，确认删除并关闭对话框，如图1-72所示。

03 在"添加快捷方式"文本框中输入所需的，单击右侧按钮，即可设置其他的快捷键。

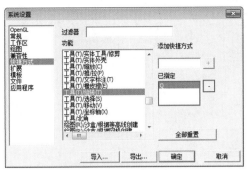 

图 1-71 删除快捷方式　　　　　　　图 1-72 确认删除

3. 快捷键的导入与导出

快捷键设置完成后，单击"快捷方式"选项卡中的"导出"按钮，在弹出的"输出预置"对话框中单击"选项"按钮，弹出"导出使用偏好选项"对话框，勾选"快捷方式"和"文件位置"复选框，单击"确定"按钮；然后指定文件名和保存路径，即可保存为一个 .dat 的预置文件，如图 1-73 所示，该预置文件即包含了当前所有的快捷键设置。

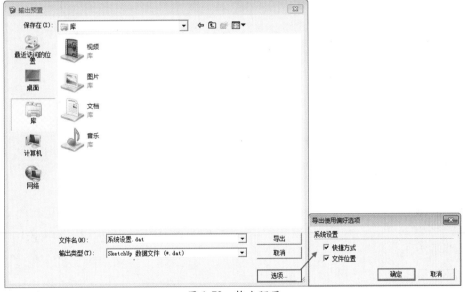

图 1-73 输出预置

在重装 SketchUp 之后，重新打开"系统设置"对话框，选择"快捷方式"选项卡，首先单击"全部重置"按钮，重置快捷键，再单击"导入"按钮，选择前面保存的 .dat 预置文件，单击"确定"按钮即可导入。

第2章

SketchUp 基本绘图工具

本课知识：

● SketchUp 绘图工具栏。

● SketchUp 编辑工具栏。

● SketchUp 实体工具栏。

● SketchUp 沙盒工具栏。

本章介绍 SketchUp 的基本绘图工具，包括绘图工具、编辑工具、实体工具和沙盒工具。通过详细讲解这些工具的使用方法和技巧，可以掌握 SketchUp 基本模型的创建和编辑方法。

2.1 绘图工具

SketchUp 2015 "绘图"工具栏如图 2-1 所示，包含了"直线"工具 、"手绘线"工具 、"矩形"工具 、"圆"工具 、"多边形"工具 和"圆弧"工具 。

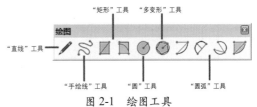

图 2-1 绘图工具

三维建模的一个最重要的方式就是从"二维到三维"。即首先使用"绘图"工具栏中的二维绘图工具绘制好平面轮廓，然后通过"推 / 拉"等编辑工具生成三维模型。因此，绘制出精确的二维平面图形是建好三维模型的前提。

2.1.1 矩形工具

"矩形"工具 主要通过指定矩形的对角点来绘制矩形表面，"旋转矩形"工具 主要通过指定矩形的任意两条边和角度，即可绘制任意方向的矩形。单击"绘图"工具栏 / 或执行"绘图"|"形状"|"矩形"、"旋转长方形"，均可启用该命令。

1. 通过鼠标新建矩形

01 激活"矩形"工具 ，待光标变成 时在绘图区中任意处确定矩形的一个角点，然后拖动光标确定矩形对角点，如图 2-2 所示。

02 确定对角点的位置后，再次单击，即可完成矩形的绘制，如图 2-3 所示。

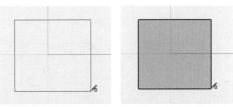

图 2-2 绘制矩形　　图 2-3 自动生成平面

提示： ①在创建二维图形时，SketchUp 自动将封闭的二维图形生成平面，此时可以选择并删除"面"，如图 2-4 所示。

②当绘制的"矩形"长宽比相等时，矩形内部将出现一条虚线，此时单击鼠标即可创建长宽相等的正方形，如图 2-5 所示。

③当绘制的"矩形"比接近 0.618 的黄金分割比例时，矩形内部将出现一条虚线，此时单击鼠标即可绘制创建满足黄金分割比的矩形，如图 2-6 所示。

图 2-4 删除面后的矩形　　图 2-5 绘制正方形　　图 2-6 黄金比例矩形

2. 通过输入精确尺寸新建矩形

在没有提供图纸的情况下，直接拖动鼠标绘制的矩形跟实际的数值有很大的差距，此时需要输入长宽数值进行精确制图，具体操作方法如下。

01 调用"矩形"命令，在绘图区中任意处确定矩形的一个角点，向要绘制矩形的方向拖动鼠标，然后在数值控制框中输入矩形的长和宽数值，数值之间用"，"隔开，如图2-7所示。

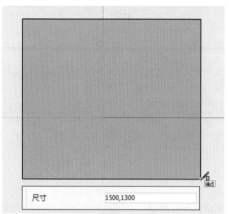

图2-7　输入长宽数值

02 输入完长宽数值后，按 Enter 键进行确定，即可生成准确大小的矩形，如图2-8所示。

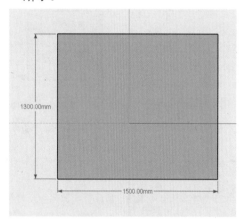

图2-8　矩形绘制完成

3. 绘制任意方向上的矩形

SketchUp 2015 新增的旋转矩形工具 能在任意角度绘制离轴矩形（并不一定要在地面上），这样方便了绘制图形，可以节省大量的绘图时间。

01 调用"旋转矩形"绘图命令，待光标变成 时，在绘图区单击确定矩形的第一个角点，然后拖曳光标至第二个角点，确定矩形的长度，然后将鼠标往任意方向移动，如图2-9所示。

02 找到目标点后单击，完成矩形的绘制，如图2-10所示。

 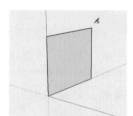

图2-9　绘制矩形长度　　图2-10　绘制立面矩形

03 重复命令操作，绘制任意方向矩形，如图2-11所示。

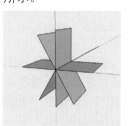

图2-11　绘制任意矩形

提示：当需要绘制精确数值的矩形时，可以在数值控制中输入数值，确定矩形的长度、角度和宽度。

长度	15000
角度 宽度	90,12000

4. 绘制空间内的矩形

除了可以绘制轴方向上的矩形，SketchUp 还允许用户直接绘制处于空间任何平面上的矩形，具体方法如下：

01 启用"旋转矩形"绘图命令，待光标变成 时，移动鼠标确定矩形第一个角点在平面上的投影点。

02 将鼠标往 Z 轴上方移动，按住键盘 Shift 键锁定轴向，确定空间内的第一个角点，如图2-12所示。

图2-12　找到空间内的矩形角点

03 确定空间内第一个角点后，即可自由绘制空间内平面或立面矩形，如图 2-13 与图 2-14 所示。

图 2-13 绘制空间内平面矩形

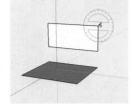

图 2-14 绘制空间内立面矩形

提示：①按住 Shift 键不但可以进行轴向的锁定，如果当鼠标放置于某个"面"上，并出现"在表面上"的提示后，再按住"Shift"键，还可以将要画的点或其他图形锁定在该表面内进行创建。
②在绘制空间内的"矩形"时，一定要通过蓝色轴线进行第一个角点位置的确定，否则只能绘制在同一平面内的"矩形"，如图 2-15 与图 2-16 所示。此外，可在已有的"面"上直接绘制"矩形"，以进行面的分割，如图 2-17 所示。

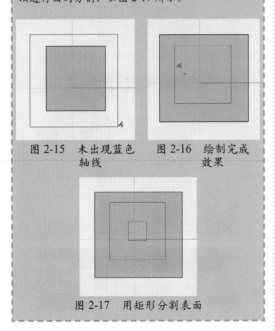

图 2-15 未出现蓝色轴线　　图 2-16 绘制完成效果

图 2-17 用矩形分割表面

2.1.2 实例——绘制门

下面通过实例介绍"矩形"工具绘制别墅入户门的方法。

01 打开配套光盘"第02章\2.1.2绘制门.skp"素材文件，如图 2-18 所示。

图 2-18 打开模型

02 激活"矩形"工具 ▨ ，在门沿底部中点处单击鼠标，确定门框外部矩形轮廓的第一个角点，并沿蓝轴方向拖动鼠标，在"数值"输入框中输入矩形尺寸 1500mm×1975mm，如图 2-19 所示。

图 2-19 绘制门外部轮廓

03 绘制门框内部轮廓。分别以门框外部轮廓矩形的对角点为矩形角点，绘制出尺寸为 121mm×135mm、243mm×124mm 的辅助矩形，2-20 所示。

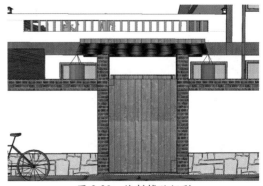

图 2-20 绘制辅助矩形

04 连接辅助矩形两个孤立的角点，绘制出门框内部矩形轮廓，如图 2-21 所示。

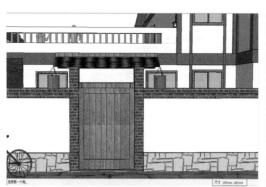

图 2-21　连接辅助矩形

05 绘制左侧单扇门轮廓。以内部轮廓矩形的对角点为角点，绘制出尺寸为1597mm×630mm的矩形，并删除右侧矩形，如图 2-22 所示。

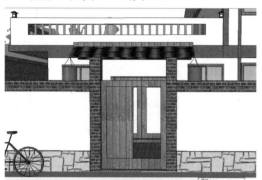

图 2-22　绘制单扇门轮廓

06 绘制右侧单扇门轮廓。激活"旋转矩形"工具，以内部轮廓矩形长度为基准，确定右侧单扇门的长度，向所需绘制单扇门的方向拖曳鼠标，如图 2-23 所示。

图 2-23　绘制矩右侧单扇门长度

07 然后在"数值"输入框中输入角度65°、宽度为630mm，输入完数值后，按 Enter 键进行确认，如图 2-24 所示。

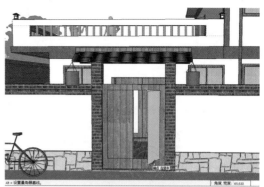

图 2-24　绘制右侧单扇门

08 激活"推 / 拉"工具，将门框所在面向内推拉 100mm，将左侧 / 右侧单扇门向内推进 25mm 的距离，如图 2-25 所示。

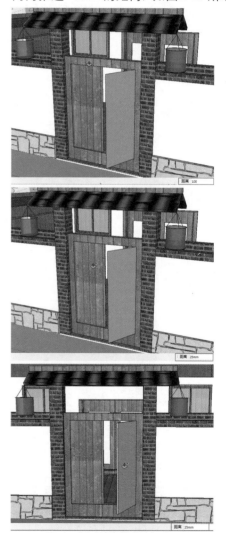

图 2-25　推拉门、门框

09 激活"材质"工具 ，将单扇门赋予材质，利用"移动"工具 ✥ 将门把手组件移动至门框中，至此完成别墅门的创建，如图 2-26 所示。

图 2-26　完整别墅门的创建

2.1.3　直线工具

在 SketchUp 中，"线"是最小的模型构成元素，因此"直线"工具的功能十分强大，除了可以使用鼠标直接绘制外，还能通过尺寸、坐标点、捕捉和追踪功能进行精确绘制。单击"绘图"工具栏 ✏ 按钮或执行"绘图"/"直线"/"直线"命令，均可启用直线创建命令。

1. 通过鼠标绘制直线

01 启用"直线"工具后，光标变成 ✏ 状时，在绘图区中单击确定线段的起点，如图 2-27 所示。

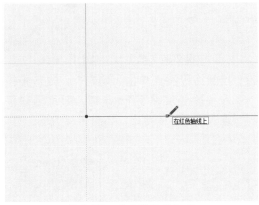

图 2-27　确定线段的起点

02 沿着线段目标方向拖动鼠标，同时观察屏幕右下角"数值输入框"内的数值，确定线段的长度后再次单击，即完成目标线段的绘制，如图 2-28 所示。

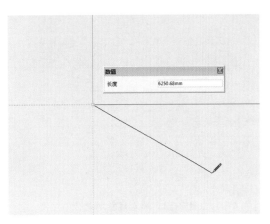

图 2-28　观察当前线段长度

> **提示：** 在线段的绘制过程中，如果尚未确定线段终点，按下 Esc 键可取消该次操作。如果连续绘制线段，则上一条线段的终点即为下一条线段的起点，因此利用连续线段可以绘制出任意的多边形，如图 2-29 ～图 2-31 所示。

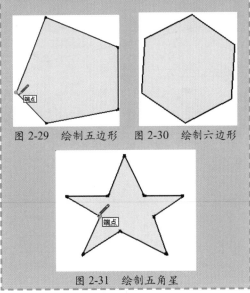

图 2-29　绘制五边形　　图 2-30　绘制六边形

图 2-31　绘制五角星

2. 通过输入数值绘制直线

1）输入长度

在实际的工作中，经常需要绘制精确长度的线段，此时可以通过键盘输入的方式完成这类线段的绘制，具体操作方法如下：

01 启用"直线"绘图命令，待光标变成 ✏ 时，在绘图区单击确定线段的起点，如图 2-32 所示。

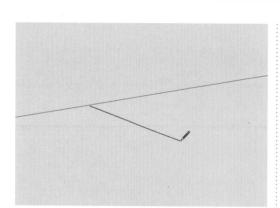

图 2-32　确定线段的起点

02 拖动光标至线段目标方向，在“数值”输入框输入线段的长度，并按 Enter 键确定，即可生成精确长度的线段，如图 2-33 与图 2-34 所示。

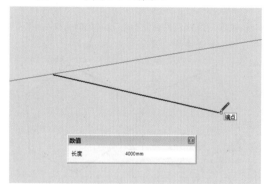

端点
数值
长度
4000mm

图 2-33　输入线段长度

4000mm

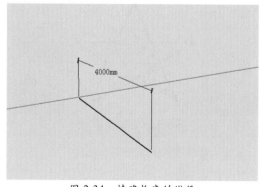

图 2-34　精确长度的线段

2）输入三维坐标

除了输入长度，SketchUp 还可以输入线段终点的准确的空间坐标。确定线段第一端点，在“数值”输入框中输入另一端点的 X、Y、Z 坐标，数值用“[]”或“<>”括起，最后按 Enter 键确定生成线段。

- 绝对坐标：格式 [x,y,z]，以模型中坐标原点为基准，如图 2-35 所示。

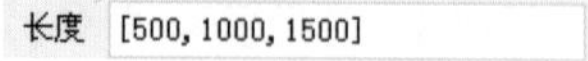

长度 [500, 1000, 1500]

图 2-35　绝对坐标

- 相对坐标：格式 <x,y,z>，以线段的第一个端点为基准，如图 2-36 所示。

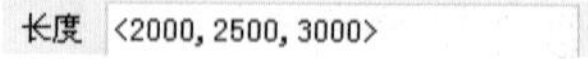

长度 <2000, 2500, 3000>

图 2-36　相对坐标

3. 绘制空间内的直线

通常直接绘制的直线都处于 XY 平面内，这里学习绘制垂直或平行 XY 平面的线段的方法。

01 启用“直线”绘图命令，待光标变成 时，在绘图区单击确定线段的起点，然后在起点位置向上移动鼠标，此时会出现“在蓝色轴线上”的提示，如图 2-37 所示。

在蓝色轴线上

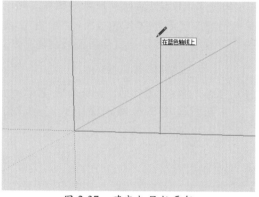

图 2-37　确定与 Z 轴平行

02 找到线段终点单击“确定”，或直接输入线段长度按下 Enter 键，即可创建垂直 XY 平面的线段，如图 2-38 所示。

端点

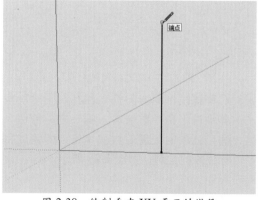

图 2-38　绘制垂直 XY 平面的线段

03 如图2-39和图2-40所示继续指定下一条线段的终点，为了绘制出平行XY平面的线段，必须出现"在红色轴线上"或"在绿色轴线上"的提示。

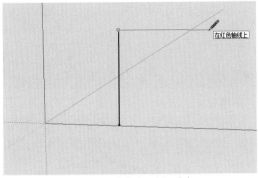

图2-39 确定与X轴平行

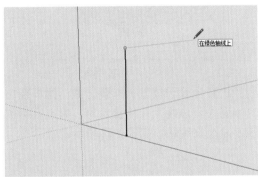

图2-40 确定与Y轴平行

> **提示**：在绘制任意图形时，如果出现"在蓝色轴线上"提示信息，则当前对象与Z轴平行，如果出现"在红色轴线上"提示信息，则当前对象与X轴平行，如果出现"在绿色轴线上"提示信息，则当前对象与Y轴平行。

04 根据图2-39提示操作，绘制的线段如图2-41所示。根据图2-40提示操作，绘制线段效果如图2-42所示。

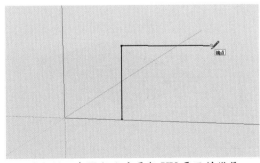

图2-41 在X轴上方平行XY平面的线段

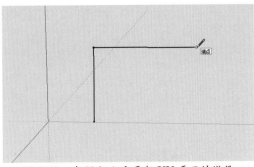

图2-42 在Y轴上方平行XY平面的线段

4. 直线的捕捉与追踪功能

与AutoCAD类似，SketchUp也具有自动捕捉和追踪功能，并且默认为开启状态，在绘图的过程中可以直接运用，以提高绘图的准确度与工作效率。

在SketchUp中，可以自动捕捉到线条的端点和终点，如图2-43与图2-44所示。

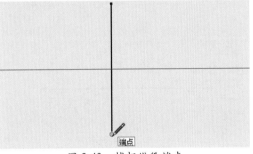

图2-43 捕捉线段端点

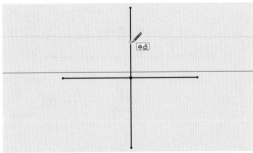

图2-44 捕捉线段中点

> **提示**：相交线段在交点处将一分为二，此时线段中点的位置与数量会发生变化，如图2-44所示，同时也可以如图2-45和图2-46所示进行分段删除。此外，如果一条相交线段被删除，另外一条线段将恢复原状，如图2-47所示。

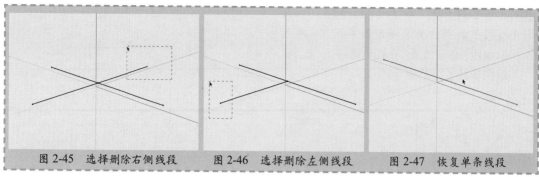

图 2-45　选择删除右侧线段　　图 2-46　选择删除左侧线段　　图 2-47　恢复单条线段

追踪的功能相当于辅助线，将鼠标放置到直线的中点或端点，在垂直或水平方向移动鼠标即可进行追踪，从而轻松绘制出长度为一半且与之平行的线段，如图 2-48 ～图 2-50 所示。

图 2-48　跟踪起点

图 2-49　跟踪中点

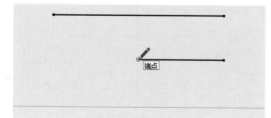

图 2-50　绘制完成

5．使用直线分割表面

在 SketchUp 中，直线不但可以相互分段，而且可以用于模型面的分割。

01 启用"直线"绘图命令，将其置于"面"的边界线上，当出现"在边线上"的提示时单击，创建线段的起点，如图 2-51

所示。

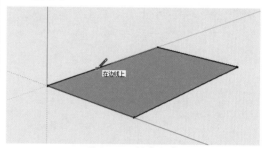

图 2-51　创建起点

02 将光标置于模型另一侧边线，同样在出现"在边线上"的提示时，单击鼠标创建线段端点，如图 2-52 所示。

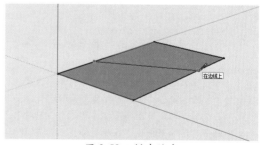

图 2-52　创建端点

03 在模型面上单击，在弹出的快捷菜单中选择"拆分"选项，可发现其已经被分割成左右两个"面"，如图 2-53 所示。

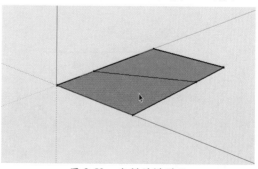

图 2-53　分割的模型面

提示： 在SketchUp中，用于分割模型面的线段为细实线，普通线段为粗实线，如图2-54所示。

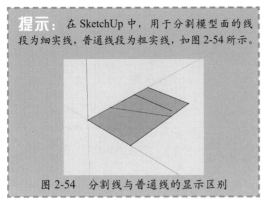

图2-54　分割线与普通线的显示区别

6．拆分线段

SketchUp可以对线段进行快捷的拆分操作，具体步骤如下：

01 选择已绘制线段，并单击鼠标右键，在快捷菜单中选择"拆分"选项，如图2-55所示。

图2-55　执行"拆分"命令

02 向上或向下推动光标，即可逐步增加或减少拆分线段，或在"数值"输入框中输入拆分段数，按Enter键确定，如图2-56所示。

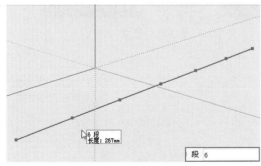

图2-56　拆分为六段

2.1.4　实例——绘制镂空窗

下面通过实例介绍运用"直线"工具绘制景墙上的镂空窗的方法。

01 打开配套光盘"第02章\2.1.4绘制镂空窗.skp"素材文件，这是一个景墙模型，如图2-57所示。

图2-57　景墙模型

02 利用"卷尺工具"  在墙面上绘制辅助线，从左到右依次为1627mm、387mm、206mm、206mm、387mm，从上到下依次为300mm、158mm、275mm、278mm、175mm，如图2-58所示。

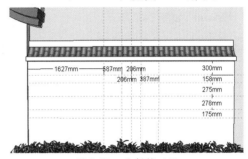

图2-58　绘制辅助线

03 激活"直线"工具 ，依次捕捉辅助线的交点绘制不规则八边形，如图2-59所示。

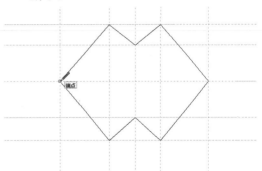

图2-59　绘制不规则八边形

04 利用"编辑/删除参考线"命令删除辅助线，绘制窗沿辅助线。重复调用"直线"工具，点取不规则八边形端点后单击鼠标，并沿轴线方向拖动，在距端点45mm处单击鼠标确定线段，如图2-60所示。

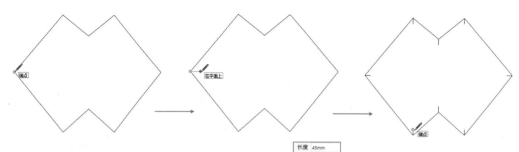

图 2-60　绘制窗沿辅助线

05 绘制窗沿轮廓。用"直线"工具 ✐ 连接窗沿辅助线的端点，并删除辅助线，如图 2-61 所示。

06 用同样的方法绘制窗户内部轮廓，距离为 25mm，如图 2-62 所示。

图 2-61　绘制窗沿轮廓

图 2-62　绘制窗户内部轮廓

07 激活"推/拉"工具 ♦ 将镂空部分进行推空处理，并推拉出窗沿厚度 50mm，如图 2-63 所示。

图 2-63　推出镂空及窗沿

08 用同样的方法再绘制出另一个镂空窗，景墙绘制结果如图 2-64 所示。

图 2-64　景墙绘制结果

2.1.5　圆工具

　　圆作为基本图形，广泛应用于各种设计中，通过下面的详细讲解来学习 SketchUp 圆的创建方法。单击"绘图"工具栏 ⊙ 按钮，或执行"绘图"|"形状"|"圆"命令，均可启用圆绘制工具。

　1. 通过鼠标新建圆

01 移动光标至绘图区，待光标变成 ✎ 后，单击鼠标，确定圆心的位置，如图 2-65 所示。

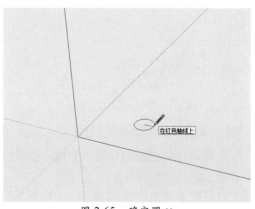

图 2-65　确定圆心

02 拖动光标拉出圆的半径，再次单击即可创建出圆形平面，如图 2-66 与图 2-67 所示。

图 2-66　圆的半径

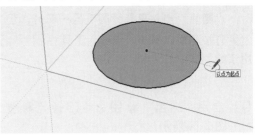

图 2-67　圆形平面绘制完成

2．通过输入新建圆

01 启用"圆"绘图命令，待光标变成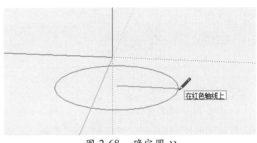
时在绘图区单击，确定圆心位置，如图
2-68 所示。

图 2-68　确定圆心

02 直接输入"半径"数值，然后按 Enter 键即可创建精确大小的圆形平面，如
图 2-69 与图 2-70 所示。

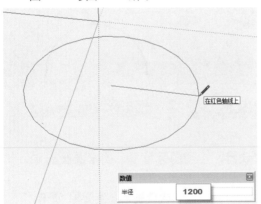

图 2-69　输入半径值

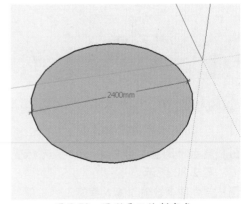

图 2-70　圆形平面绘制完成

提示： 在三维软件中，"圆"除了"半径"这个几何特征外，还有"边数"的特征，"边数"越大，"圆"
越平滑，所占用的内存也越大，SketchUp 也是如此。在 SketchUp 中如果要设置"边数"，可以在确定好"圆
心"后，输入"数量 S"即可控制，如图 2-71 ～图 2-73 所示。

图 2-71　确定圆心

图 2-72　输入圆形边数

图 2-73　圆形平面绘制完成

2.1.6 圆弧工具

"圆弧"虽然只是"圆"的一部分，但其可以绘制更为复杂的曲线，因此在使用与控制上更有技巧性。单击"绘图"工具栏 ⏦ ⏦ ⏦ ⏦ 按钮或执行"绘图"|"圆弧"命令，均可启用该绘制命令。

1．通过鼠标新建圆弧

01 启用"圆弧"绘图命令，待光标变成 ✎ 时在绘图区单击，确定圆弧起点，如图 2-74 所示。

02 拖动鼠标拉出圆弧的弦长后单击鼠标，再向外侧移动光标形成圆弧，如图 2-75 与图 2-76 所示。

图 2-74　确定圆弧起点　　　　图 2-75　拉出圆弧弧高　　　　图 2-76　圆弧绘制完成

> **提示：** 如果要绘制半圆弧段，则需要在拉出弦长后，往左或右移动鼠标，待出现"半圆"提示时再单击确定，如图 2-77 ～图 2-79 所示。

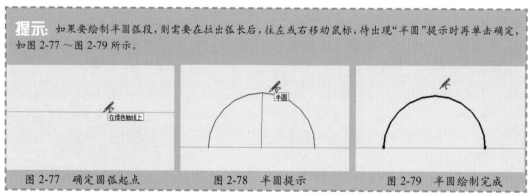

图 2-77　确定圆弧起点　　　　图 2-78　半圆提示　　　　　图 2-79　半圆绘制完成

2．通过输入新建圆弧

01 启用"圆弧"绘图命令，待光标变成 ✎ 形状时，在绘图区单击，确定圆弧起点，如图 2-80 所示。

02 首先在"数值"输入框输入"长度"数值，按下 Enter 键确认弦长，如图 2-81 所示。

03 然后移动光标确定凸出方向，在"数值"输入框中输入数值确定"边数"，并按下 Enter 键，如图 2-82 所示。

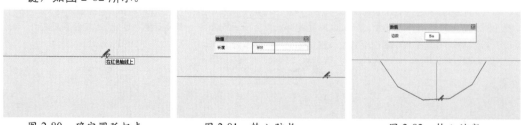

图 2-80　确定圆弧起点　　　　图 2-81　输入弦长　　　　　图 2-82　输入边数

04 再输入"弧高"数值并按下 Enter 键，然后通过鼠标确定凸出方向，单击鼠标右键确定后即可创建精确大小的圆弧，如图 2-83 与图 2-84 所示。

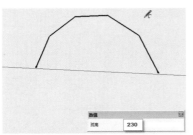

图 2-83 输入弧高

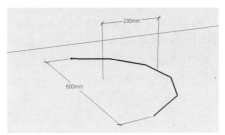

图 2-84 绘制完成

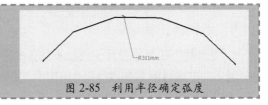

提示： 除了直接输入"弧高"数值决定圆弧的度数外，如果以"数字 R"格式进行输入，还可以半径数值确定弧度，如图 2-85 所示。

图 2-85 利用半径确定弧度

3. 绘制相切圆弧

如果要绘制与已知图形相切的圆弧，首先需要保证圆弧的起点位于某个图形的端点外，然后移动光标拉出凸距，当出现"顶点切线"的提示时单击鼠标，即可创建相切圆弧，如图 2-86～图 2-88 所示。

图 2-86 确定圆弧起点

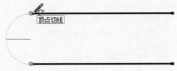

图 2-87 系统提示

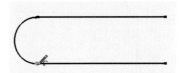

图 2-88 相切圆弧绘制完成

2.1.7 多边形工具

使用"多边形"工具 ，可以绘制边数为 3～999 间的任意多边形。下面将讲解其创建的方法与边数控制技巧。单击"绘图"工具栏 按钮或执行"绘图"｜"形状"｜"多边形"菜单命令，均可启用该绘制命令。

01 启用"多边形"绘图命令，待光标变成 时，在绘图区单击，确定中心位置，如图 2-89 所示。

02 移动鼠标确定"多边形"的切向，再输入"10s"并按 Enter 键，确定多边形的边数为 10，如图 2-90 所示。

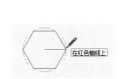

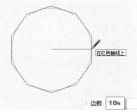

图 2-89 确定多边形中心点　　图 2-90 输入多边形边数

03 输入"多边形"外接圆半径大小并按 Enter 键，创建精确大小的正 10 边形平面，如图 2-91 与图 2-92 所示。

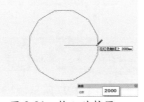

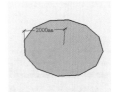

图 2-91 输入外接圆
半径值

图 2-92 正 10 边形平面
绘制完成

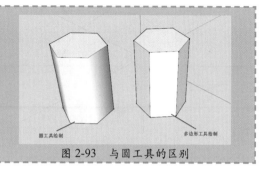

图 2-93　与圆工具的区别

2.1.8　手绘线工具

　　"手绘线"工具主要用于绘制不共面的不规则的连续线段或特殊形状的线条和轮廓。单击"绘图"工具栏 按钮或执行"绘图"|"直线"|"手绘线"菜单命令，均可启用该绘制命令。

01 启用"手绘线"工具，待光标变成 时，在模型上单击，确定手绘线起点，如图 2-94 所示。

02 然后按住鼠标左键进行绘制，松开左键后即绘制完一条曲线。这条手绘曲线为一整条曲线，若想进行局部修改，则需选中曲线后单击鼠标右键，选择快捷菜单中的"分解曲线"命令，分解后再进行编辑，如图 2-95 所示。

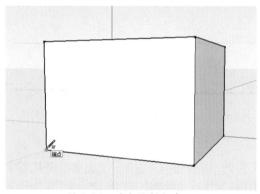

图 2-94　确定绘制起点

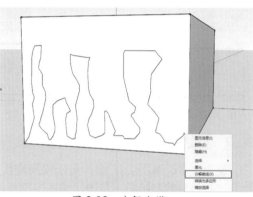

图 2-95　分解曲线

图 2-96　特殊曲线

2.2　编辑工具

　　"编辑"工具栏中主要包含了如图2-97所示的"移动"、"推/拉"、"旋转"、"路径跟随"、"拉伸"和"偏移" 6 种工具。其中"移动"、"旋转"、"拉伸"和"偏移" 4 个工具用于对象位置、形态的变换与复制，而"推/拉"和"跟随路径"两个工具则用于将二维图形转变成三维实体。

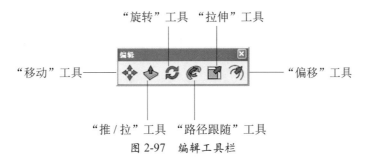

图 2-97 编辑工具栏

2.2.1 推/拉工具

"推/拉"工具 ◆ 是二维平面生成三维实体模型工具最为常用的工具。单击"编辑"工具栏中的 ◆ 按钮或执行"工具"|"推/拉"菜单命令，均可启用该命令。

1. 推拉单面

01 启用"推/拉"工具，待光标变成 ◆ 时，将其置于将要拉伸的"面"表面并单击鼠标左键确定，如图 2-98 所示。

02 然后拖曳鼠标拉伸三维实体，在"数值"输入框中输入精确的推拉值，将平面进行推拉。可以输入负值，表示向相反方向推拉。按 Enter 键，如图 2-99 所示。

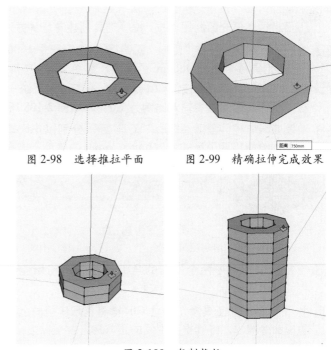

图 2-98 选择推拉平面　　图 2-99 精确拉伸完成效果

03 在拉伸完成后，再次激活"推/拉"工具，同时按住 Ctrl 键，此时鼠标光标将显示为 ◆，可以沿底面执行多次复制，如图 2-100 所示。

图 2-100 复制推拉

技巧：①重复推拉：在完成一个推拉操作后，SketchUp 自动记忆此次推拉的数值，而后可以通过双击鼠标左键对其他平面应用相同的推拉值。
②对于异性的平面，如果直接使用"推/拉"工具将拉伸出垂直的效果，如图 2-101 所示，此时按住 Alt 键推拉表面会产生类似移动工具移动面的效果，如图 2-102 所示。

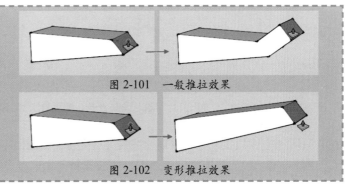

图 2-101 一般推拉效果

图 2-102 变形推拉效果

2．推拉分割实体面

☑ 启用"推／拉"工具，待光标变成时 ⬦，将其置于将要拉伸的模型表面，如图 2-103 所示。

☑ 向下或向上推动光标，将分别形成凹陷或突出的效果，如图 2-104 与图 2-105 所示。如推拉表面前后平行，向下推拉时则可将其完全挖空，如图 2-106 所示。

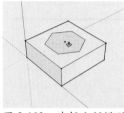 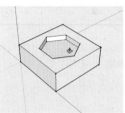 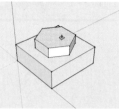 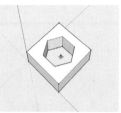

图 2-103　选择分割模型面 图 2-104　向下推动光标 图 2-105　向上推动光标 图 2-106　挖空模型

> **提示：** 只有在推拉前后表面互相平行时才能完全挖空。

2.2.2　实例——创建花坛

下面通过实例介绍利用"推／拉"工具创建花坛的方法。

☑ 绘制花坛基座。激活"矩形"工具 ▨，绘制一个 1600mm×1600mm 的正方形，并用"推／拉"工具 ⬦ 推拉出 406mm 的高度，如图 2-107 所示。

☑ 激活"缩放"工具 ▣，按住 Ctrl 键不动，在中心附近统一调整比例，将光标向外拖曳并单击，在"数值"输入框中输入比例为 1.078，如图 2-108 所示。

☑ 绘制花坛座椅。激活"矩形"工具 ▨，分别以花坛基座外部轮廓矩形的对角点为矩形的角点，绘制出两个尺寸为 76mm×76mm 的辅助正方形，如图 2-109 所示。

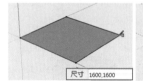 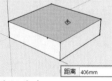  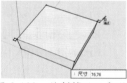

图 2-107　绘制花坛基座 图 2-108　丰富花坛基座 图 2-109　绘制辅助正方形

☑ 连接辅助正方形两个孤立的角点，绘制出花坛座椅的轮廓，并删除辅助正方形，如图 2-110 所示。

☑ 利用"推／拉"工具 ⬦，按住 Ctrl 键将花坛座椅向上拉出 38mm 的厚度，如图 2-111 所示。

☑ 重复命令操作，继续推拉中间的正方形，并删除多余的线条，如图 2-112 所示。

☑ 绘制花箱。激活"卷尺"工具 ✐，绘制辅助线，将光标放置在边线上并单击，将其向内拖曳 457mm，如图 2-113 所示。

 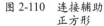 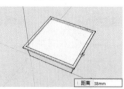  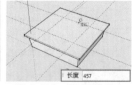

图 2-110　连接辅助 图 2-111　推拉花坛座椅 图 2-112　完善花坛座椅 图 2-113　绘制花箱
　　　　　正方形 　　　　　　　　　　　　　　　　　　　　　　　　　　　辅助线

☑ 激活"矩形"工具 ▨，以辅助线的交点为端点绘制出花箱轮廓，如图 2-114 所示。

☑ 利用"推／拉"工具 ⬦，按住 Ctrl 键将花箱向上拉出 460mm 的高度，如图 2-115 所示。

10 激活"缩放"工具 ⬚，按住 Ctrl 键，输入比例为 0.88，如图 2-116 所示。

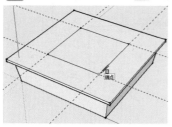
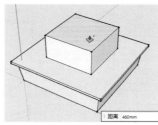
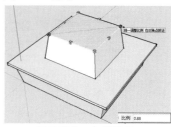

图 2-114　绘制花箱轮廓　　　　图 2-115　推拉花箱　　　　图 2-116　丰富花箱

11 按照上述的方法完善花箱，绘制两个尺寸为 100mm×100mm 的辅助正方形，并连接辅助正方形两个孤立的角点，如图 2-117 所示。

12 然后用"推/拉"工具 ⬥ 将其向下推拉 30mm，如图 2-118 所示。

13 激活"材质"工具 ⬥，将创建好的花坛赋予材质，并通过执行"窗口"|"组件"命令，在 3D 模型库中选择植物添加在花池中，完成效果如图 2-119 所示。

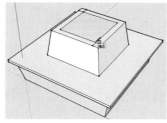
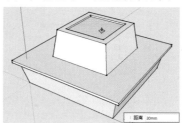

图 2-117　完善花箱　　　　　图 2-118　推拉花箱　　　　图 2-119　花坛最终效果

2.2.3　实例——创建木质柜

下面通过实例介绍利用"推/拉"工具创建木质柜的方法。

01 激活"矩形"工具 ▱，绘制一个 1830mm×813mm 的矩形，并用"推/拉"工具 ⬥ 推拉出 1500mm 的高度，如图 2-120 所示。

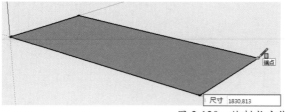
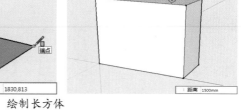

图 2-120　绘制长方体

02 绘制木制柜下沿。激活"卷尺"工具 ⬘，以木质柜底线向上 76mm 的距离绘制一条辅助线，并用"直线"工具 ✎ 沿辅助线绘制出木质柜下沿轮廓，如图 2-121 所示。

图 2-121　绘制木质柜底线

03 激活"推/拉"工具 ⬥，将木制柜下沿推拉出 25mm 的厚度，并在木制柜两侧进行上述相同操作，如图 2-122 所示。

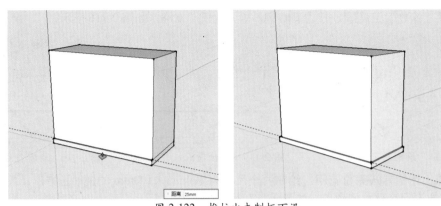

图 2-122　推拉出木制柜下沿

04 绘制木制柜上沿。激活"直线"工具 ✎，点取起点，将光标沿红／蓝轴方向移动，并根据所给出的参数绘制上沿辅助图形，如图 2-123 所示。

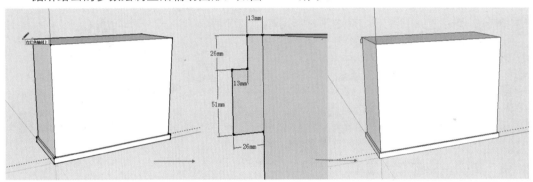

图 2-123　绘制上沿辅助图形

05 选择需要放样的路径，然后激活"路径跟随"工具 ⟲，选择要挤压的平面，结果如图 2-124 所示。

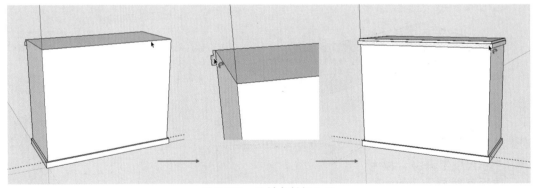

图 2-124　放样木制柜上沿

06 绘制抽屉。激活"卷尺"工具 ✐，根据提供的参数绘制辅助线，并用"直线"工具 ✎ 沿辅助线绘制出木质柜抽屉轮廓，如图 2-125 所示。

07 激活"偏移"工具 ⟳，将矩形向内偏移51mm，在木制柜四端进行上述相同操作，并整理模型，如图 2-126 所示。

08 激活"直线"工具 ✎，运用直线的追踪功能找到所需要的位置，点取直线起点，将光标沿红／蓝轴方向移动，点取第二点绘制直线，重复上述操作细化木制柜，如图 2-127 所示。

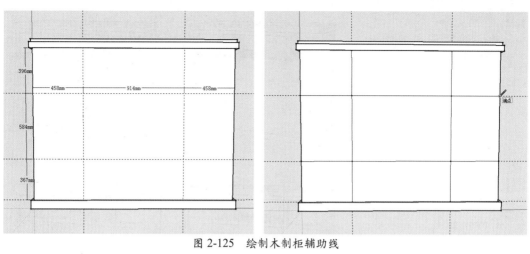

图 2-125　绘制木制柜辅助线

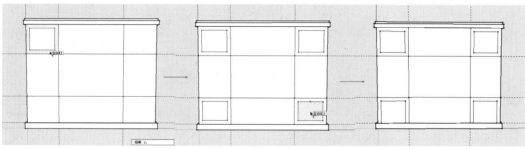

图 2-126　向内偏移矩形

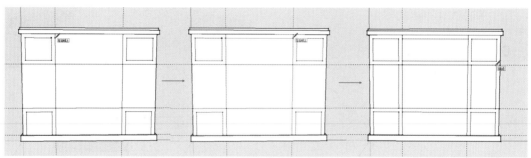

图 2-127　细化木制柜

09 删除多余的线条，然后激活"偏移"工具 ，将矩形向内偏移 15mm，重复上述操作，结果如图 2-128 所示。

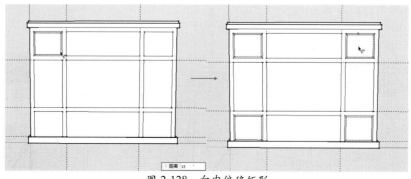

图 2-128　向内偏移矩形

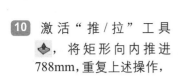

10 激活"推/拉"工具 ◆，将矩形向内推进788mm，重复上述操作，结果如图 2-129 所示。

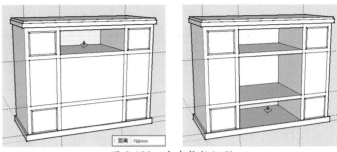

图 2-129 向内推拉矩形

11 重复命令操作，丰富柜子，将其向外推拉13mm，如图 2-130 所示。

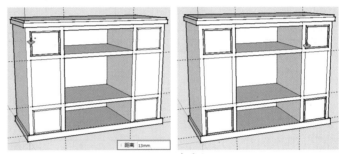

图 2-130 丰富柜子

12 绘制柜把手。删除由"卷尺"工具 ✐ 做出的辅助线，再利用"圆"工具 ◐，在柜门表面绘制一个半径为 15mm 的圆，如图 2-131 所示。并用"推/拉"工具 ◆ 将其向外推进25mm的距离，如图 2-132 所示。

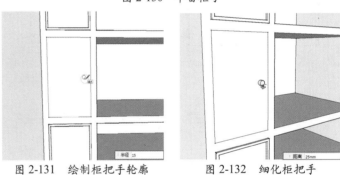

图 2-131 绘制柜把手轮廓 图 2-132 细化柜把手

13 窗选柜把手，单击鼠标右键，将柜把手创建为组，如图 2-133 所示。

14 激活"移动"工具 ✦，按住 Ctrl 键，将其向右移动复制至合适位置，如图 2-134 所示。

15 利用"材质"工具 ◈ 将创建好的柜子赋予材质，完成效果如图 2-135 所示。

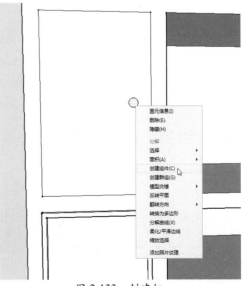

图 2-133 创建组

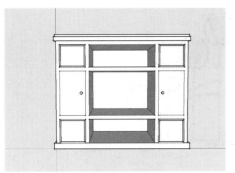

图 2-134 移动复制柜把手

图 2-135 赋予材质

2.2.4 移动工具

"移动"工具❖不但可以进行对象的移动，同时还兼具复制、拉伸功能。单击"编辑"工具栏❖按钮或执行"工具"｜"移动"菜单命令，均可启用该编辑命令。

1. 移动对象

选择灯组件，如图 2-136 所示，然后选中移动基点，拖动鼠标即可在任意方向移动选择对象，将其置于移动目标点并在此单击，即完成对象的移动，如图 2-137 所示。

图 2-136 灯组件

图 2-137 移动几何体

技巧： 如果要进行精确距离的移动，可以在确定移动方向后，直接输入精确数值，然后按 Enter 键即可。

2. 移动复制对象

01 选择目标对象，按住 Ctrl 键，待光标变成❖时，再确定移动起始点，此时拖动鼠标可以进行移动复制，如图 2-138 与图 2-139 所示。

图 2-138 移动复制

图 2-139 移动复制完成

02 如果要精确控制移动复制的距离，可以在确定移动方向后，输入指定的数值，然后按 Enter 键即可确定，如图 2-140 与图 2-141 所示。

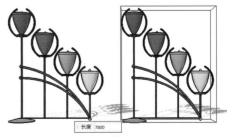

图 2-140 输入移动数值

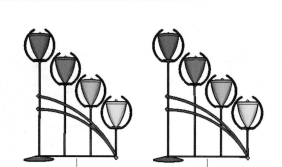

图2-141　精确移动完成

03 如果需要以指定的距离复制多个对象，可以先输入距离数值并按Enter键，然后以"个数X"或"个数/"复制数目并按Enter键即可确定，如图2-142～图2-145所示。

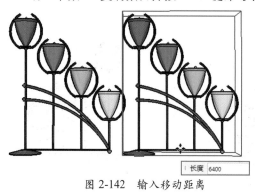

图2-142　输入移动距离

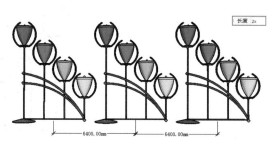

图2-143　等距复制多个对象

图2-144　输入移动数值

图2-145　等分复制多个对象

3．移动编辑对象

利用"移动"工具✥移动点、线、面时，几何体会产生拉伸变形，如图2-146～图2-148所示。

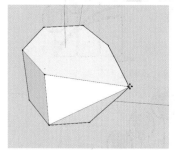

图2-146　点的移动

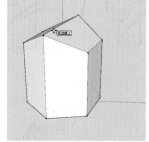

图2-147　线的移动

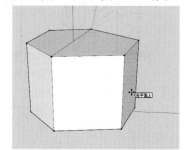

图2-148　面的移动

2.2.5　实例——复制线性阵列

下面通过实例介绍利用"移动"工具进行复制线性阵列的方法。

01 打开配套光盘"第02章\2.2.5 复制线性阵列.skp"素材文件，这是个马路场景模型，如

图 2-149 所示。用"选择"
工具 选中树模型，激
活"移动"工具 ，按
住 Ctrl 键，向右拖动鼠
标进行移动复制树模型。

图 2-149　马路场景模型

02 在"数值"输入框中输入复制距离 3660mm，按 Enter 键确定，如图 2-150 所示。

03 在"数值"输入框中输入"8x"，按 Enter 键确定，绘图区将另外出现 8 棵一样的树模型，
如图 2-151 所示。

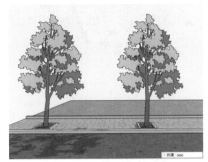

图 2-150　输入复制距离

图 2-151　输入复制数目

04 按住 Ctrl 键，向右拖动鼠标进行移动复制树模型。在"数值"输入框中输入复制距离
29280mm，按 Enter 键确定，如图 2-152 所示。

图 2-152　输入复制距离

05 在"数值"输入框中输入"8/"，按 Enter 键确定，则源树模型与复制树模型之间将出现
7 棵树模型，如图 2-153 所示。

图 2-153　输入等分数目

2.2.6 实例——制作楼盘建筑

下面通过实例介绍利用移动工具制作楼盘建筑的方法。

01 打开配套光盘"第02章\2.2.6制作楼盘建筑.skp"素材文件，如图2-154所示。这是一个中小楼盘建筑模型。

图2-154　打开模型

02 双击进入建筑组件，选择单层建筑单体，激活"移动"工具 ✥，指定移动基点，按住Ctrl键沿红轴方向移动复制，此时移动光标将由 ✥ 变为 ✥，移动到指定基点后单击鼠标左键确定，如图2-155所示。

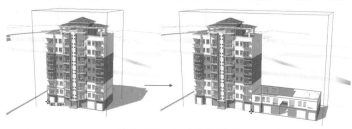

图2-155　移动复制对象

03 再次选择单层建筑单体，用上述相同方法复制建筑单体，然后利用"移动"工具 ✥，指定移动基点，按住Ctrl键沿蓝轴方向移动复制，移动到指定基点后单击鼠标左键确定，此时在"数值"输入框中输入"6x"即可将单层建筑单体复制出6份，如图2-156所示。

图2-156　复制楼层

04 使用相同的方法，用"移动"工具 ✥ 将屋顶和其他构件进行移动复制到新建筑，如图2-157所示。

图2-157　复制屋顶和其他构件

05 利用"材质"工具填充颜色，并将楼盘其他建筑完成，完成效果图如图2-158所示。

图 2-158　完成效果

2.2.7　实例——创建百叶窗

下面通过实例介绍利用"移动"工具创建百叶窗的方法。

01 绘制百叶。激活"旋转矩形"工具 ，绘制一个 1219mm×19mm 的矩形，将其旋转 45°，如图 2-159 所示。

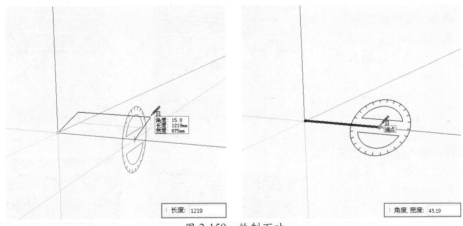

图 2-159　绘制百叶

02 选择百叶，激活"移动"工具 ，按住 Ctrl 键向上移动复制 15mm 的距离，如图 2-160 所示。再在"数值"输入框中输入"80x"，按 Enter 键确定，如图 2-161 所示。

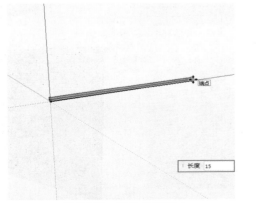

图 2-160　移动复制百叶

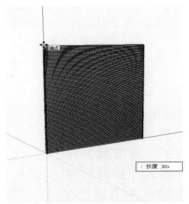

图 2-161　复制 80 份

03 绘制水平管。根据所提供的参数绘制辅助线，激活"矩形"工具 ▨ ，绘制一个 1245mm×25mm的矩形，并用"推/拉"工具 ◈ 将其推拉出19mm的高度，如图2-162所示。

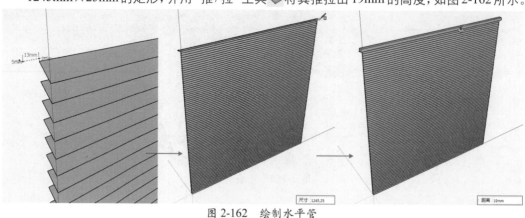

图2-162　绘制水平管

04 绘制手动旋钮。激活 "卷尺"工具 ◍ ，绘制辅助线。运用"直线"工具 ✎ ，以辅助线的交点为起点，沿蓝轴方向向下移动，绘制长度为13mm的直线，如图2-163所示。

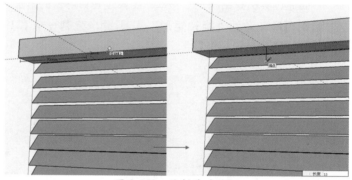

图2-163　绘制手动旋钮

05 利用"圆"工具 ◷ 以直线端点为圆心，绘制半径为3mm的圆，激活"推/拉"工具 ◈ ，将圆向下推拉914mm的长度，如图2-164所示。

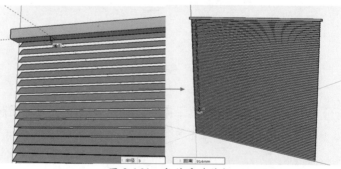

图2-164　完善手动旋钮

06 绘制线坠。激活"卷尺"工具 ◍ ，根据所提供的参数绘制辅助线，运用"直线"工具 ✎ ，以辅助线的交点为起点，沿蓝轴方向向下移动，绘制长度为1209mm的直线，如图2-165所示。

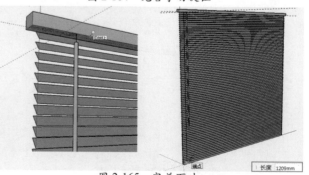

图2-165　完善百叶

07 选择线坠，激活"移动"工具 ✛ ，按住 Ctrl 键向右移动复制 571mm 的距离，如图 2-166 所示。再在"数值"输入框中输入"2x"，按 Enter 键确定，如图 2-167 所示。

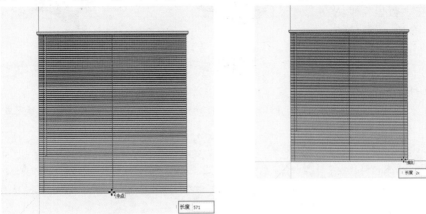

图 2-166　移动复制线坠　　　　　　　　　　图 2-167　复制 2 份

08 激活"材质"工具 ✏ ，将百叶窗赋予"金属光亮波浪纹"材质，如图 2-168 所示。

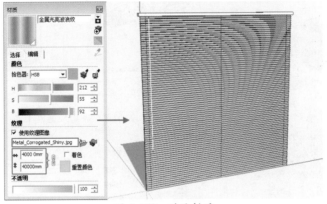

图 2-168　赋予材质

2.2.8　旋转工具

"旋转"工具 ⟳ 用于旋转对象，同时也可以完成旋转复制。单击"编辑"工具栏中的 ⟳ 按钮或执行"工具"|"旋转"菜单命令，均可启用该命令。

1. 旋转对象

01 选择模型，启用"旋转"工具，待光标变成 ⟳ 时拖动光标，确定旋转平面，然后在模型表面确定旋转轴心点与轴心线，如图 2-169 所示。

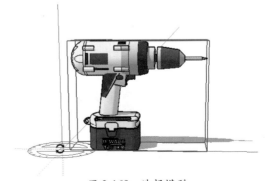

图 2-169　选择模型

02 拖动鼠标，即可任意角
度旋转，为确定旋转角
度，可在"数值"输入
框中直接输入旋转度
数，按 Enter 键即可完
成旋转，如图 2-170 与
图 2-171 所示。

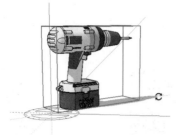

图 2-170　进行旋转

图 2-171　旋转完成

提示： ①启用"旋转"工具后，按住鼠标左键不放，往不同方向拖动将产生不同的旋转平面，从而使
用目标对象产生不同的旋转效果。其中当旋转平面显示为蓝色时，对象将以 Z 轴为轴心进行旋转，如图
2-170 所示；而显示为红色或绿色时，将分别以 X 轴或 Y 轴为轴心进行旋转，图 2-172 与图 2-173 所示。
如果以其他位置作为轴心，则以灰色显示，如图 2-174 所示。

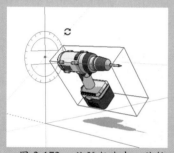

图 2-172　以 X 轴为中心旋转

图 2-173　以 Y 轴为中心旋转

图 2-174　以其他位置为轴心

② 可以对捕捉角度进行修改，
单击"窗口"|"模型信息"命令，
在弹出的"模型信息"对话框
中设置参数，如图 2-175 所示，
在量角器范围内移动鼠标将
会根据所设置的参数有角度的
捕捉。

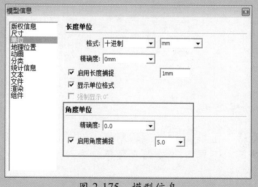

图 2-175　模型信息

2．旋转部分模型

01 选择模型对象要旋转的部分表面，然后确定好旋转平面，并将轴心点与轴心线确定在分
割线端点，如图 2-176 所示。

02 拖动鼠标确定旋转方向，直接输入旋转角度，按下 Enter 键，确定完成一次旋转，如
图 2-177 所示。

03 选择最上方的"面"，重新确定轴心点与轴心线，再次输入旋转角度并按下 Enter 键完
成旋转，如图 2-178 所示。

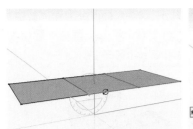

图 2-176 选择旋转面

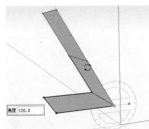

图 2-177 输入旋转角度

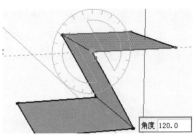

图 2-178 旋转完成

技巧：如果对 SketchUp 模型某个面进行旋转，则模型相关的面将会发生自动扭曲，如图 2-179 所示。

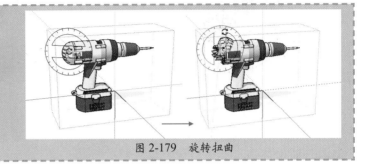

图 2-179 旋转扭曲

3．旋转复制和环形阵列

与"移动"工具 ✦ 类似，"旋转"工具 ☎ 通过借助辅助键也可以进行复制和阵列，在这里不进行详细描述，下面的实例进行详细讲解。

2.2.9 实例——旋转复制阵列

下面通过实例介绍利用"旋转"工具进行旋转复制阵列的方法。

01 打开配套光盘"第 02 章 \2.2.9 旋转复制阵列 .skp"素材文件，如图 2-180 所示，这是一个餐桌模型，为其添加座椅。

图 2-180 餐桌模型

02 选择座椅组件，激活"旋转"工具 ☎，确定旋转轴线后，按住 Ctrl 键，在"数值"输入框中输入旋转角度为"90"度，按 Enter 键确定，如图 2-181 所示。再在"数值"输入框中输入复制份数"3x"。按 Enter 键即确定完成，如图 2-182 所示。

图 2-181 确定旋转角度

图 2-182 确定复制数量

03 或者，选择座椅组件，激活"旋转"工具 ⟳ ，确定旋转轴线后，按住 Ctrl 键，在"数值"
输入框中输入旋转角度为"270"度，按 Enter 键确定，如图 2-183 所示。再在"数值"
输入框中输入复制份数"/3"。按 Enter 键即确定完成，如图 2-184 所示。

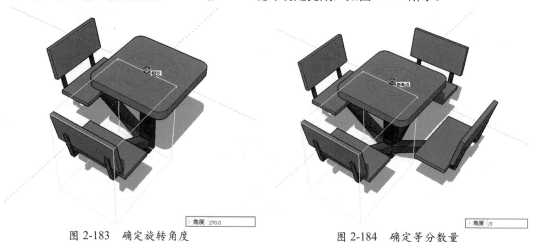

图 2-183　确定旋转角度　　　　　　　　　　图 2-184　确定等分数量

2.2.10　路径跟随工具

"路径跟随"工具 🖉 可以利用两个二维或平面生成三维实体，类似于 3ds Max 中的"放
样"工具，在绘制不规则单体时起到重大作用。单击"编辑"工具栏中的 🖉 按钮，或执行"工
具"|"路径跟随"菜单命令，均可启用路径跟随命令。

1.　面与线的应用

01 启用"路径跟随"工具，待光标变成 ▶ 后，
单击选择其中的二维平面，如图 2-185
所示。

02 将光标移动至线型附近，此时在线型
上就会出现一个红色捕捉点，沿线型
推动光标直至完成效果，如图 2-186 与
图 2-187 所示。

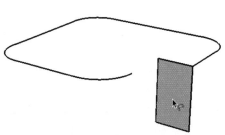

图 2-185　选择截面图形

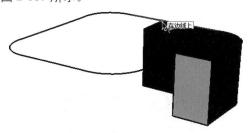

图 2-186　捕捉路径

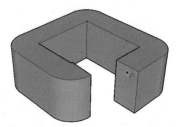

图 2-187　完成效果

2.　面与面的应用

01 启用"路径跟随"工具并单击选择截面，如图 2-188 所示。

02 待光标变成 ▶ 后，将光标移动至天花板平面图形，跟随其捕捉一周，如图 2-189 所示。

03 单击左键确定捕捉完成，最终效果如图 2-190 所示。

图 2-188　选择角线截面

图 2-189　捕捉平面路径

图 2-190　完成效果

技巧: SketchUp 并不能直接创建球体、棱锥、圆锥等几何形体，通常在"面"与"面"上应用"路径跟随"工具进行创建，其中圆锥体的创建步骤如图 2-191 ～图 2-193 所示。

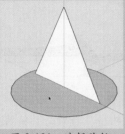

图 2-191　选择路径

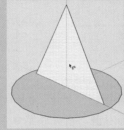

图 2-192　选择旋转面

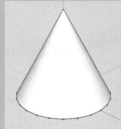

图 2-193　创建圆锥体

3. 实体上的应用

01 在实体表面上选择线段即放样路径，如图 2-194 所示。

02 待光标变成 ![icon] 后，单击选择边角轮廓，如图 2-195 所示，即可完成实体边角效果。

图 2-194　选择放样路径

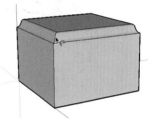

图 2-195　完成效果

2.2.11　实例——创建长椅

下面通过实例介绍利用"路径跟随"工具创建长椅的方法。

01 打开配套光盘"第 02 章 \2.2.11 创建长椅 .skp"素材文件，如图 2-196 所示，这是一个创建长椅的辅助图形。

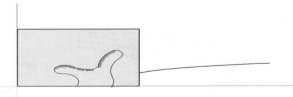

图 2-196　打开辅助图形

02 绘制椅背和椅面。用"选择"工具选择放样路径，激活"路径跟随"工具 ![icon] ，在构成椅背和椅面的矩形平面上单击，矩形面则将会沿弧线路径跟随出如图 2-197 所示的模型。

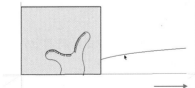

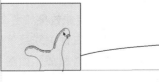

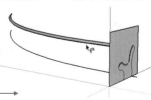

图 2-197　路径跟随

03 重复上述操作，继续放样路径，椅背和椅面完成效果如图 2-198 所示。

04 绘制支腿。执行"窗口"｜"组件"命令，在 3D 模型库中选择支撑添加在辅助图形中，并删除多余的辅助图形，如图 2-199 与图 2-200 所示。

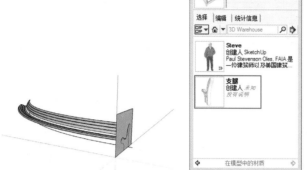
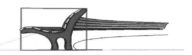

图 2-198 椅背和椅面完成效果　　图 2-199 "组件"对话框　　图 2-200 添加组件

05 选择放样路径辅助线，单击鼠标右键，在关联菜单中选择"拆分"选项，并将线段拆分为 6 段，如图 2-201 所示。

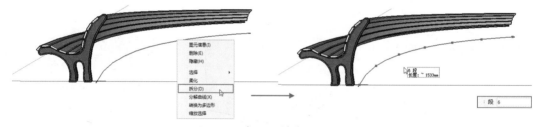

图 2-201 拆分放样路径辅助线

06 选择支腿组件，激活"移动"工具 ✜，按住 Ctrl 键，拖曳鼠标，然后捕捉拆分点确定复制支腿的位置，如图 2-202 所示，运用"旋转"工具 ⟳ 将支腿旋转至合适位置，如图 2-203 所示。

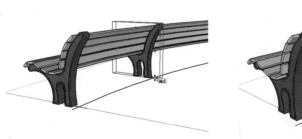
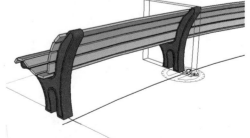

图 2-202 移动复制支腿　　　　　　图 2-203 旋转支腿

07 重复上述操作，继续复制、旋转支腿，完成效果如图 2-204 所示。

08 分别框选椅背、椅面和支腿，通过执行右键关联菜单中的"创建组"命令，将其分别创建成组。激活"材质"工具 🎨，将其赋予材质，如图 2-205 所示。

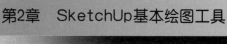

图 2-204　支腿完成效果　　　　　　　　图 2-205　赋予材质

09 将创建好的长椅放置相应的场景中，长椅完成最终效果，如图 2-206 所示。

图 2-206　长椅完成最终效果

2.2.12　缩放工具

"缩放"工具 通过夹点来调整对象的大小，即可以进行 X、Y、Z 三个轴向等比缩放，也可以进行任意轴向的非等比缩放。单击"编辑"工具栏中的 按钮或执行"工具"|"缩放"菜单命令，均可启用该编辑命令。

1. 等比缩放

01 启用"缩放"工具，模型周围出现用于缩放的栅格，待光标变 时，选择任意一个位于顶点的栅格点，即出现"统一调整比例，在对角点附近"提示，此时按住鼠标左键并进行拖动，即可进行模型的等比缩放，如图 2-207 ～ 图 2-209 所示。

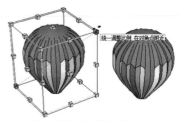

图 2-207　选择缩放栅格点

图 2-208　等比缩放　　　　　　　图 2-209　等比缩放完成

02 除了直接通过鼠标进行缩放外，在确定好缩放栅格点后，输入缩放比例，按下 Enter 键可完成指定比例的缩放，如图 2-210 ～ 图 2-212 所示。

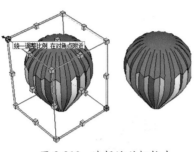

图 2-210　选择缩放栅格点

图 2-211　输入缩放比例

图 2-212　精确等比缩放完成

技巧：① 选择缩放栅格后，按住鼠标向上推动为放大模型，向下推动则为缩小模型。此外，在进行二维平面模型等比缩放时，需要按住 Ctrl 键，方可进行等比缩放，如图 2-213～图 2-215 所示。

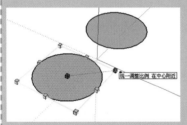
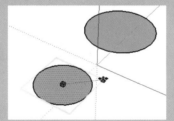
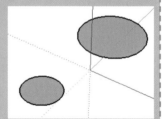

图 2-213　选择缩放栅格顶点　　　图 2-214　进行等比缩放　　　图 2-215　等比缩放完成

② 在进行精确比例的等比缩放时，数量小于 1，则为缩小；大于 1，则为放大。如果输入负值，则对象不但会进行比例的调整，其位置也会发生镜像改变，如图 2-216 与图 2-217 所示。因此如果输入 -1，将得到"镜像"的效果，如图 2-218 所示。

图 2-216　选择缩放栅格点　　　图 2-217　负值缩放效果　　　图 2-218　镜像缩放效果

2. 非等比缩放

"等比缩放"均匀改变对象的尺寸大小，其整体造型不会发生改变，通过"非等比缩放"

则可以在改变对象尺寸的同时改变其造型。

01 选择对象，启用"缩放"工具，选择位于栅格线中间的栅格点，即可出现"红 / 蓝色轴"或类似的提示，如图 2-219 所示。

02 确定栅格点后单击，然后拖动鼠标即可进行缩放，确定缩放大小后单击，即可完成缩放，如图 2-220 与图 2-221 所示。

   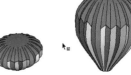

图 2-219　选择缩放栅格线中点　　图 2-220　非等比缩放　　图 2-221　非等比缩放完成

提示：① 除了"绿 / 蓝色轴"的提示外，选择其他栅格点还可出现"红 / 蓝色轴"或"红 / 绿色轴"的提示，出现这些提示时都可以进行"非等比缩放"，如图 2-222 与图 2-223 所示。此外，选择某个位于面中心的栅格点，还可进行 X、Y、Z 任意单个轴向上的"非等比缩放"，如图 2-224 所示即为 Z 轴上的"非等比缩放"。

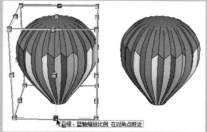

图 2-222　绿 / 蓝色轴非等比缩放

  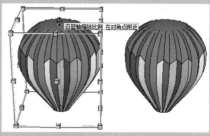

图 2-223　红 / 绿色轴非等比缩放　　　图 2-224　中心点单轴非等比缩放

② Shift 键同样可以辅助切换进行边线夹点缩放时的非等比缩放。同时按住 Ctrl 键和 Shift 键，可以切换到所有物体的等比 / 非等比的中心缩放。

③ 要在多个方向进行不同的缩放，可以输入用逗号隔开的数值，如（1D,2D,3D）比例模式进行非等比缩放，如图 2-225 与图 2-226 所示。

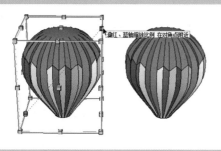  

图 2-225　缩放辅助线　　　　　图 2-226　输入缩放比例

2.2.13 偏移工具

"偏移"工具 主要用于对表面或一组共面的线进行移动和复制。可以将表面或边线偏移复制到源表面或边线的内侧或外侧,偏移之后会产生新的表面和线条。单击"编辑"工具栏中的 按钮或执行"工具"|"偏移"菜单命令,均可启用该编辑命令。

1. 面的偏移复制

`01` 启用"偏移"工具,待光标变 时,在要偏移的"平面"上单击,以确定偏移的基点,然后向内拖动鼠标,如图 2-227 与图 2-228 所示。

`02` 确定偏移大小后,再次单击鼠标左键,即可完成偏移复制,如图 2-229 所示。

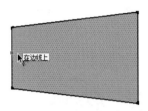
图 2-227　确定偏移参考点

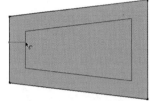
图 2-228　向内偏移复制

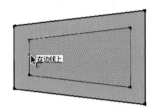
图 2-229　偏移复制完成效果

> **提示:** "偏移"工具不仅可以向内缩小复制,还可以向外放大复制。在"平面"上单击,确定偏移基点后,向外拖动鼠标即可,如图 2-230 ～图 2-232 所示。
>
>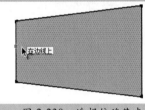
> 图 2-230　选择偏移基点
>
>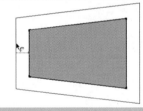
> 图 2-231　向外偏移复制
>
>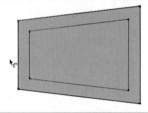
> 图 2-232　完成效果

`03` 如果需精确偏移复制的距离,可以在"平面"上单击,确定偏移基点后,在"数值"输入框中输入数值,按 Enter 键即可完成确认,如图 2-233 ～图 2-235 所示。

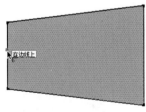
图 2-233　确定偏移基点

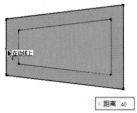
图 2-234　输入偏移距离

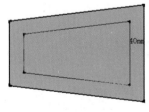
图 2-235　精确偏移完成效果

> **提示:** "偏移"工具对任意造型的"面"均可进行偏移与复制,如图 2-236 ～图 2-238 所示。
>
>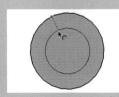
> 图 2-236　圆形的偏移复制
>
>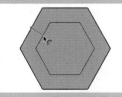
> 图 2-237　多边形的偏移复制
>
>
> 图 2-238　曲线平面的偏移复制

2. 线段的偏移复制

"偏移"工具无法对单独的线段以及交叉的线段进行偏移与复制，如图2-239与图2-240所示。

图2-239　无法偏移复制单独线段　　　　图2-240　无法偏移复制交叉线段

而对于多条线段组成的转折线、弧线以及线段与弧形组成的线形，均可以进行偏移与复制，如图2-241～图2-243所示。其具体操作方法与"面"的操作类似，这里不再赘述。

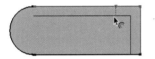  

图2-241　偏移复制转折线　　　　图2-242　偏移复制弧线　　　　图2-243　偏移复制混合线形

2.2.14　实例——创建储物柜

下面通过实例介绍利用"偏移"工具创建储物柜的方法。

01 激活"矩形"工具▨，在平面上绘制一个3200mm×600mm的矩形，并用"推/拉"工具◈向上拉出2392mm的高度，如图2-244所示。

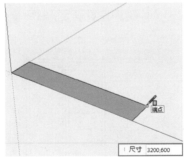

图2-244　绘制储物柜基础

02 划分储物柜。选择长方体三条边线，激活"偏移"工具㳠，将其向内偏移60mm的距离，如图2-245所示。

03 利用"直线"工具✎细分柜子，捕捉横向线段的中点并连接，如图2-246所示。

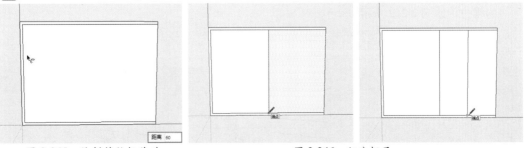

图2-245　绘制储物柜基础　　　　　　　图2-246　细分柜子

04 丰富右侧柜子。选择分格面，激活"偏移"工具㳠，将其向内偏移60mm的距离，如图

2-247 所示。双击其余分格面，将执行相同偏移距离的偏移，如图 2-248 所示。

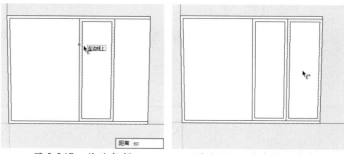

图 2-247　偏移复制　　　　图 2-248　重复偏移复制

05 激活"卷尺"工具 ，根据提供的参数绘制辅助线，如图 2-249 所示。并用"直线"工具 沿辅助线绘制出挂衣柜的装饰线，如图 2-250 所示。

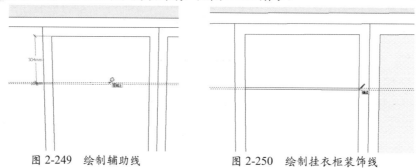

图 2-249　绘制辅助线　　　　图 2-250　绘制挂衣柜装饰线

06 选择挂衣柜装饰线，激活"移动"工具 ，按住Ctrl键向下移动复制304mm的距离，再在"数值"输入框中输入"5x"，按Enter键即完成确定，然后窗选所有装饰线，沿X轴移动复制，如图 2-251 所示。

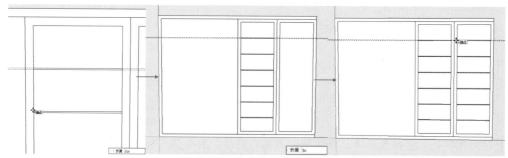

图 2-251　完善挂衣柜装饰线

07 运用"推/拉"工具 将矩形向内推拉 20mm 的厚度，双击其余矩形，将执行相同距离的推拉，如图 2-252 所示。

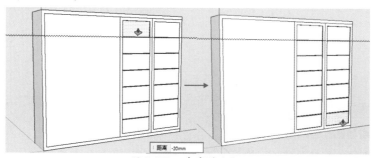

图 2-252　丰富挂衣柜

08 重复命令操作，将左侧柜向内推拉 540mm 的厚度，如图 2-253 所示。

09 绘制抽屉柜。激活"矩形"工具，在平面上绘制一个 900mm×930mm 的矩形，如图 2-254 所示。

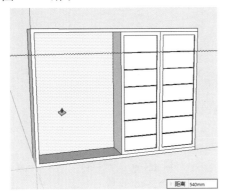
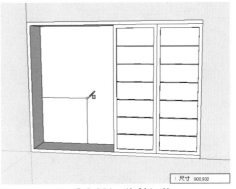

图 2-253　推拉左侧柜　　　　　　　　　　图 2-254　绘制矩形

10 利用"推/拉"工具 将矩形向外拉出 520mm 的厚度；按住 Ctrl 键继续向外推拉 20mm 的厚度，表示抽屉；将抽屉柜向上推拉 20mm 的高度，如图 2-255 所示。

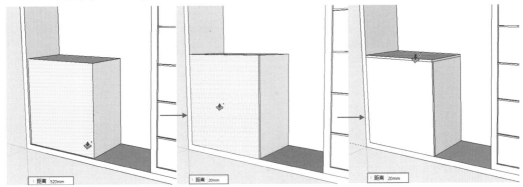

图 2-255　推拉抽屉柜

11 细化抽屉柜。激活"直线"工具，捕捉横向线的中点并连接，然后选择线段单击鼠标右键，在关联菜单中选择"拆分"选项，将其等分为 6 份，并用"直线"工具 将等分点与横向线段端点连接，如图 2-256 所示。

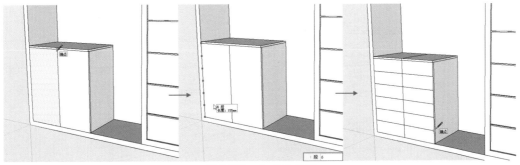

图 2-256　细化抽屉柜

12 绘制柜把手。激活"旋转矩形"工具，绘制一个 450mm×20mm 的矩形，将其旋转 45°，如图 2-257 所示。

13 窗选柜把手，单击鼠标右键，将柜把手创建为群组，如图 2-258 所示。

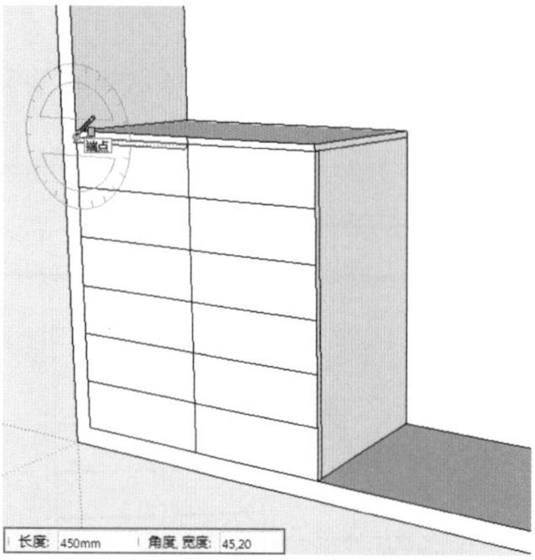

图 2-257　绘制柜把手轮廓

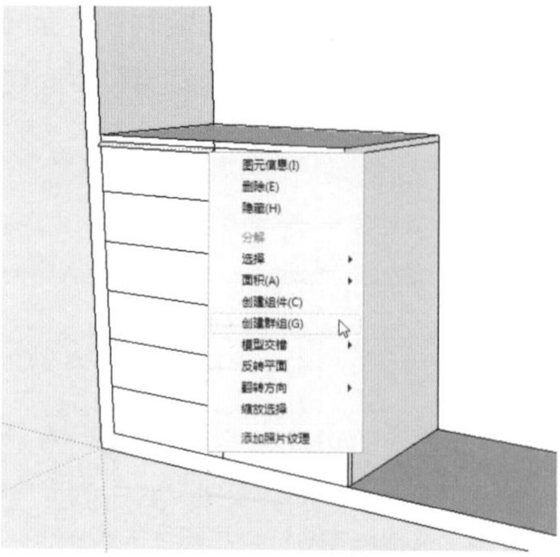

图 2-258　创作组件

14 双击进入组件，将柜把手向上推拉 3mm 的厚度，如图 2-259 所示。

15 激活“移动”工具，指定移动基点，按住 Ctrl 键沿红轴方向移动复制，移动到指定基点后单击鼠标左键确定，如图 2-260 所示。

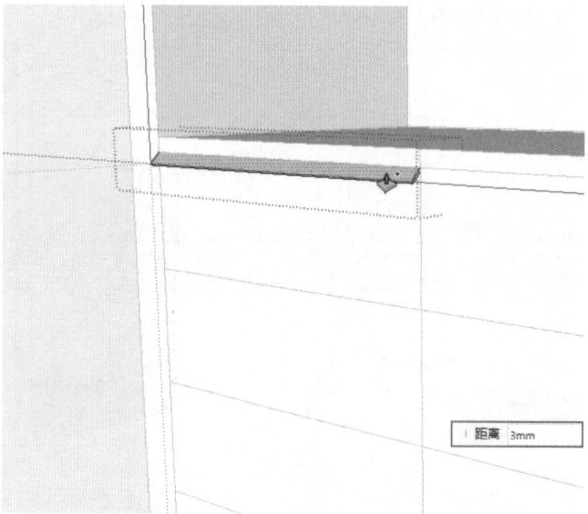

图 2-259　推拉柜把手

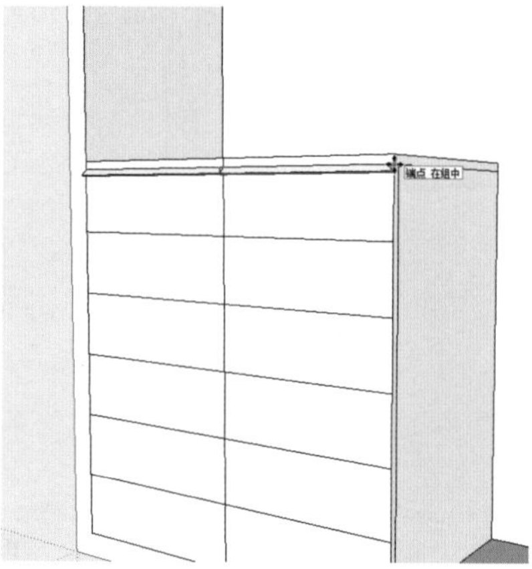

图 2-260　移动复制把手

16 再次选择柜把手，利用“移动”工具，指定移动基点，按住 Ctrl 键沿蓝轴方向移动复制 155mm，再在“数值”输入框中输入“5x”，如图 2-261 所示。

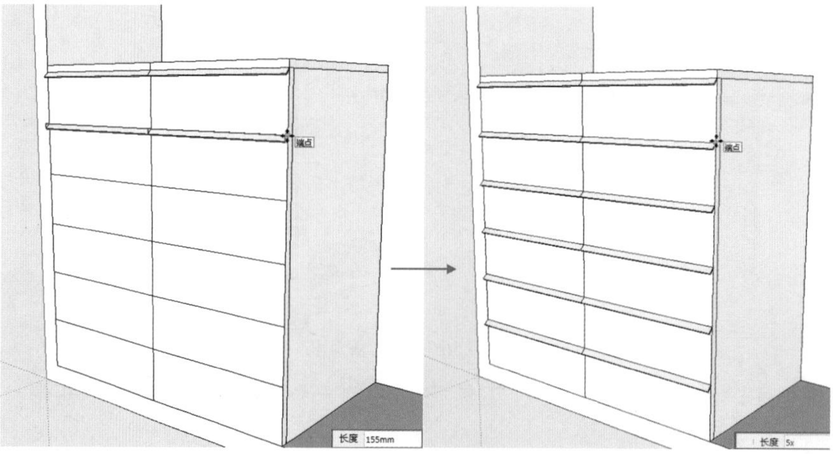

图 2-261　复制 5 份

17 细化左侧柜子。激活"卷尺"工具 🖊️，根据提供的参数绘制辅助线，如图 2-262 所示。并用"矩形"工具 ▨，分别绘制 60mm×1570mm、两个 60mm×670mm 的矩形，如图 2-263 所示。

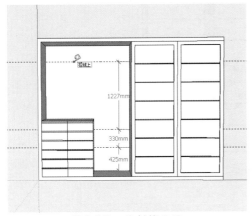

图 2-262　绘制辅助线

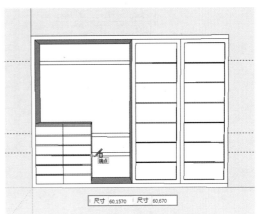

图 2-263　绘制间隔轮廓

18 激活"推/拉"工具 ✦，按住 Ctrl 键，将矩形分别向外拉出 520mm、460mm 的厚度，如图 2-264 所示。

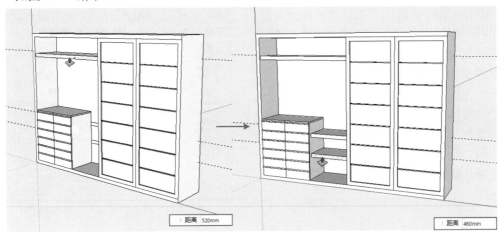

图 2-264　推拉出间隔

19 绘制衣杆。运用"圆" ⊙、"直线" ✏️、"圆弧" ◗ 工具绘制放样路径，如图 2-265 所示。

20 用"选择"工具选择放样路径，激活"路径跟随"工具 🖿，在圆形平面上单击，圆形面则将会沿弧线路径跟随出如图 2-266 所示的模型。

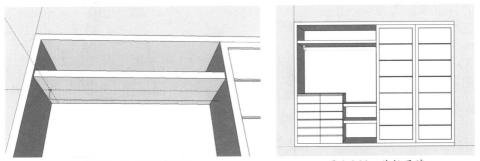

图 2-265　绘制放样路径

图 2-266　路径跟随

21 激活"材质"工具 🐾，将储物柜赋予颜色，并添加相关组件，最终效果如图 2-267 所示。

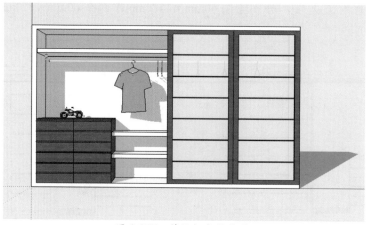

图 2-267　储物柜完成效果

2.3　实体工具

通过执行"视图"|"工具栏"命令，在弹出的"工具栏"对话框中勾选"实体工具"选项，或在"主工具栏"上单击鼠标右键，在关联菜单中勾选"实体工具"选项，均可调出"实体工具栏"。

"实体工具栏"从左到右，依次为"实体外壳"、"相交"、"联合"、"减去"、"剪辑"和"拆分"六个命令，如图 2-268 所示，接下来了解每个工具的使用方法与技巧。

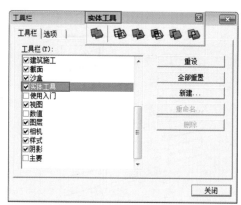

图 2-268　调出"实体"工具栏操作

2.3.1　实体外壳工具

"实体外壳"工具 用于快速将多个单独的"实体"模型合并成一个组或组件，具体的操作方法与技巧如下。

01 打开 SketchUp 后创建两个几何体，如图 2-269 所示。如果此时直接启用"实体外壳"工具对几何体进行编辑，将出现"不是实体"的提示，如图 2-270 所示。

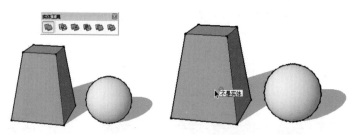

图 2-269　建立几何体模型　　图 2-270　无法直接对几何体进行编辑

02 分别选择两个几何体，为其添加"创建组件"菜单命令，如图 2-271 所示。再次启用"实体外壳"工具 🔲 进行编辑时出现"实体组"的提示，如图 2-272 所示。

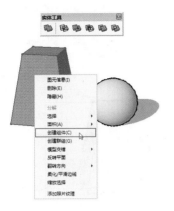

图 2-271　将几何体创建组

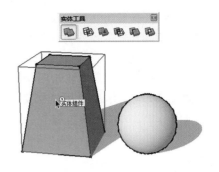

图 2-272　实体组提示

> **提示：** 区别于其他常用的图形软件，在SketchUp中几何体并非"实体"，在该软件中模型只有在添加"创建组件"命令后才被认可为"实体"。

03 将鼠标移动至四棱台模型表面，将出现提示，表明当前进行合并的"实体"数量，单击鼠标左键确定。

04 再单击球体模型，即可完成外壳操作，此时两个模型将合为一个组，如图 2-273 与图 2-274 所示。

05 双击"实体外壳"工具创建的组，可进入组对模型单独进行编辑，如图 2-275 所示。

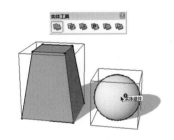

图 2-273　选择球体模型

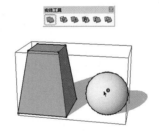

图 2-274　实体外壳操作完成

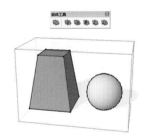

图 2-275　双击进入单独编辑

> **提示：** 如果场景中有比较多的"实体"需要进行合并，可以在将所有"实体"全选后再单击"实体外壳"工具按钮，这样可以快速进行合并，如图 2-276 与图 2-277 所示。
>
>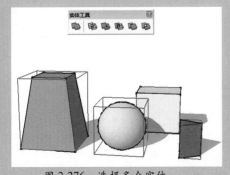
>
> 图 2-276　选择多个实体
>
>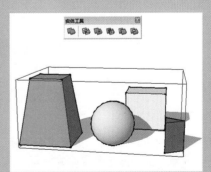
>
> 图 2-277　组成单个实体

2.3.2 相交工具

布尔运算是大多数三维图形软件都具有的功能，其中"相交"运算将快速获取"实体"间相交的部分模型，具体的操作方法与技巧如下。

01 首先选择球体，将其移动至与四棱台相交，如图 2-278 所示。启用"相交"运算工具 并单击选择四棱台，如图 2-279 所示。

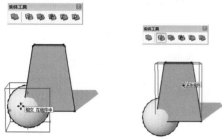

图 2-278 使实体相交　　图 2-279 单击选择四棱台

02 然后再在球体上单击，如图 2-280 所示，即可获得两个"实体"相交部分的模型，同时之前的"实体"模型将被删除，如图 2-281 所示。

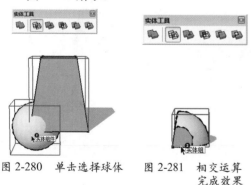

图 2-280 单击选择球体　　图 2-281 相交运算完成效果

> **提示**：多个相交"实体"间的"相交"运算可以先全选相关"实体"，然后再单击"相交"工具按钮进行快速的运算。

2.3.3 联合工具

布尔运算中的"联合"运算工具 可以将多个"实体"合并为一个实体并保留空隙，如图 2-282 ～ 图 2-284 所示。在 SketchUp 2015 中"联合"工具 与之前介绍的"实体外壳"工具 功能没有明显的区别。

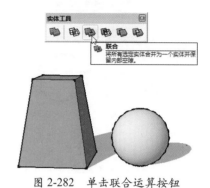

图 2-282 单击联合运算按钮

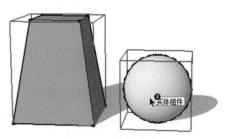

图 2-283 选择实体

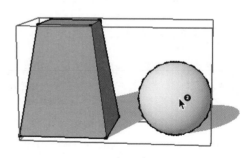

图 2-284 联合运算完成效果

2.3.4 减去工具

"减去"工具 用于将某个"实体"与其他"实体"相交的部分进行切除，具体的操作方法与技巧如下：

01 首先选择球体，将其移动至与四棱台相交，如图 2-285 所示。然后启用"减去"

运算工具 ，并选择外部四棱台模型，再单击球体模型，如图 2-286 所示。

02 "减去"运算完成之后将保留后选择的"实体"，而删除先选择的实体以及相关的部分，如图 2-287 所示。

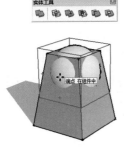  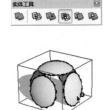

图 2-285　移动球体　　　图 2-286　启用减去工具并选择四棱台　　　图 2-287　减去运算完成效果

03 因此同一场景在进行"减去"运算时，"实体"的选择顺序不同，将得到不同的运算结果，如图 2-288 ～图 2-290 所示。

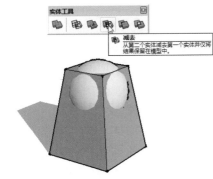 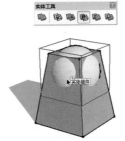 

图 2-288　单击减去运算按钮　　　图 2-289　选择第一个实体　　图 2-290　减去运算完成效果

2.3.5　剪辑工具

在 SketchUp 中"剪辑"工具 的功能类似于布尔运算中的"减去"工具，但其在进行"实体"接触部分切除时，不会删除掉用于切除的实体，如图 2-291 ～图 2-293 所示。

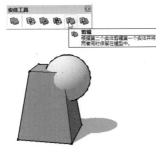 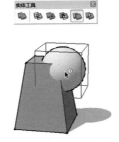 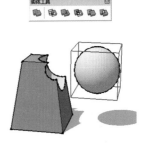

图 2-291　使用"剪辑"工具　　　图 2-292　实体修剪完成　　　图 2-293　实体修剪效果

> **提示**：与"减去"工具的运用类似，在使用"剪辑"工具时"实体"单击次序的不同将产生不同的"剪辑"效果。

2.3.6　拆分工具

在 SketchUp 中"拆分"工具 的功能类似于布尔运算中的"相交"工具，但其在获得"实体"间相接触的部分的同时仅删除之前"实体"间相接触的部分，如图2-294～图2-296所示。

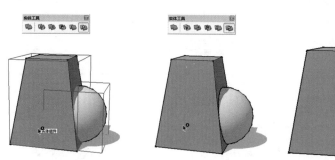

图2-294 使用"拆分"工具 图2-295 实体拆分完成

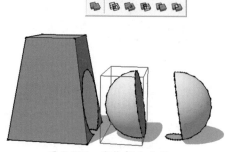

图2-296 实体拆分效果

2.4 沙盒工具

不管是城市规划、园林景观设计还是游戏动画的场景设计，创建出一个好的地形环境能为设计增色不少。在 SketchUp 中创建地形的方法有很多，包括结合 CAD、GIS 等软件进行高程点数据的共享并结合"沙盒"工具进行三维地形的创建等，其中直接利用"沙盒"工具创建地形的方法应用较为普遍。

"沙盒"工具是 SketchUp 内置的一个地形工具，用于制作三维地形效果，除此之外还可以创建很多其他的物体，如膜状结构物体的创建等。执行"视图"｜"工具栏"菜单命令，在弹出的"工具栏"对话框中勾选"沙盒"选项即可弹出"沙盒"工具栏，如图2-297所示。

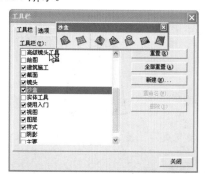

图2-297 调出"沙盒"工具栏操作

"沙盒"工具栏内按钮的各个功能如图2-298 所示，其主要通过"根据等高线创建"与"根据网格创建"创建地形，然后通过"曲

面起伏"、"曲面平整"、"曲面投射"、"添加细部"以及"对调角线"工具进行细节的处理。接下来了解具体的使用方法与技巧。

图2-298 "沙盒"工具栏按钮功能

2.4.1 根据等高线建模

利用"根据等高线创建"工具 （或执行"绘图"｜"沙盒"｜"根据等高线创建"），可以将相邻且封闭的等高线形成三角面，等高线是一组垂直间距相等且平行于水平面的假想面与自然地貌相交所得到的交线在平面上的投影。

等高线上的所有点的高程必须都相等，等高线可以是直线、圆弧、圆、曲线等，使用"根据等高线创建"工具 将会让这些闭合或不闭合的线封闭成面，形成坡地。

2.4.2 实例——创建伞

下面通过实例介绍利用"根据等高线创建"工具创建伞的方法。

01 激活"多边形"工具 ，在"数值"输入框中输入多边形边数为"8"，以原点为多边形中点，在场景中创建一个半径为 1930mm 的八边形，如图2-299所示。

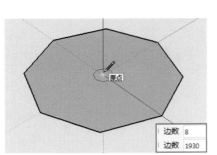

图 2-299　绘制伞轮

02 利用"卷尺"工具 在沿蓝轴方向距八边形 630mm 处绘制辅助线，并用"圆"工具 绘制一个半径为 25mm 的圆，如图 2-300 所示。

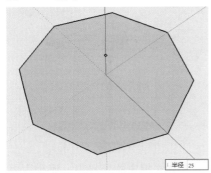

图 2-300　绘制伞顶圆

03 激活"矩形"工具 ，以圆心为矩形的第一个角点绘制出一个垂直于多边形面的矩形辅助，如图 2-301 所示。

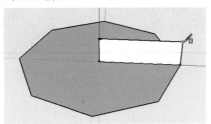

图 2-301　绘制矩形辅助面

04 激活"直线"工具 ，在矩形上绘制出一段直线，以矩形和圆外边缘线的交点为第一点，矩形对角点为第二点，如图 2-302 所示。

05 删除除直线外的辅助面和辅助线，选中直线，激活"旋转"工具 ，按住 Ctrl 键，旋转 45 度并在"数值"输入框中输入"8x"，将圆弧按圆心旋转复制 8 份。如图 2-303 ～图 2-305 所示。

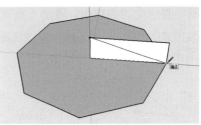

图 2-302　绘制辅助线段

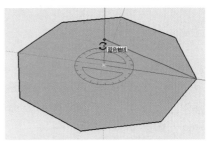

图 2-303　确定旋转基点

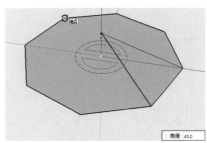

图 2-304　确定旋转轴

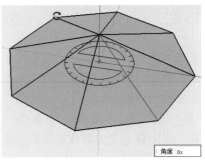

图 2-305　旋转复制 8 份

06 选择删除不需要的面，保留伞的轮廓线，如图 2-306 和图 2-307 所示。

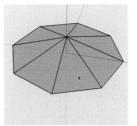

图 2-306　删除多余的面

图 2-307　伞轮廓线

07 框选整个伞轮廓模型，激活"根据等高线创建"工具 ，完成伞面的创建，如图 2-308 所示。

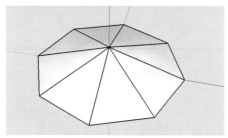

图 2-308　创建伞面图

08 接下来为伞添加伞柄等细节，激活"偏移"工具 ，将顶部的圆形向内偏移 5mm，如图 2-309 所示。

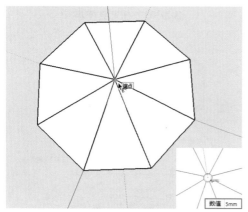

图 2-309　绘制伞顶

09 激活"推/拉"工具 ，按住 Ctrl 键，将偏移后的圆形向下推拉 3100mm，向上推拉 115mm，如图 2-310 示，再用"圆"工具、"推/拉"工具、"旋转"工具 等完成伞骨支架的创建，如图 2-311 所示。

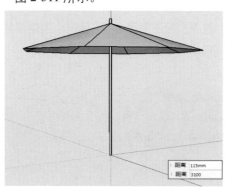

图 2-310　绘制伞杆

图 2-311　添加伞骨

10 激活"材质"工具 ，将伞赋予相应的材质，如图 2-312 所示，伞模型创建完成。

图 2-312　赋予材质

11 将其放置相应的场景中，遮阳伞最终绘制效果，如图 2-313 所示。

图 2-313　最终效果

2.4.3　根据网格创建建模

利用"根据网格创建"工具 可以在场景中创建网格，再将网格中的部分进行曲面拉伸。通过此工具只能创建大体的地形空间，不能精确绘制地形。

01 激活"根据网格创建"工具 ，在"数值"输入框中输入"栅格间距"，按 Enter 键即完成确定，如图 2-314 所示。

02 在场景中确定网格第一点后，拖动鼠标指定方向，移动至所需长度处单击鼠标左键，或者可以在"数值"输入框中输入需要的长度，按 Enter 键即完成确定，如图 2-315 所示。

03 再次拖动鼠标指定方向，利用上述方法确定网格另一边的长度，如图 2-316 所示。

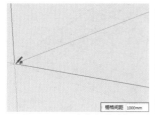

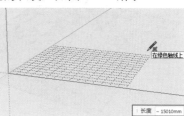

图 2-314　确定栅格间距图　　　图 2-315　确定网格长度　　　图 2-316　确定网格宽度

04 生成的网格自动成组，可双击进入对其进行编辑，如图 2-317 所示。

"根据网格创建"绘制完成后，使用"沙盒"工具栏中其他工具进行调整与修改才能产生地形效果。首先了解"曲面起伏"工具的使用方法与技巧。

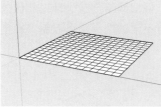

图 2-317　自动成组的网格

技巧：在输入"网格间隔"并确定后，绘制网格时每个刻度之间的距离即为设定的间距宽。

2.4.4　曲面起伏

01 绘制好的"根据网格创建"默认为"组"，使用"沙盒"工具栏中的工具无法单个进行调整。选择模型单击鼠标右键，在弹出的关联菜单中选择"分解"命令使其变成"细分的大型平面"，如 图 2-318 与 图 2-319 所示。

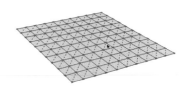

图 2-318　分解网格　　　图 2-319　分解后的网格效果

02 启用"曲面起伏"工具　　，待光标变成了 状时能自动捕捉"根据网格创建"上的交点，如图 2-320 所示。

技巧："曲面起伏"图标下方的红色圆圈为其影响的范围大小，在启用该工具后即可输入数值自定义其"半径"大小。

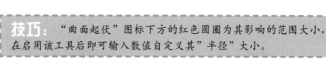

03 单击选择网格上任意一个交点，然后推拉鼠标即可产生地形的起伏效果，如图 2-321 所示。

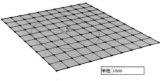
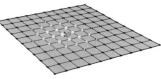

图 2-320　启用"曲面起伏"工具　　　图 2-321　选择交点

04 确定好地形起伏效果后在再次单击鼠标（或直接输入数值确定精确的高度），即可完成该处地形效果的制作，如图 2-322 与图 2-323 所示。

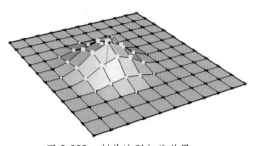

图 2-322 制作地形起伏效果

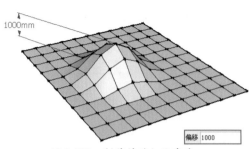

图 2-323 制作精确起伏高度

"曲面起伏"工具是制作"根据网格创建"地形起伏效果的主要工具，因此通过对"根据网格创建"的点、线、面进行不同的选择，可以制作出丰富的地形效果，接下来进行具体的了解。

1. 点拉伸

启用"曲面起伏"工具，选择任意一个交点进行拉伸即可制作出具有明显"顶点"的地形起伏效果，如图 2-324 与图 2-325 所示。

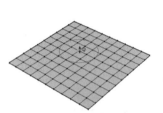

图 2-324 选择单个交点

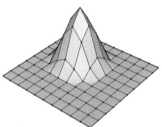

图 2-325 拉伸地形效果

2. 线拉伸

01 启用"曲面起伏"工具后选择到任意一条边线，推动鼠标即可制作比较平缓的地形起伏效果，如图 2-326 与图 2-327 所示。

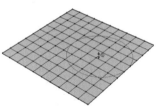

图 2-326 选择单个边线

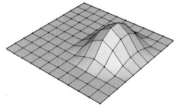

图 2-327 地形起伏效果

02 如果在启用"曲面起伏"工具前选择到"根据网格创建"面上的连续边线，然后再启用"曲面起伏"工具进行拉伸，则可得到具有"山脊"特征的地形起伏效果，如图 2-328 ～图 2-330 所示。

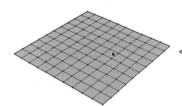

图 2-328 选择连续边线

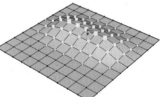

图 2-329 拉伸连续边线

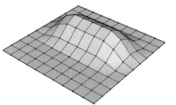

图 2-330 拉伸完成效果

03 如果在启用"曲面起伏"工具前在"根据网格创建"面上选择间隔的多条边线，然后再启用"曲面起伏"工具进行拉伸，则可得到连绵起伏的地形效果，如图 2-331 ～图 2-333 所示。

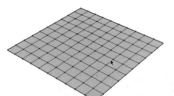

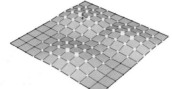

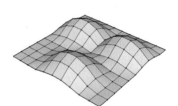

图 2-331　选择间隔边线　　　　　图 2-332　拉伸间隔边线　　　　　图 2-333　拉伸完成效果

04 此外执行"视图"｜"隐藏几何图形"菜单命令,可以将"根据网格创建"中隐藏的对
角边线进行虚线显示,执行命令后可以隐藏,选择对角边线后启用"曲面起伏"工具进
行拉伸,可以得到斜向的起伏效果,如图 2-334 ～图 2-336 所示。

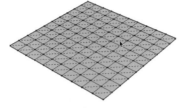

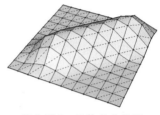

图 2-334　隐藏物体命令　　　　图 2-335　选择对角边线　　　　　图 2-336　拉伸完成效果

> **技巧**：　在使用"曲面起伏"工具制作"根据网格创建"地形起伏效果时,"线"拉伸是主要手段。在制
> 作过程中应该根据连续边线、间隔边线以及对角线的位伸特点,灵活的进行结合运用。

3. 面拉伸

01 在启用"曲面起伏"工具前在"根据网格创建"面上选择任意一个面即可制作具有"顶
部平面"的地形起伏效果,如图 2-337 ～图 2-339 所示。

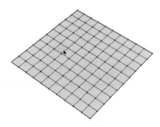

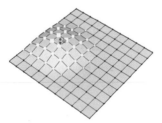

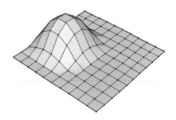

图 2-337　选择面　　　　　　　图 2-338　拉伸面　　　　　　　　图 2-339　拉伸完成效果

02 同样进行"面"拉伸时可以选择多个顶面同时拉伸,以制作出连绵起伏的地形效果,如
图 2-340 ～图 2-342 所示。

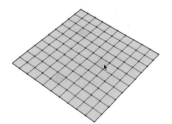

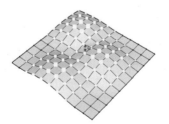

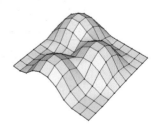

图 2-340　选择多个面　　　　　图 2-341　拉伸多个面　　　　　　图 2-342　拉伸完成效果

2.4.5 曲面平整

"曲面平整"工具  用于在较为复杂的地形中创建建筑的基面并平整场地，使建筑物能够与地面更好的结合。

"曲面平整"工具 也应用于有转折的底面。当底面的转折角度等于90度、小于90度、大于90度时，底面平整到地面上会有不同的表现。"曲面平整"工具 不支持镂空的情况，遇到有镂空的面会自动闭合，如图2-343所示。

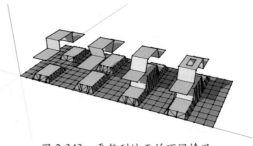

图 2-343　平整到地面的不同情况

2.4.6 实例——创建地形

下面通过实例介绍结合"根据网格创建"工具和"曲面拉伸"、"曲面平整"工具创建地形的方法。

01 激活"根据网格创建"工具 ，将栅格间距设置为3000mm，并创建出60000×6000的网格，创建的网格将自动成组，如图2-344所示。

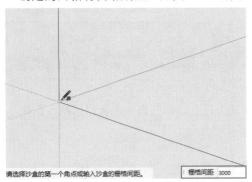

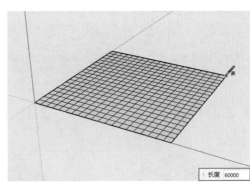

请选择沙盒的第一个角点或输入沙盒的栅格间距。　｜ 栅格间距　3000　　　　　｜ 长度　60000

图 2-344　设置栅格间距并创建网格

02 双击进入网格组件，激活"曲面拉伸"工具 ，在"数值"输入框中输入半径控制推拉范围10000mm，按Enter键以完成确定，如图2-345所示。

03 移动鼠标至需要推拉出地形的区域，单击鼠标左键确定，"曲面拉伸"工具 圆周覆盖范围内的网格点都将被选中，如图2-346所示。

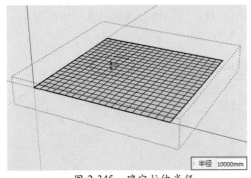

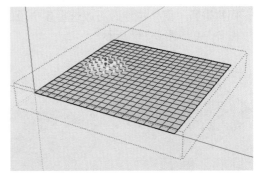

｜ 半径　10000mm

图 2-345　确定拉伸半径　　　　　　图 2-346　确定拉伸区域

04 沿Z轴方向上下移动鼠标，单击鼠标左键确定推拉距离，或者在"数值"输入框中输入地形高度，推拉地形的高度可自定，如图2-347所示。

05 继续调用"曲面拉伸"工具 丰富地形，如图 2-348 所示。

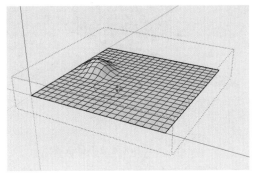

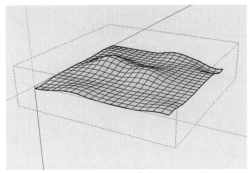

图 2-347　确定拉伸高度　　　　　　　　图 2-348　丰富地形

06 通过执行"文件"｜"导入"命令，将光盘中"2.4.6 创建地形咖啡店 .skp"素材文件导入场景中，如图 2-349 所示。

07 双击咖啡店实体进入组的编辑状态，以其底面形状为准，为实体创建一个平整的表面并推拉出一定的距离，如图 2-350 所示。

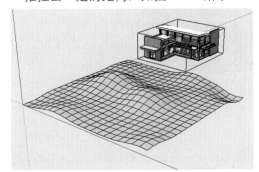

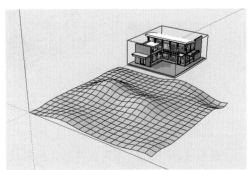

图 2-349　导入咖啡店模型　　　　　　　图 2-350　创建平整面

08 将视图切换为俯视图，选中咖啡店模型，激活"移动"工具 ，确定移动基点，将其移动至中间位置，切换视图为等轴图，沿 Z 轴将咖啡店模型悬空放置在地形上，如图 2-351 所示。

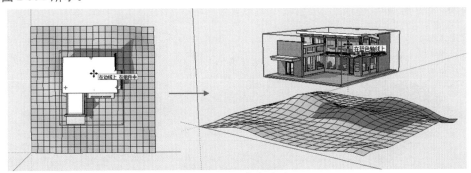

图 2-351　悬空放置

09 激活"曲面平整"工具 ，单击要进行平整操作的底面，然后输入底面外延的距离 1000mm，如图 2-352 所示。

10 选择底面后单击地形确定位置，如图 2-353 所示。

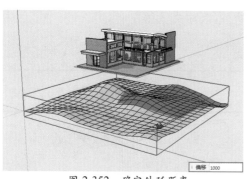

图 2-352　确定外延距离

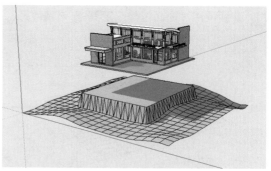

图 2-353　确定地形位置图

11 将建筑和底面移动到在地形上创建好的平面上，如图 2-354 所示。

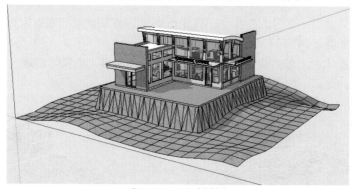

图 2-354　移动模型

2.4.7　曲面投射

"曲面投射"工具 🔦 可以将物体的形状投影到地形上，在创建位于坡地上的广场、道路等时用得较多。

01 激活"曲面投射"工具 🔦 ，此时鼠标光标为"曲面投射"工具 🔦 原色，按照状态栏的提示，在需要投影的图元上单击，如图 2-355 所示。

02 选择投射图元后，鼠标光标将变为红色，按照状态栏的提示，在投射网格上单击鼠标，如图 2-356 所示。

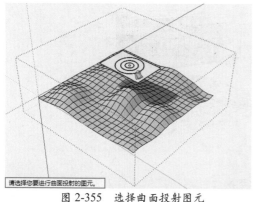

图 2-355　选择曲面投射图元

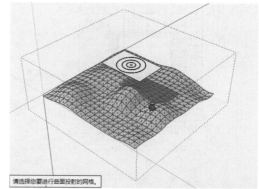

图 2-356　选择曲面投射网格

03 执行完成后，会发现网格上出现了完全按照地形坡度走向投影的矩形面，如图 2-357 所示。

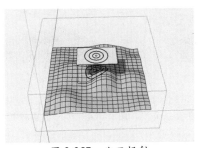

图 2-357　曲面投射

提示：若需要投影的实体较多，可先选中实体，然后激活"曲面投影"工具，为方便选择，也可将投影面制作成组。

2.4.8　实例——创建园路

下面通过实例介绍利用"曲面投射"工具创建有坡度的园路的方法。

01 打开配套光盘"第 02 章\2.4.8 创建园路 .skp"素材文件，如图 2-358 所示。

02 开启阴影显示，将需要投影的实体悬空放置在设定地形上，并调整好位置，如图 2-359 所示。

03 激活"曲面投射"工具，单击投影面，再单击地形面，在地形上即出现投影线，如图 2-360 所示。

图 2-358　园路平面模型　　　图 2-359　放置平面模型　　　图 2-360　制作投影线

04 在生成的投影线所构成的表面上通过"材质"工具赋予材质，如图 2-361 所示。

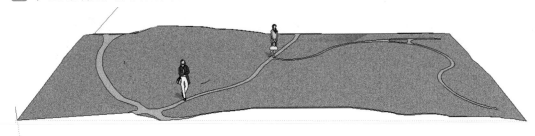

图 2-361　赋予材质

2.4.9　添加细部

在使用"根据网格创建"进行地形效果的制作时，过少的细分面将使地形效果显得生硬，过多的细分面则会增大系统显示与计算负担。使用"添加细部"工具在需要表现细节的地方单击，通过手动移动鼠标或者在"数值"输入框中输入精确数值，进行细部变化，而其他区域将保持较少的细分面，具体操作方法如下：

01 通过执行"视图"|"隐藏几何图形"命令，即可看到网格中每个小方格内的对角线，如图 2-362 所示。

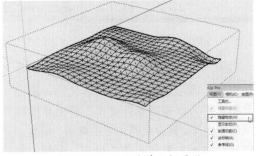

图 2-362　显示隐藏几何图形

77

02 选中需要添加细部的区域，激活"添加细部"工具 ，效果如图2-363与图2-364所示。

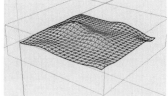
图 2-363　选择要拉伸的细分面

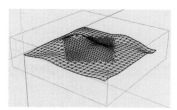
图 2-364　对网格面进行细分

03 细分完成后再使用"曲面起伏"工具 进行拉伸，即可得到平滑的拉伸边缘，如图2-365与图2-366所示。

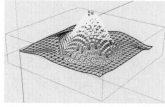
图 2-365　拉伸细分后的网格面

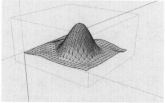
图 2-366　拉伸完成效果

提示： 激活"添加细部"工具 后，在状态栏将会显示添加细部的工作进度条，如图2-367所示。一般情况下应尽量选择小区域，以免造成大量不必要的计算导致SketchUp崩溃。

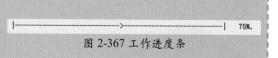
图 2-367 工作进度条

2.4.10　对调角线

"对调角线"工具 用于将构成地形的网格的小方格内的对角线进行翻转，从而对局部的凹凸走向进行调整。

在虚显"根据网格创建"地形的对角边线后，启用"对调角线"工具可以根据地势走向对应改变对角边线方向，从而使地形变得平缓一些，如图2-368与图2-369所示。

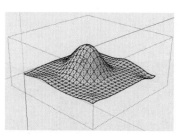
图 2-368　启用反转角线工具

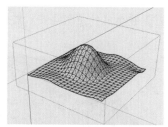
图 2-369　反转对角线朝向

提示： "翻转边线"工具 主要对于一些地形起伏不能顺势而下的情况中应用。

2.5　课后练习

2.5.1　绘制室外座椅

本小节通过创建如图2-370所示的室外座椅，练习基本绘图工具的使用。通过分析人们可以知道室外座椅主要由桌椅和太阳伞组成，其中桌椅主要由桌面、桌腿、椅座组成；太阳伞主要由伞座、伞柄、骨支架架组成。

图 2-370　室外座椅

提示步骤如下。

01 激活"圆"工具 ⊘、"推/拉"工具 ◆，绘制桌面，如图 2-371 所示。

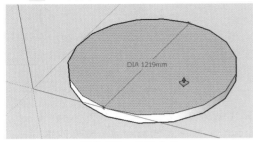

图 2-371　绘制桌面

02 激活"直线"工具 ✐、"矩形"工具 ▱，绘制出截面和放样路径，并用"路径跟随"工具 ⬮，放样出桌腿，如图 2-372 所示。

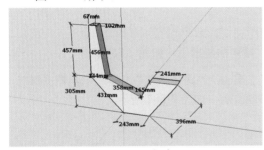

图 2-372　绘制桌腿

03 激活"圆弧"工具、"偏移"工具，绘制椅子面，并用"推/拉"工具 ◆，推拉椅子的厚度，如图 2-373 所示。

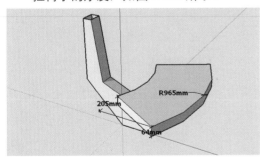

图 2-373　绘制椅座

04 选择桌腿和椅子，激活"旋转"工具 ◔，按住 Ctrl 键，将其移动复制 3 份，如图 2-374 所示。

05 激活"多边形"工具 ⬡，绘制伞轮，并用"卷尺"工具 ✐、"圆"工具 ⊘、"矩形"工具 ▱，绘制辅助面，"直线"工具

✐、"旋转"工具 ↻，绘制太阳伞轮廓线，如图 2-375 所示。

图 2-374　旋转复制

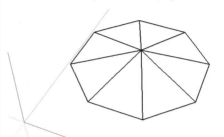

图 2-375　绘制伞轮廓

06 框选整个伞轮廓模型，激活"根据等高线创建"工具 ◈，完成伞面的创建，如图 2-376 所示。

图 2-376　伞面创建完成

07 为伞添加伞座、伞柄、骨支架等细节，并用"移动"工具 ✦，将太阳伞移动至合适位置，如图 2-370 所示。

2.5.2　绘制电视柜

本小节通过创建如图 2-377 所示的电视柜，练习基本绘图工具的使用，通过分析人们可以知道电视柜主要由台面、抽屉、支撑脚组成。

提示步骤如下。

01 激活"矩形"工具 ▱、"推/拉"工具 ◆，绘制电视柜大体轮廓，如图 2-378 所示。

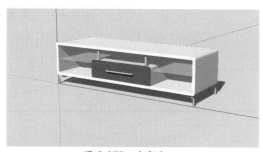

图 2-377　电视柜

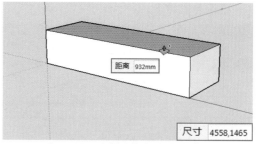

图 2-378　绘制电视柜大体轮廓

02 利用"偏移"工具 ⟋、"推 / 拉"工具 ◆，细化电视柜，如图 2-379 所示。

03 激活"矩形"工具 ▱、"圆"工具 ◯、"推 / 拉"工具 ◆，绘制抽屉，如图 2-380 所示。

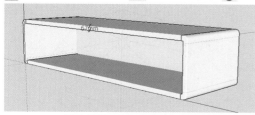

图 2-379　细化电视柜

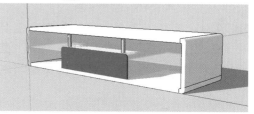

图 2-380　绘制抽屉

04 利用"圆"工具 ◯、"路径跟随"工具 ⟲，绘制抽屉把手，如图 2-381 所示。

05 激活"直线"工具 ✎、"圆弧"工具 ⟋、"圆"工具 ◯、"路径跟随"工具 ⟲，绘制支撑脚，并用"移动"工具 ✛，按住 Ctrl 键，将其移动复制，如图 2-382 所示。

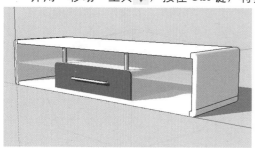

图 2-381　绘制抽屉把手

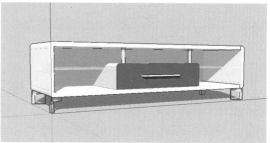

图 2-382　绘制支撑脚

第3章

SketchUp 辅助设计工具

本课知识：

● SketchUp "绘图" 工具栏。

● SketchUp "编辑" 工具栏。

● SketchUp "实体" 工具栏。

● SketchUp "沙盒" 工具栏。

SketchUp 2015 中除制图工具栏外，还有"标准"、"视图"、"样式"、"构造"、"相机"、"漫游"等辅助工具栏，本章将介绍这些工具的用法。

 **3.1 选择和编辑工具**

在对场景模型进行进一步操作之前，必须先选中需要进行操作的物体，在 SketchUp 中可通过"选择"工具 ▶ 或直接按空格键执行该命令。图形的选择包括"点选"、"窗选"、"框选"和"鼠标右键关联选择"四种方式。

3.1.1 选择工具

SketchUp 中"选择"命令可以通过单击"编辑"工具栏中的 ▶ 按钮或执行"工具"|"选择"命令，均可启用该编辑命令，具体操作方法如下。

图 3-1 激活"选择"工具

1. 点选

01 激活"选择"工具，此时在视图内将出现一个"箭头"图标，如图 3-1 所示。

02 然后在任意对象上单击均可将其选择，此时即可选中此面，若在一个面上双击，将选中这个面及其构成线，若在一个面上三击或以上，将选中与这个面相连的所有面、线及被隐藏的虚线，如图 3-2 所示。

图 3-2 鼠标单、双、三击

03 选择目标后，如果需要继续选择其他对象，则先按住 Ctrl 键不放，待视图的光标变为 ▶+ 时，再单击所需选择的对象，即可将其加入选择。利用该方法选两个靠枕，如图 3-3 所示。

04 如果误选了某个对象而需要将其从选择范围中去除时，可以按住 Shift 键不放，待视图中的光标变成 ▶± 时，单击误选对象即可将其进行减选。利用该种方法减选靠枕，如图 3-4 所示。

图 3-3 启用"选择"工具

图 3-4 激活"选择"工具

> **技巧**：按住 Ctrl 键，选择工具变为增加选择 ▶+，可以将实体添加到选集中。按住 Shift 键，选择工具变为反选 ▶-，可以改变几何体的选择状态。已经选中的物体会被取消选择，反之亦然。同时按住 Ctrl 键和 Shift 键，选择工具变为减少选择 ▶±，可以将实体从选集中排除。

2. 窗选和框选

"窗选"的方法是按住鼠标左键从左至右拖动，绘图区将出现选框为实线边框，如图

3-5 所示，将选中完全包含在矩形选框内的对象，如图 3-6 所示。

"框选"的方法是按住鼠标左键从右至左拖动鼠标，绘图区将出现选框为虚线边框，如图 3-7 所示，将选中完全包含及部分包含在矩形选框内的对象，如图 3-8 所示。

图 3-5　窗选前　　　图 3-6　窗选部分模型　　　图 3-7　框选前　　　图 3-8　框选部分模型

提示：选择完成后，单击视图任意空白处，将取消当前所有选择。按Ctrl+A键或执行"编辑"|"全选"命令，将全选所有对象，无论是否显示在当前的视图范围内。按Ctrl+T键或执行"编辑"|"全部不选"命令，将取消全部所选对象。

3. 右键关联选择

在 SketchUp 中，"线"是最小的可选择单位，"面"则是由"线"组成的基本建模单位，通过扩展选择，可以快速选择关联的面或线。

利用"选择"工具 ▶ 选中物体元素，再单击鼠标右键，将出现右键关联菜单，如图 3-9 所示。菜单中包含有 5 个子命令："边界边线"、"连接的平面"、"连接的所有项"、"在同一图层的所有项"和"使用相同材质的所有项"。通过对不同选项的选择，可以扩展选择命令。

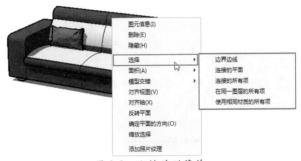

图 3-9　右键关联菜单

3.1.2　实例——窗选和框选

下面通过实例介绍利用"选择"工具进行窗选和框选的方法。

01 打开配套光盘"第 03 章 \3.1.2 窗选和框选 .skp"素材文件，这是一个医院规划场景模型，如图 3-10 所示。

02 激活"选择"工具，窗选场景左上角建筑物体，窗选选框应完全包括三栋建筑物，即可选中，如图 3-11 所示，窗选选框为实线。

 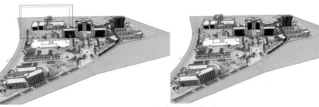

图 3-10　医院规划场景　　　　　　　图 3-11　窗选中心建筑

03 激活"移动"工具 ✛，将选中的建筑移动至对应的场景区域中，如图 3-12 所示。

04 首先对场景中树组件进行隐藏，然后框选场景中右侧建筑物体，框选选框只需与所需选中物体有相交即可选中，如图 3-13 所示，框选选框为虚线。

图 3-12　移动选中建筑　　　　　　图 3-13　框选整个模型

05 按 Delete 键将选中的建筑删除，并显示隐藏的树组件，如图 3-14 所示。

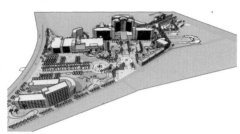

图 3-14　删除选中建筑

3.1.3　实例——右键关联选择

　　下面通过实例介绍右键关联菜单的使用方法。

01 打开配套光盘"第 03 章 \3.1.3 右键关联选择 .skp"素材文件，这是一个景观亭模型，激活"选择"工具 选中亭子中间砖材质面，单击鼠标右键，将出现如图 3-15 所示的关联菜单。

02 选择"边界边线"选项，则会选中与选定面的边界边线，如图 3-16 所示。

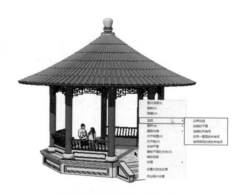

图 3-15　右键关联菜单

03 选择"连接的平面"选项，将会选中与选定面连接的平面，如图 3-17 所示。

04 选择"连接的所有项"选项，将会选中所有与选定面连接的线和面，如图 3-18 所示。值得注意的是，景观亭子中的柱基因并未与选定面相连接，故未被选中。

图 3-16　边界边线　　　　图 3-17　连接的平面　　　　图 3-18　连接的所有项

05 选择"在同一图层的所有项"选项，将会选中与选定面位于同一图层中的所有模型元素，如图 3-19 所示。

06 选择"使用相同材质的所有项"选项，将会选中与选定面赋予相同砖材质的所有模型元素，如图 3-20 所示，此时可以看出只有选中面赋予砖材质。

技巧：在场景中创建了模型却未将其创建群组时，使用右键关联选择"使用相同材质的所有项"选项后，场景中所有被赋予相同材质的模型元素将被选择出来并将其群组，便于对材质等属性进行调整设置。

图 3-19　在同一图层的所有项

图 3-20　使用相同材质的所有项

3.1.4　制作组件

"制作组件"工具 主要用于管理场景中选择的模型，当在场景中制作好了某个模型套件时，通过将其制作成组件，不但可以精简模型个数，方便模型的选择，而且如果复制了多个，在修改其中一个时，其他模型也会跟着发生相同的改变，从而提高了工作效率。

此外，模型"制作组件"可以单独导出，这样不但可以方便地与他人分享，自己也可以随时再导入使用，接下来介绍"制作组件"的制作方法。

01 选择需要制作为组件的模型元素，单击大工具集上的"制作组件" 按钮，或单击鼠标右键，在关联菜单中选择"创建组件"选项，如图 3-21 所示。

02 此时将弹出"创建组件"对话框，用于设置组件信息，如图 3-22 所示。该对话框说明如下。

图 3-21　右键关联菜单　　　　　　　图 3-22　创建组件

- "名称"文本框：用于为制作的组件定义名称，中英文数字皆可，主要为方便记忆。
- "描述"文本框：用于输入组件的描述文字，方便查阅。
- "黏接至"下拉列表框：用于指定组件插入时所要对齐的面，可以通过如图 3-23 所示的下拉列表框中选择"无"、"任意"、"水平"、"垂直"或"倾斜"。
- "设置组件轴"按钮 设置组件轴 ：用于给组件指定一个组件内部坐标。

图 3-23　下拉列表

- "切割开口"复选框：在创建组件过程中，需要在创建的物体上开洞，例如门洞、窗洞等。勾选此项后，组件将在与表面相交的位置剪切开口。
- 总是朝向相机：勾选后，场景中创建的组件将始终对齐到视图，以面向相机的方向显示，不受视图变更的影响，如图 3-24 和图 3-25 所示。若定义的组件为二维图形，则需要勾选此项，这样可以利用二维图形代替三维实体，避免组件对系统运行速度的影响。

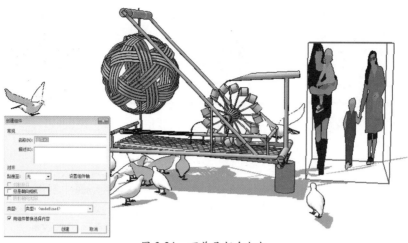

图 3-24　不总是朝向相机

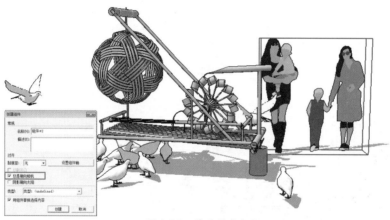

图 3-25　总是朝向相机

● 阴影朝向太阳：勾选后，组件将始终显示阴影面的投影。此选项只有在"总是朝向相机"选项勾选后才能生效，如图 3-26 和图 3-27 所示。

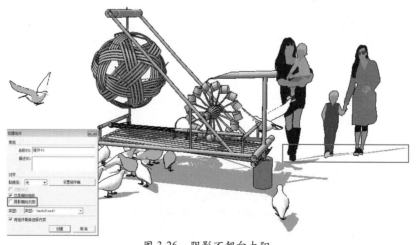

图 3-26　阴影不朝向太阳

- 用组件替换选择内容：勾选后，场景中的物体才会以组件形式显示，否则只是定义了组件，在组件库会生成相应的组件名称，但是场景显示仍是以原物体显示，不会以组件形式显示。一般情况下需要勾选此项。

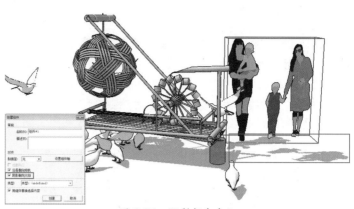

图 3-27　阴影朝向太阳

03 组件信息设置完成后，单击"创建"即可完成组件的制作。组件制作完成后以组件形态显示，如图 3-28 所示。

图 3-28　组件创建完成

3.1.5　擦除工具

删除图形工具主要为"擦除"工具，选择"擦除"工具，单击想要删除的模型元素即可删除。单击大工具集上的"擦除"工具按钮，或执行菜单栏中的"工具"|"橡皮擦"命令，均可启用"擦除"命令。

待光标变成时，将其置于目标线段上方，按住鼠标左键，在需要删除的模型元素中拖动，被选中的物体将会呈现突出显示，此时松开鼠标左键，则可将选中的物体全部删除，如图 3-29 与图 3-30 所示。但该工具不能直接进行"面"的删除，如图 3-31 所示。

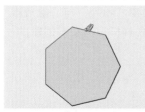

图 3-29　选择需删除线段

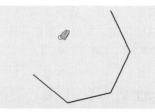

图 3-30　删除完成

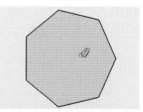

图 3-31　不能直接删除面

技巧：使用"橡皮擦"工具同时按住 Shift 键，此时将不会删除模型元素，而将边线隐藏。同时按住 Ctrl 键，此时将不会删除模型元素，而将边线柔化。同时按住 Ctrl 和 Shift 键，将取消柔化效果，但不能取消隐藏。

3.1.6 实例——处理边线

下面通过实例介绍利用辅助键处理边线的方法。

01 打开配套光盘"第 03 章 \3.1.6 处理边线 .skp"素材文件，这是一个未进行线条处理的儿童游戏场景模型，模型棱角分明，线条粗糙不美观，如图 3-32 所示。

02 以椎体上的线段为目标线段，激活"橡皮擦"工具 ✐，在线段上单击，此时线段将被删除，同时由此线段构成的面也将删除，如图 3-33 和图 3-34 所示。

图 3-32 儿童游戏场景模型　　图 3-33 橡皮擦擦除　　图 3-34 直接删除

03 退回上一步操作，按住 Shift 键在线段上单击，此时线段将被隐藏，但是由线段构成的轮廓还在，仍然显得有棱有角，如图 3-35 所示。

04 退回上一步操作，按住 Ctrl键在线段上单击，此时线段将被柔化，看不到构成的轮廓，如图 3-36 所示。

：若要删除大量线，建议使用的更快的方法为激活"选择"工具 ▶ 按住 Ctrl 键进行多选，然后按 Delete 键删除。

图 3-35 隐藏边线　　　　图 3-36 柔化边线

3.2 建筑施工工具

SketchUp 2015 的建筑施工工具包括"卷尺"工具、"尺寸"工具、"量角器"工具、"文字"工具、"轴"工具、"三维文字"工具，如图 3-37 所示。其中"卷尺"与"量角器"工具用于尺寸与角度的精确测量与辅助定位，其他工具则用于进行各种标识与文字创建。

图 3-37 构造工具

3.2.1　卷尺工具

"卷尺"工具 🔍 可以执行一系列与尺寸相关的操作，包括测量两点间距离、绘制辅助线和辅助点以及对模型进行缩放。下面对相关操作进行详细讲解。单击"建筑施工"工具栏中的 🔍 按钮，或执行"工具"|"卷尺"菜单命令，均可启用该命令。

1. 测量距离功能

`01` 启用"卷尺"工具，当光标变成 ⁺🔍 时，单击确定测量起点，如图3-38所示。

`02` 拖动鼠标至测量端点，并再次单击确定，即可在"数值"输入框中看到长度数值，如图3-39所示。

图3-38　确定测量起点

图3-39　测量完成效果

> **技巧：** 图3-39中显示的测量数值为大约值，这是因为SketchUp根据单位精度进行了四舍五入。进入"模型信息"面板，选择"单位"选项卡，调整"精确度"参数，如图3-40所示，再次测量即可得到精确的长度数值，如图3-41所示。

图3-40　调整精确度

图3-41　精确测量数值

2. 创建辅助线功能

`01` 启用"卷尺"工具，单击鼠标确定"延长"辅助线起点，如图3-42所示。

`02` 拖动鼠标确定"延长"辅助线方向，输入延长数值并按Enter键以完成确定，即可生成"延长"辅助线，如图3-43与图3-44所示。

图3-42　确定延长端点

图 3-43　输入延长数值

图 3-44　创建延长辅助线

03 拖动鼠标确定"偏移"辅助线方向，如图 3-45 所示，输入偏移数值并按 Enter 键确定，即可生成"偏移"辅助线，如图 3-46 与图 3-47 所示。

图 3-45　选择偏移起点

图 3-46　输入偏移数值

图 3-47　创建偏移辅助线

技巧： ① 辅助线之间的交点、辅助线与线、平面以及实体的交点均可用于捕捉。

② 选择"编辑"|"隐藏"与"取消隐藏"菜单命令，可以隐藏或显示辅助线，如图 3-48 与图 3-49 所示。也可以使用如图 3-50 所示的"删除参考线"菜单命令进行删除。

编辑(E)	
还原 删除	Alt+Backspace
重做	Ctrl+Y
剪切(T)	Shift+删除
复制(C)	Ctrl+C
粘贴(P)	Ctrl+V
原位粘贴(A)	
删除(D)	删除
删除参考线(G)	
全选(S)	Ctrl+A
全部不选(N)	Ctrl+T
隐藏(H)	
取消隐藏(E)	▶
锁定(L)	
取消锁定(K)	▶
创建组件(M)...	
创建群组(G)	
关闭组/组件(O)	

图 3-48　"隐藏"菜单命令

编辑(E)		
还原 删除	Alt+Backspace	
重做	Ctrl+Y	
剪切(T)	Shift+删除	
复制(C)	Ctrl+C	
粘贴(P)	Ctrl+V	
原位粘贴(A)		
删除(D)	删除	
删除参考线(G)		
全选(S)	Ctrl+A	
全部不选(N)	Ctrl+T	
隐藏(H)		
取消隐藏(E)	▶	选定项(S)
锁定(L)		最后(L)
取消锁定(K)	▶	全部(A)
创建组件(M)...		
创建群组(G)		
关闭组/组件(O)		

图 3-49　"取消隐藏"子菜单

编辑(E)	
还原 删除	Alt+Backspace
重做	Ctrl+Y
剪切(T)	Shift+删除
复制(C)	Ctrl+C
粘贴(P)	Ctrl+V
原位粘贴(A)	
删除(D)	删除
删除参考线(G)	
全选(S)	Ctrl+A
全部不选(N)	Ctrl+T
隐藏(H)	
取消隐藏(E)	▶
锁定(L)	
取消锁定(K)	▶
创建组件(M)...	
创建群组(G)	
关闭组/组件(O)	

图 3-50　"删除参考线"命令

3．全局缩放模型功能

"卷尺"工具 全局缩放的功能在导入图像时用的比较多，进行全局缩放时将会在保证比例不变的情况下改变模型大小。

使用"卷尺"工具 在选取的参考线段的两个端点上单击，并在"数值"输入框中输入缩放后线段的长度，按 Enter 键以完成确定。此时将弹出如图 3-51 所示的提示对话框，单击"是"按钮即可确定缩放。具体操作步骤会在后面实例进行详细描述，在这里不再赘述。

图 3-51　提示对话框

3.2.2　实例——全局缩放

下面通过实例介绍利用卷尺测量工具进行全局缩放的方法。

01 打开配套光盘"第 03 章 \3.2.2 全局缩放 .skp"素材文件，这是一个室内卧室模型，如图 3-52 所示。

图 3-52　打开室内卧室模型

02 进入双人床组件，激活"卷尺"工具 测量双人床的宽度为 981mm，与现实不符，如图 3-53 所示。

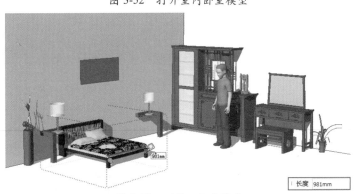

图 3-53　测量双人床宽度

03 在量取点上单击鼠标，此时在"数值"输入框中输入正常双人床宽度 1981mm， 按 Enter 键以完成确定，如图 3-54 所示。

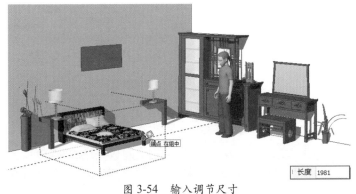

图 3-54　输入调节尺寸

04 在弹出的提示框中选择 "是"选项，双人床将 调整到正常尺寸，如图 3-55 与图 3-56 所示。

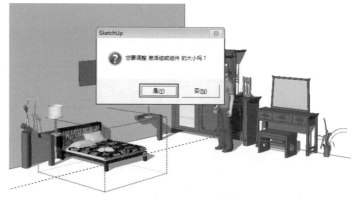

图 3-55　提示对话框

> **提示**：全局缩放适用于整 个模型场景，如果只想缩放一 个物体，就要将物体进行群组， 然后使用上述方法进行缩放。

图 3-56　调整双人床尺寸效果

3.2.3　尺寸标注与文字标注工具

在 SketchUp 中常常会出现需要标注说明图纸内容的情况，SketchUp 提供了"尺寸标注" 与"文字标注" 两种标注工具。

1．设置标注样式

01 "标注"由"箭头"、"标注线"以及"标注文字"构成，进入"模型信息"面板，选择"尺 寸"选项，可以进行"标注"样式的调整，如图 3-57 与图 3-58 所示。

图 3-57　选择"模型信息"菜单

图 3-58　选择"尺寸"选项卡

02 单击"文本"参数组"字体"按钮，可以打开如图 3-59 所示的"字体"设置面板，通过该面板 可以设置标注文字的"字体"、"样式"、"大小"，调整出不同的标注文字效果，如图 3-60 所示。

图 3-59　"字体"面板

图 3-60　不同字体的标注效果

03 选择"引线"参数组"端点"下拉按钮，可以选择"无"、"斜线"、"点"、"开放箭头"、"闭合箭头"5 种标注端点效果，如图 3-61 所示。

04 默认设置下为如图 3-60 所示的"闭合箭头"，另外四种端点效果如图 3-62 与图 3-63 所示。

图 3-61　"端点"下拉按钮

图 3-62　无、斜线标注　图 3-63　点、开放箭头标注

05 在"尺寸"参数组内，可以调整"标注文字"与"尺寸线"的位置关系，如图 3-64 所示。其中"对齐到屏幕"选项的效果如图 3-65 所示，此时标注文字始终平行于屏幕。

图 3-64　选择对齐屏幕

图 3-65　对齐屏幕标注效果

06 选择"对齐尺寸线"单选按钮，则可以通过下拉按钮切换"上方"、"居中"、"外部"3 种方式，如图 3-66 所示，效果分别如图 3-67 ～图 3-69 所示。

图 3-66　三种尺寸线对齐方式

图 3-67　上方对齐效果　　　　图 3-68　居中对齐效果　　　　图 3-69　外部对齐效果

提示：尺寸显示"对齐屏幕"是SketchUp系统默认设置，这种标注在复杂的场景中较易观看。

2. 修改标注

SketchUp 2015改进了标注样式的修改方式，如果需要修改场景中所有标注，可以在设置好"标注样式"后，单击"尺寸"选项卡中的"选择全部尺寸"按钮进行统一修改。如果只需要修改部分标注，则可以通过"更新选定尺寸"按钮进行部分更改，如图3-70所示。

图 3-70　"尺寸"选项卡

技巧：如果是修改单个或几个标注，可以通过如图3-71与图3-72所示的鼠标右键快捷菜单完成，此外双击标注文字可以直接修改文字内容，如图3-73所示。

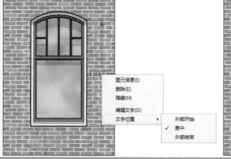

图 3-71　选择编辑文字　　　　图 3-72　文字位置子菜单　　　　图 3-73　双击修改文字内容

3．尺寸标注

"尺寸标注"工具 适合标注的点包括端点、中点、边线上的点、交点，以及圆或圆弧的圆心，标注类型主要包括长度标注、半径标注和直径标注。单击"建筑施工"工具栏中的 按钮，或执行"工具"|"尺寸"菜单命令，均可启用该命令。

1）长度标注

01 启用"尺寸"工具，将光标移动至模型边线的端点上，单击鼠标左键，确定标注的引出点，如图3-74所示。

02 将光标移动至模型边线另一个端点上，单击鼠标左键，确定标注的结束点。向外移动光标，将标注展开到模型外部，以便于观看标注，如图3-75所示。

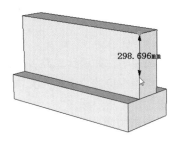
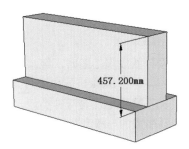

图3-74　确定标注端点　　　　　　　　　图3-75　长度标注完成

2）半径标注

01 单击激活工具栏中的"尺寸标注"工具 ，在目标弧线上单击，确定标注对象，如图3-76所示。

02 往任意方向拖动光标放置标注，确定放置位置后单击鼠标左键，即可完成半径标注，如图3-77所示。

图3-76　选择弧形边线　　　　　　　　　图3-77　半径标注完成

3）直径标注

01 单击激活工具栏中的"尺寸标注"工具 ，在目标圆边线上单击，确定标注对象，如图3-78所示。

02 往任意方向拖动光标放置标注，确定放置位置后单击鼠标左键，即可完成直径标注，如图3-79所示。

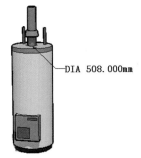

图3-78　选择圆边线　　　　　图3-79　直径标注完成效果

提示：直径标注与半径标注可以互相切换。在直径标注上单击鼠标右键，选择"类型"选项中的"半径"即可，如图3-80所示（半径转换为直径同理）。

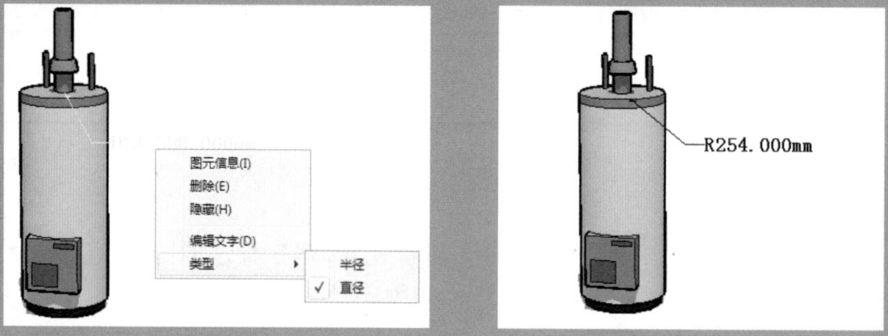

图 3-80　直径切换半径

4. 文字标注

在绘制设计图或施工图时，经常需要在图纸上进行详细说明，如设计思路、特殊做法和细部构造等内容，在SketchUp中通过"文字标注"工具在模型相应的位置插入文本标注。

通常情况下文字标注有两种类型，分别为"系统标注"和"用户标注"。"系统标注"是指系统自动生成的与模型有关的信息文本，"用户标注"是指由用户自己输入的文字标注。

1）系统标注

SketchUp系统设置的"文字标注"可以直接对"面积"、"长度"、"定点坐标"进行文字标注，具体操作方法如下。

01 单击"建筑施工"工具栏中的 按钮，或执行"工具"|"文字标注"菜单命令，如图3-81所示，均可启用该命令。

02 启用"文字标注"工具，待光标变成 后，将光标移至目标平面对象表面，如图3-82所示。

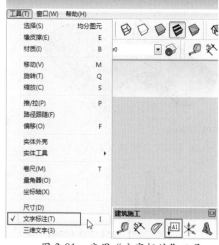

图 3-81　启用"文字标注"工具

图 3-82　选择标注表面

03 双击鼠标，则在当前位置直接显示"文字标注"内容，如图3-83所示。此外，还可以单击鼠标确定"文字标注"端点位置，然后拖动光标到任意位置放置"文字标注"，再次单击鼠标确定，即可完成系统文字标注，如图3-84所示。

图 3-83　双击标注效果

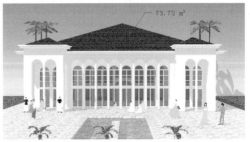

图 3-84　单击拉出标注结果

2）用户标注

用户在使用"文字标注"工具时，可以轻松地编写文字内容，具体操作方法如下。

01 启用"文字标注"工具，待光标变成 时，将鼠标移动至目标平面对象表面，如图3-85所示。

02 单击鼠标确定"文字标注"端点位置，然后拖动鼠标在任意位置放置"文字标注"，此时即可自行进行标注内容的编写，如图3-86所示。

图 3-85　选择标注表面

图 3-86　进行材质文字标注

03 完成标注内容编写后，在"文字标注"输入框外单击鼠标确认或按两次 Enter 键，即可完成自定义标注，如图3-87所示。

图 3-87　材质标注完成

3.2.4　量角器工具

"量角器"工具 具有角度测量和创建角度辅助线功能。单击"建筑施工"工具栏中的

按钮，或执行"工具"|"量角器"菜单命令，均可启用该命令。

1．测量角度

01 启用"量角器"工具，待光标变成 后，单击鼠标，确定目标测量角的顶点，如图3-88所示。

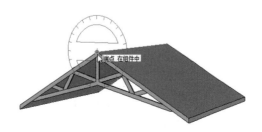

图 3-88　确定测量顶点

02 拖动鼠标捕捉目标测量角任意一条边线，如图 3-89 所示，并单击鼠标确定，然后捕捉到
另一条边线单击鼠标确定，即可在"数值"输入框内观察到测量角度，如图 3-90 所示。

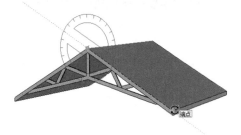

图 3-89　确定一条边线

图 3-90　测量角度完成

2．创建角度辅助线

与"卷尺测量"工具 相似，"量角器"工具 除了可以测量角度之外，还可以创建
角度辅助虚线以方便作图。

使用"量角器"工具可以创建任意值的角度辅助线，具体的操作方法如下。

01 启用"量角器"工具，在目标位置单击鼠标，确定顶点位置，如图 3-91 所示。

02 拖动鼠标创建角度起始线，如图 3-92 所示。在实际的工作中可以创建任意角度的斜线，
以进行相对测量。

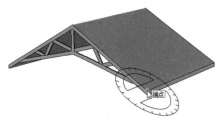

图 3-91　确定测量位置

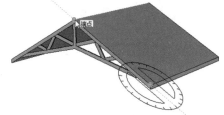

图 3-92　确定起始线

03 在"数值"输入框中输入角度数值，并
按 Enter 键确定，即将以起始线为参考，
创建相对角度的辅助线，如图 3-93 所示。

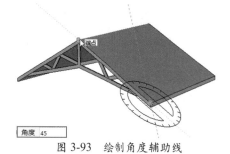

图 3-93　绘制角度辅助线

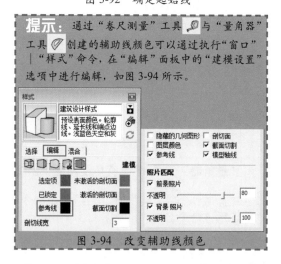

提示：通过"卷尺测量"工具 与"量角器"
工具 创建的辅助线颜色可以通过执行"窗口"
｜"样式"命令，在"编辑"面板中的"建模设置"
选项中进行编辑，如图 3-94 所示。

图 3-94　改变辅助线颜色

3.2.5　轴工具

SketchUp 和其他三维软件一样，都是通过"轴" 进行位置定位，为了方便模型创建，
SketchUp 还可以自定义"轴"，可以方便地在斜面上创建矩形物体，也可以更准确的缩放不

在坐标轴平面上的物体，单击"建筑施工"工具栏中的 ✳ 按钮，或执行"工具"｜"轴"菜单命令，即可启用"轴"自定义功能，具体操作步骤如下。

01 启用"轴"工具，待光标变成 ⌐ 时，移动光标至放置新坐标系的原点处，如图3-95所示。

图3-95　确定新坐标原点

02 然后左右拖动鼠标，自定义轴X、Y的轴向，调整到目标方向后，单击鼠标左键即可确定，如图3-96与图3-97所示。

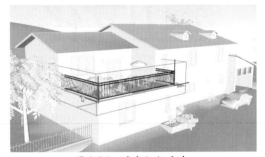

图3-96　确定红轴方向

图3-97　确定绿轴方向

03 确定X、Y的轴向后，系统会自动定义Z轴方向，在空白处单击鼠标左键，此时会弹出"提示信息"对话框，如图3-98所示，单击"是"更新组件轴，即可完成轴的自定义，如图3-99所示。

图3-98　提示信息

图3-99　新的轴

3.2.6 三维文字工具

通过"三维文字"工具 ，可以快速创建三维或平面文字效果，该工具广泛运用于广告、logo、雕塑艺术字等。单击"建筑施工"工具栏中的 按钮，或执行"工具"｜"三维文字"菜单命令，即可启用该功能，具体操作如下。

01 启用"三维文字"工具，系统弹出"放置三维文本"面板，如图 3-100 所示。

02 单击面板"文本"输入框可以输入文字，通过其下的参数，可以自定义"文字样式"、"排列"、"高度"以及"挤压"等参数，如图 3-101 所示。

03 设置好参数后，单击"放置"按钮，再移动光标到目标点单击，即可创建好具有厚度的三维文字，如图 3-102 所示。

图 3-100 放置"三维文本"面板

图 3-101 调整参数

图 3-102 三维文字效果

提示： 创建好的三维文字默认即为"制作组件"，如图 3-103 所示。如果不勾选"填充"复选框，将无法"挤压"出文字厚度，所创建的文字将为线形，如图 3-104 所示；如果仅勾选"填充"复选框，则创建的文字则为平面，如图 3-105 所示。

图 3-103 三维文字组件

图 3-104 非填充效果

图 3-105 非挤压效果

3.2.7 实例——添加酒店名称

下面通过实例介绍利用"三维文字"工具给酒店添加名称的方法。

01 打开配套光盘"第 03 章 \3.2.7 添加酒店名称 .skp"素材文件，这是一个城市酒店模型，如图 3-106 所示。

02 激活"三维文字"工具 ，在文本输入框中输入"花园国际酒店"文本，将字体、文字大小等进行如图 3-107 所示的设置，单击"放置"。

图 3-106　城市酒店　　　　　　图 3-107　输入"花园国际酒店"文字

03 将"花园国际酒店"文本放置在酒店入口处，文字放置在视图中后将自动成组，如图 3-108 所示。

图 3-108　放置花园国际酒店文字

04 参照如图 3-109 所示，用同样的方法在"花园国际酒店"文本下方放置三维文字"Garden International Hotel"，如图 3-110 所示。

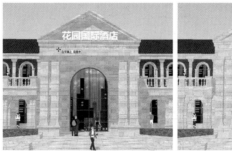

图 3-109　输入 Garden International　　　图 3-110　放置 Garden International Hotel 文字
　　　　　Hotel 文字

05 利用"三维文字"工具 为城市酒店提名后效果如图 3-111 所示。

图 3-111　提名后酒店效果

3.3 相机工具

在 SketchUp 2015 中将"相机"工具栏与"漫游"工具栏合并为"相机"工具栏，因此 SketchUp 2015"相机"工具栏包含了 9 个工具，分别为"环绕观察"工具、"平移"工具、"缩放"工具、"缩放窗口"工具、"充满视窗"工具、"上一个"工具、"定位相机"工具、"绕轴旋转"工具和"漫游"工具，如图 3-112 所示。

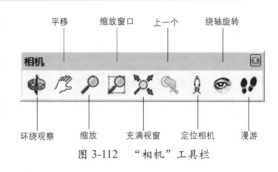

图 3-112 "相机"工具栏

3.3.1 环绕观察工具

"环绕观察"工具 ✿ 可以使照相机绕着模型旋转，默认快捷键为鼠标中间的滚轮。单击"相机"工具栏中的 ✿ 按钮，或执行"相机"|"环绕观察"菜单命令，均可启用该命令，具体操作如下。

启用"环绕观察"工具，然后按住鼠标左键拖动旋转视图，或直接按住鼠标中间滚轮旋转视图，如图 3-113 所示。

图 3-113 不同旋转角度

> **提示**：在绘图区任意一处双击鼠标中间的滚轮，此时此处将会在绘图区居中。使用"环绕观察"工具 ✿ 时按住 Ctrl 键，会增加竖直方向转动的流畅性。

3.3.2 平移工具

"平移"工具 ✋ 可以保持当前视图内模型显示大小比例不变，整体拖动视图进行任意方向的调整，以观察到当前未显示在视窗内的模型。单击"相机"工具栏中的 ✋ 按钮，或执行"相机"|"平移"菜单命令，均可启用该命令，当视图中出现抓手图标时，拖曳鼠标即可进行视图的平移操作，如图 3-114～图 3-116 所示。

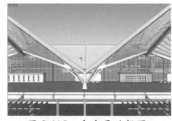

图 3-114 原视图　　　　图 3-115 向左平移视图　　　　图 3-116 向下平移视图

> **提示：** 同时按住 Shift+ 鼠标中间滚轮也可以进行平移。与"环绕视察"工具 ✛ 一样，"平移"工具 ✋ 在激活状态下，在绘图区某处双击，此处将会在绘图区居中。

3.3.3 缩放工具

"缩放"用于调整整个模型在视图中大小。单击"相机／镜头"工具栏中的"缩放"按钮 🔍，按住鼠标左键不放，从屏幕下方往上方移动是扩大视图，从屏幕上方往下方移动是缩小视图，如图 3-117 ～图 3-119 所示。

图 3-117 原模型显示效果

图 3-118 放大模型显示观察细节

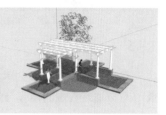

图 3-119 缩小模型显示观察整体

> **提示：** ①激活"缩放"工具 🔍 后，可以在"数值"输入框中的数值调整缩放焦距和视角。如输入"45mm"，按 Enter 键确定，表示将照相机焦距设置为 45mm，如图 3-120 所示。输入"120deg"，按 Enter 键确定，表示将视角设置为 120 度，如图 3-121 所示。
> ②除了"缩放"工具能进行缩放操作外，前后滚动鼠标中间的滚轮也可以进行缩放操作。
> ③在模型中漫游时通常需要调整视野，通过激活"缩放"工具 🔍，按住 Shift 键，再上下拖动鼠标即可改变视野。 
>
> 焦距 60 毫米 ➝ 视角 60mm
>
> 图 3-120 设置焦距 
>
> 焦距 120deg ➝ 视角 120.00 度
>
> 图 3-121 设置视角

3.3.4 缩放窗口工具

"缩放窗口"工具 🔍 用于在视图中划定一个显示区域，位于划定区域内的模型将在视图内最大化显示。

单击"相机"工具栏中的"缩放窗口"按钮 🔍，然后按住鼠标左键，框选出一个矩形区域后松开鼠标左键，则框选区域将会充满视窗，如图 3-122 ～图 3-124 所示。

图 3-122 原模型显示效果

图 3-123 划定缩放窗口

图 3-124 窗口缩放效果

3.3.5 充满视窗工具

"充满视窗"工具可以快速地将场景中所有可见模型以屏幕的中心为中心进行最大化显示。其操作步骤非常简单，直接单击"相机／镜头"工具栏中的"充满视窗"按钮 ✖ 即可，如图 3-125 与图 3-126 所示。

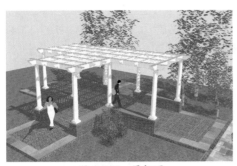

图 3-125　原视图

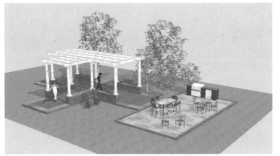

图 3-126　充满视窗显示

3.3.6　上一个工具

在进行视图操作时，难免出现误操作，使用"相机／镜头"工具栏中的"上一个"按钮，可以进行视图的撤销与返回，如图 3-127～图 3-129 所示。

图 3-127　主视图

图 3-128　返回上一视图

图 3-129　返回原视图

提示：　"上一视图"默认快捷键为"F8"，如果需要多步撤销或返回，连续单击对应按钮即可。

3.3.7　定位相机工具

"定位相机"工具用于在指定的视点高度观察场景中的模型。在视图中单击鼠标即可获得人眼视角的大概视图，通过拖动鼠标可以精确的调整照相机位置。单击"定位相机"工具栏中的 按钮，或执行"相机"|"定位相机"菜单命令，均可启用该命令。"定位相机"工具有两种不同的使用方法，具体操作步骤如下。

1．鼠标单击

这个方法使用的是当前的视点方向，通过单击鼠标左键将相机放置在当前的位置上，并设置照相机高度为通常的视点高度。如果用户只需要人眼视角的视图，可以使用这种方法。

系统默认高度偏移距离为 1 676.4mm，鼠标在某处单击后即确定照相机的新高度，即眼睛高度，如图 3-130 与图 3-131 所示。

图 3-130　移动相机至目标放置点

图 3-131　移动相机后的效果

2. 单击并拖动

这个方法可以更准确地定位照相机的位置和视线。激活"定位相机"工具，单击鼠标左键不放确定相机（人眼）所在的位置，然后拖动光标到要观察的点，再松开鼠标，如图 3-132 与图 3-133 所示。

图 3-132　拖动光标至观察点

图 3-133　单击并拖动光标后的效果

> **提示：** 先使用"卷尺"工具 🔍 和"数值"输入框来放置辅助线，这样有助于更精确地放置照相机。放置好照相机后，会自动激活"环绕观察"工具 ✥，让操作者从该点向四处观察。此时也可以再次输入不同的视点高度来进行调整。

3.3.8　绕轴旋转工具

"绕轴旋转"工具用于让照相机以自身为固定点，旋转观察模型。此工具在观察内部空间时极为重要，可以在放置照相机后用来评估视点的观察效果。单击"相机"工具栏中的 👁 按钮或执行"相机"|"环绕观察"菜单命令，均可执行该工具，具体操作如下。

激活"绕轴旋转"工具，在绘图窗口中按住鼠标左键并拖动，在任何位置按住鼠标都没有影响。使用"绕轴旋转"工具时，可以在"数值"输入框中输入一个数值，来设置准确的视点距离地面的高度，如图 3-134 和图 3-135 所示。

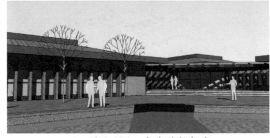

图 3-134　向左旋转视角

图 3-135　向右旋转视角

> **提示**："旋转"工具 ⟳ 与"绕轴旋转"工具 👁 关系：
> - 区别："旋转"工具进行旋转查看时以模型为中线点，相当于人绕着模型查看，而"绕轴旋转"工具以视点为轴，相当于站在视点不动，眼睛左右旋转查看。
> - 联系：通常，鼠标中间滚轮可以激活"旋转"工具，但若是在使用漫游工具的过程中，鼠标中间滚轮却会激活"绕轴旋转"工具。

3.3.9 漫游工具

"漫游"工具可以像散步一样地观察模型，还可以固定视线高度，然后在模型中漫步。只有在激活透视模式的情况下，漫游工具才有效。单击"相机"工具栏中的 👣 按钮，或执行"相机"|"漫游"菜单命令，即可启用该命令。

激活"漫游"工具后光标变成 👣 状，此时通过鼠标及 Ctrl 键与 Shift 键，即可完成前进、上移、加速、转向等漫游动作，具体操作如下。

01 启用"漫游"工具，光标将变成 👣 状，如图 3-136 所示。在视图内按住鼠标左键向前推动摄影机，即可产生前进的效果，如图 3-137 所示。

02 按住 Shift 键上、下移动鼠标，则可以升高或降低相机视点，如图 3-138 与图 3-139 所示。

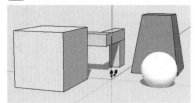

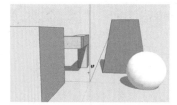

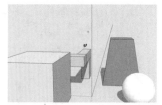

图 3-136　启用漫游工具　　　　图 3-137　向前漫游　　　　图 3-138　向上调整漫游高度

03 如果按住 Ctrl 键推动鼠标，则会产生加速前进的效果，如图 3-140 所示。

04 按住鼠标左右移动光标，则可以产生转向的效果，如图 3-141 所示。接下来通过一个漫游实例，掌握"漫游"工具的使用与 SketchUp 中场景动画的制作与输出。

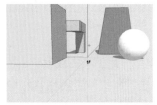

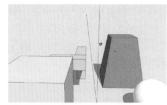

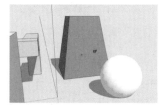

图 3-139　向下调整漫游高度　　　图 3-140　加快漫游速度　　　图 3-141　改变漫游方向

3.3.10 实例——漫游博物馆

下面通过实例介绍利用漫游工具在博物馆外漫游的方法。

01 打开配套光盘"第 03 章 \3.3.10 漫游博物馆 .skp"素材文件，如图 3-142 所示，这是一幢博物馆模型。

图 3-142　漫游起始画面

02 为了避免操作失误，造成相机视角无法返回，首先新建一个"场景"，如图 3-143 所示

图 3-143　添加场景

03 启用"漫游"工具，待光标变成 👣 状后，按住鼠标左键推动使其前进，如图 3-144 所示。

图 3-144　向前漫游

04 按住鼠标中间滚轮，拖动鼠标调整视线方向，此时鼠标光标将由 👣 变为 👁，如图 3-145 所示。转到如图 3-146 所示的画面时，松开鼠标并添加一个"场景"，以保存当前设置好的漫游效果。

05 按 Esc 键取消视线方向，光标由 👁 变回 👣 状态，此时便可开始在别墅外自由漫步。再次按住鼠标左键向前推动一段较小的距离，然后往右移动鼠标，使画面向右转向，如图 3-147 所示。

图 3-145　漫游转向位置

图 3-146　添加新的场景

图 3-147　再次转向

06 转动至如图 3-148 所示的画面时再次松开鼠标，然后添加"场景 3"。

图 3-148　添加新的场景

07 按住鼠标左键向前一直推动到庭院石笼灯，完成漫游设置，如图 3-149 所示，然后添加"场景 4"。

图 3-149　漫游完成位置

08 漫游设置完成后，可以通过右键单击"场景"名称或执行"视图"｜"动画"｜"播放"菜单命令进行播放，如图 3-150 与图 3-151 所示。

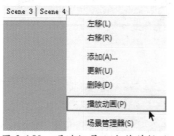

图 3-150　通过场景右击菜单播放

图 3-151　通过菜单命令播放

09 默认的参数设置下动画播放效果通常速度过快，此时可以执行"视图"｜"动画"｜"设置"菜单命令，如图 3-152 所示，在弹出的"模型信息"面板中的"动画"选项中进行参数调整，如图 3-153 所示。

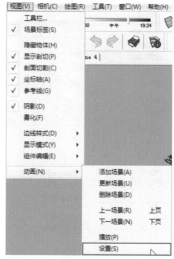

图 3-152　选择"设置"菜单命令

图 3-153　设置动画选项

提示： ①在"动画"选项卡中，"场景转换"下的时间设定值为每个"场景"内所设置的漫游动作完成的时间，"场景延时"下的时间则为"场景"之间进行衔接的停顿时间。

②在漫步过程中触碰到墙壁，光标将显示为　，表示无法通过，此时按住 Alt 键即可穿过墙壁，继续前行。

3.4　截面工具

为了准确表达建筑物内部的结构关系与交通组织关系，通常需要绘制平面布局以及立面、剖面图，在 SketchUp 中，运用"截面"工具可以快速获得当前场景模型的平面布局与立面、剖面效果；另外可以方便的对无图内部模型进行观察和编辑，展示模型内部空间关系，减少编辑模型时所需的隐藏操作。

"截面"工具栏包括"剖切面"工具、"显示剖切面"工具和"显示剖面切割"工具，如图 3-154 所示。

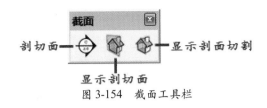

图 3-154　截面工具栏

> **提示：** "剖切面"工具 ⊕：用于创建新剖面。
> "显示剖切面"工具 ：用于在剖面视图和完整模型视图之间进行切换。"显示剖面切割"工具 ：用于快速显示和隐藏所有剖切的面。

3.4.1　创建截面

01 打开模型，如图 3-155 所示。执行"视图"|"工具栏"菜单命令，在弹出的工具栏选项板中调出"截面"工具栏，如图 3-156 所示。

02 在"截面"工具栏中单击"剖切面"按钮 ⊕，在场景中拖动鼠标即可创建"截面"，如图 3-157 所示。

图 3-155　打开场景模型

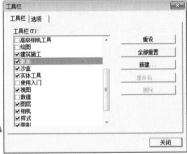

图 3-156　调出"截面"工具栏

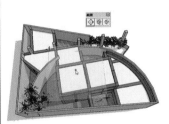

图 3-157　创建截面

> **提示：** ①"截面"创建完成后，将自动调整到与当前模型面积大小接近的形状，如图 3-158 所示。
> ②激活"截平面"工具，光标处显示出新的剖面，移动光标至几何体上，剖面会捕捉对其每个表面上，可以按住 Shift 键锁定剖面所在的平面。

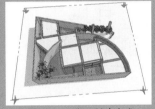

图 3-158　截面创建完成

3.4.2　编辑截面

1. 移动和旋转截面

和其他实体一样，使用"移动"工具和"旋转"工具可以对剖面进行移动和旋转，以得到不同的截面效果，如图 3-159 ～ 图 3-161 所示。

图 3-159　当前截面效果

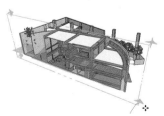

图 3-160　移动截面效果

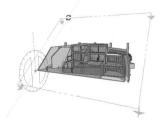

图 3-161　旋转截面效果

2．隐藏和显示截面

创建"截面"并调整好截面位置后，单击"截面"工具栏中的"显示截平面"按钮，即可将"截面"隐藏而保留截面效果，如图 3-162 ～图 3-164 所示。再次单击按钮，又可重新显示之前隐藏的"截面"。

图 3-162　当前截面效果　　　　图 3-163　隐藏截面　　　　图 3-164　显示截面

此外在"截面"上单击鼠标右键并选择快捷菜单中的"隐藏"命令，同样可以进行"截面"的隐藏，如图 3-165 与图 3-166 所示。此外执行"编辑"｜"取消隐藏"｜"全部"菜单命令，如图 3-167 所示，同样可以重新显示隐藏的"截面"。

图 3-165　选择隐藏快捷命令　　　图 3-166　隐藏截面　　　　图 3-167　通过菜单显示

3．翻转截面

在"截面"上单击鼠标右键，选择快捷菜单中的"翻转"命令，可以翻转截面的方向，如图 3-168 ～图 3-170 所示。

图 3-168　当前截面效果　　　图 3-169　选择翻转命令　　　图 3-170　翻转截面效果

4．激活与冻结截面

在"截面"上单击鼠标右键，取消快捷菜单"显示剖切"勾选，可以使截面效果暂时失效，如图 3-171 ～图 3-173 所示。再次勾选，即可恢复截面效果。

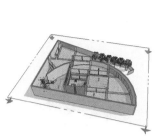

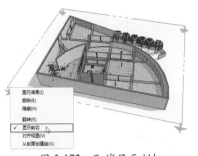

图 3-171　当前截面效果　　　　图 3-172　取消显示剖切　　　　图 3-173　取消效果

技巧：在"截面"工具栏内单击"显示剖面切割"按钮 ，或在"截面"上直接双击鼠标右键，可以快速进行激活与冻结。

5. 将截面对齐到视口

在"截面"上单击鼠标右键，选择快捷菜单中的"对齐视图"命令，可以将视图自动对齐到"截面"的投影视图，如图 3-174 与图 3-175 所示。

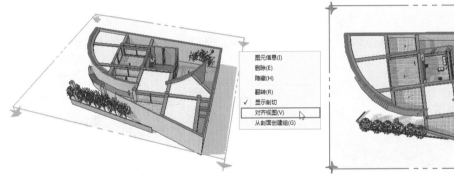

图 3-174　选择"对齐视图"快捷菜单　　　　图 3-175　默认透视显示效果

提示：默认设置下 SketchUp 为"透视显示"，因此只有在执行"镜头" | "平行投影"菜单命令后，才能产生绝对的正投影视图效果，如图 3-176 所示。

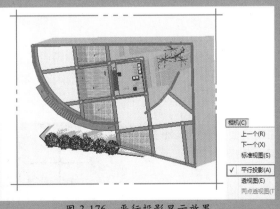

图 3-176　平行投影显示效果

6. 从剖面创建组

在"截面"上单击鼠标右键，选择快捷菜单中的"从剖面创建组"命令，如图 3-177 所示。可以在截面位置产生单独截面线效果，并能进行移动、拉伸等操作，如图 3-178 所示。

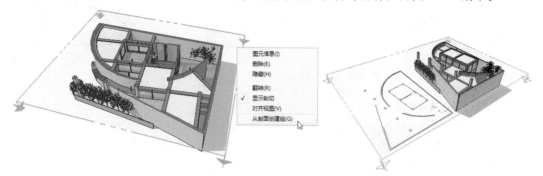

图 3-177　选择从剖面创建组　　　　图 3-178　移动截面线实体

7. 创建多个截面

在 SketchUp 中，允许创建多个"截面"，如图 3-179 所示在侧面创建出"截面"，可以观察到模型的立面截面效果。

需要注意的是，SketchUp 默认只支持其中一个"截面"产生作用，即最后创建的"截面"将产生截面效果。此时可以通过单击鼠标右键在弹出的快捷菜单中选择"显示剖切"，即可切换截面效果，如图 3-180 所示。

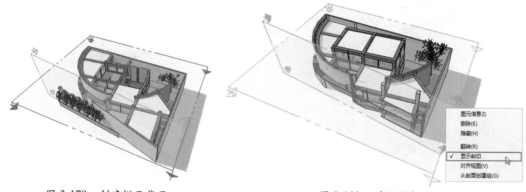

图 3-179　创建侧面截面　　　　图 3-180　激活剖切

3.4.3　导出剖面

SketchUp 中的剖面主要由下列两种方法导出。

（1）"导出二维光栅图像"

将剖切视图导出为光栅图像文件，只要模型视图中含有激活的剖切面，任何光栅图像导出都会包括剖切效果，如图 3-181 所示。

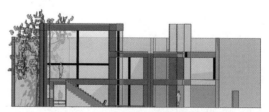

图 3-181　输出截面光栅图像文件

（2）"导出二维矢量的剖面切面"

SketchUp 可将激活的剖面切片导出为 DWG 或 DXF 格式的文件，这两种格式的文件可以直接应用于 AutoCAD 中，如图 3-182 所示。

图 3-182　输出截面 DWG 文件

3.4.4　实例——导出室内剖面

下面通过实例介绍利用"截面"工具导出室内模型二维矢量剖面的方法。

01 打开配套光盘"第 03 章 \3.4.4 导出室内剖面 .skp"素材文件，通过执行"文件"｜"导出"｜"剖面"菜单命令，如图 3-183 所示。

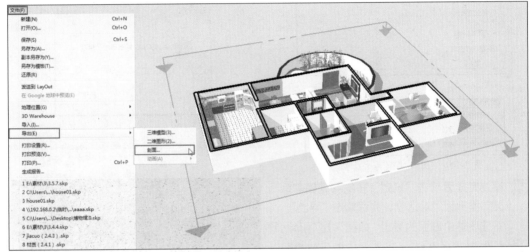

图 3-183　导出剖面

02 在弹出的"输入二维剖面"对话框中设置参数，在"文件名"文本框中输入名称、设置保存路径，并将文件类型设置为"AutoCAD DWG File（*.dwg）"格式，如图 3-184 所示。

图 3-184　"输入二维剖面"对话框

03 单击"输出二维剖面"对话框中的"选项"
按钮，在弹出的"二维剖面选项"对话
框中设置参数，如图 3-185 与图 3-186
所示。

图 3-185 "二维剖面选项"对话框

图 3-186 图纸比例与大小设置

图 3-187 导出二维剖面

图 3-188 "提示信息"对话框

04 设置完成后单击"确定"按钮并返回"输
出二维剖面"对话框，然后单击"导出"，
完成场景中剖面的导出，如图 3-187 所示。

05 导出完成后系统自动弹出"提示信息"
对话框，单击"确定"按钮，即室内剖
面导出完成，如图 3-188 所示。

06 将导出的文件在 AutoCAD 中打开，如
图 3-189 所示。

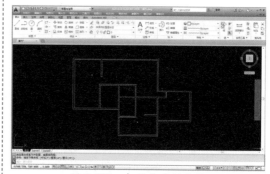

图 3-189 打开导出的文件

提示：① "二维剖面选项"对话框中选项说明：

● 正截面：勾选此项将导出剖面切片的正视图。

● 屏幕投影：勾选此项后将导出当前所看到的透视角度的剖面视图。

● 图纸比例与大小：实际尺寸（1:1）表示按真实尺寸导出。

● 宽度与高度：用于定义导出图像的高度和宽度，可以取消勾选"实际尺寸"选项，对"宽度"和"高度"两项的数值进行控制，如图 3-186 所示。

● 剖切线："无"指轮廓线将与其他线条一样按照标准线宽导出；"有宽度的折线"指导出的轮廓线为多段线实体；"宽线图元"指导出的轮廓线为款线段实体，只有在导出 AutoCAD 2000 或以上版本才可以选择（多段线和宽线实体的线宽可通过右侧的"宽度"进行设置）；"在图层上分离"指可将轮廓线导出为单独的一个图层，但不会将场景模型中其他线条分图层导出。

● 始终提示剖面选项：勾选此项后，每次导出 DWG/DXF 时都会自动打开选项对话框，若不勾选，则默认与上次导出设置保持一致。

② 在SketchUp中可以对剖面相关参数进行设置。

通过执行"窗口"｜"样式"命令打开"样式"对话框如图3-190所示，在"编辑"面板中选择"建模设置"选项。选项说明如下：

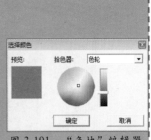

图 3-190　"样式"对话框　　　图 3-191　"色块"编辑器

- 未激活的剖切面：用于设置未激活剖面的颜色，可以通过单击右侧的色块　进入"色块"编辑器，对颜色进行调整，如图3-191所示。
- 激活的剖切面：用于设置已激活剖面的颜色，同上，可单击右侧色块　进入"色块"编辑器，对颜色进行调整。
- 截面切割：用于设置剖切线的颜色，同上，可单击右侧色块■进入"色块"编辑器，对颜色进行调整。
- 剖切线宽：用于设置剖切线的宽度，单位为像素。

 3.5　视图工具

在使用SketchUp进行方案推敲的过程中，会经常需要切换不同的视图模式，以确定模型创建的位置或观察当前模型的细节效果，因此熟练地对视图进行操控是掌握SketchUp其他功能的前提。本小节主要介绍通过"视图"工具栏在界面中查看模型的方法。

3.5.1　在视图中查看模型

"视图"工具栏主要用于将当前视图快速切换为不同的标准视图模式，包括如图3-192所示6种视图方式，从左至右分别为：等轴视图、俯视图、前视图、右视图、后视图和左视图。

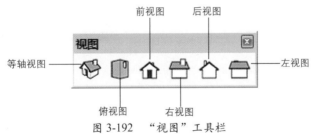

图 3-192　"视图"工具栏

在建立三维模型时，平面视图（俯视图）通常用于模型的定位与轮廓的制作，而各个立面图则用于创建对应立面的细节，透视图则用于整体模型的特征与比例的观察与调整。为了能快捷、准确地绘制三维模型，应该多加练习，以熟练掌握各个视图的作用。单击某个视图按钮即可切换至相应的视图，如图3-193～图3-198所示为景观亭的6个标准视图模式。

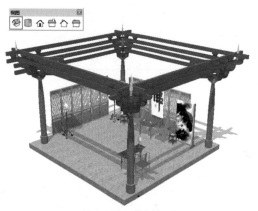

图 3-193　等轴视图

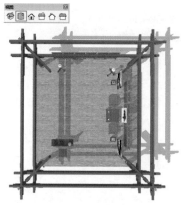

图 3-194　俯视图

图 3-195　前视图

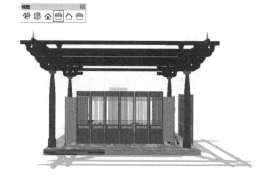

图 3-196　右视图

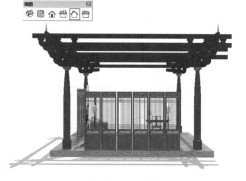

图 3-197　后视图

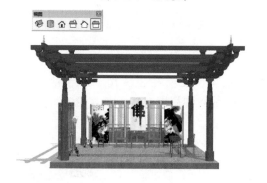

图 3-198　左视图

3.5.2　透视模式

透视模式是模拟眼睛观察物体和空间的三维尺度的效果。透视模式可以通过在"相机"菜单中选择"透视图"选项，或者在"视图工具栏"中选择"等轴视图"选项进行激活，如图 3-199 所示。

图 3-199　激活方式

切换到透视模式时，相当于从三维空间的某一点来观察模型。所有的平行线会相交于屏幕上的同一个消失点，物体沿一定的入射角度收缩和变短。如图3-200所示为透视模式下的景观亭平行线显示效果。

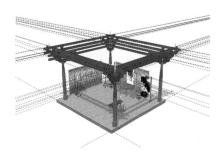

图3-200　平行线

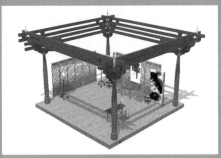

图3-201　正面透视

图3-202　侧面透视

两点透视的设置可以通过放置照相机使得视线水平，也可以通过执行"相机"|"两点透视图"命令，将视图切换为两点透视模式。

两点透视模式下模型的平行线会消失于远处的灭点，显示的物体会变形，如图3-204所示。

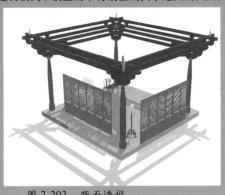

图3-203　背面透视

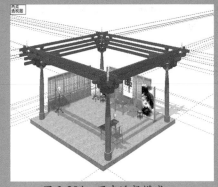

图3-204　两点透视模式

3.5.3　轴测模式

轴测模式相当于三向投影图，即SketchUp中的平行投影模式。等轴测投影图是模拟三维物体沿特定角度产生平行投影图，其实只是三维物体的二维投影图。

轴测模式可以通过执行"相机"|"平行投影"命令激活，如图3-205所示。

在等轴测模式下，有三个等轴测面。如果用一个正方体来表示一个三维坐标系，那么，在等轴测图中，这个正方体只有三个面可见，这三个面就是等轴测面，如图3-206所示。

这三个面的平面坐标系是各不相同的，因此，在绘制二维等轴测投影图时，首先要在左、上、右三个等轴测面中选择一个设置为当前的等轴测面。

在轴测模式中，物体的投影不像在透视图中有消失点，但是所有的平行线在屏幕上仍显示为平行，如图 3-207 所示。

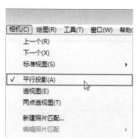

图 3-205　激活方式

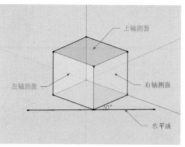

图 3-206　等轴侧面

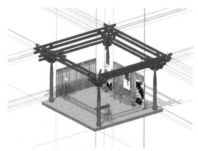

图 3-207　轴测模式

> **提示**：SketchUp 默认设置为"透视显示"，因此所得到的平面与立面视图都非绝对的投影效果，执行"平行投影"菜单命令可得到绝对的投影视图。

3.6　样式工具

SketchUp 是一款直接面向设计的软件，提供了很多种对象显示模式以满足设计方案的表达需求，让用户能够更好的理解设计意图。

单击"样式"工具栏按钮，可以快速切换不同的显示效果，如图 3-208 所示。"样式"工具栏有 7 种显示样式，同时又分为两部分，一部分为"X 光透视模式" 和"后边线" 样式，另一部分为"线框显示"、"消隐" 、"阴影" 、"材质贴图" 和"单色显示"样式 。然而，前部分不能脱离后部分而单独存在。

图 3-208　"样式"工具栏

3.6.1　X 光透视模式

在进行室内或建筑等设计时，有时需要直接观察室内构件以及配饰等效果，如图 3-209 所示为"X 光透视模式"与"阴影"显示效果，此模式下模型中所有的面都呈透明显示，不用进行任何模型的隐藏，即可对内部效果一览无余。

图 3-209　"X 光透视"模式

3.6.2　后边线模式

"后边线"是一种附加的显示模式，单击该按钮可以在当前显示效果的基础上以虚线的形式显示模型背面无法观察的线条，如图 3-210 所示为"后边线"模式与"消隐"模式显示效果。

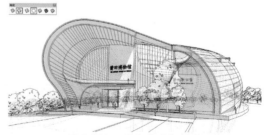

图 3-210　"后边线"模式

3.6.3 线框显示模式

"线框显示"是 SketchUp 中最节省系统资源的显示模式，其效果如图 3-211 所示。在该显示模式下，场景中所有对象均以实线条显示，材质、贴图等效果也将暂时失效。

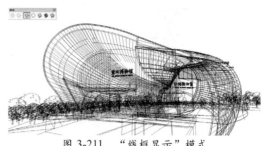

图 3-211 "线框显示"模式

3.6.4 消隐模式

"消隐"模式将仅显示场景中可见的模型面，此时大部分的材质与贴图会暂时失效，仅在视图中体现实体与透明的材质区别，因此是一种比较节省资源的显示方式，如图 3-212 所示。

图 3-212 "消隐"模式

3.6.5 阴影模式

"阴影"是一种介于"消隐"与"材质贴图"之间的显示模式，该模式在可见模型面的基础上，根据场景已经赋予的材质，自动在模型面上生成相近的色彩，如图 3-213 所示。在该模式下，实体与透明的材质区别也有所体现，因此显示的模型空间感比较强烈。

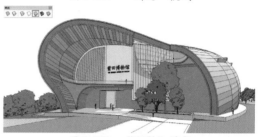

图 3-213 "阴影"模式

> **技巧**：如果场景模型没有指定任何材质，则在"阴影"模式下模型仅以黄、蓝两色表明模型的正反面。

3.6.6 材质贴图模式

"材质贴图"是 SketchUp 中最全面的显示模式，该模式下材质的颜色、纹理及透明效果都将得到完整的体现，如图 3-214 所示。

> **技巧**："材质贴图"显示模式十分占用系统资源，因此该模式通常用于观察材质以及模型整体效果，在建立模式、旋转、平衡视图等操作时，则应尽量使用其他模式，以避免卡屏、迟滞等现象。此外，如果场景中模型没有赋予任何材质，该模式将无法应用。

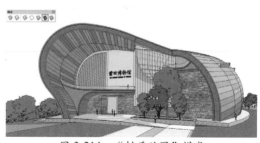

图 3-214 "材质贴图"模式

3.6.7 单色显示模式

"单色显示"是一种在建模过程中经常使用到的显示模式，该种模式用纯色显示场景中的可见模型面，以黑色实线显示模型的轮廓线，在较少占用系统资源的前提下，有十分强的空间立体感，如图 3-215 所示。

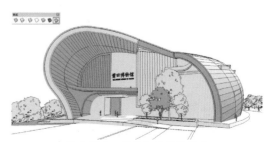

图 3-215 "单色显示"模式

3.7　课后练习

3.7.1　编辑铅笔

本小节通过"三维文字"工具 、"擦除"工具 、"环绕观察"工具 、"缩放窗口"工具 ，为铅笔添加文字和删除多余线条，如图 3-216 所示，加强其命理的使用。

提示步骤如下。

01 单击相机工具栏中的"环绕观察"工具 ，将视图转换至合适视角，如图 3-217 所示。

02 双击进入铅笔组件，激活"三维文字" 工具，在铅笔上方添加"中华铅笔（2B）"文字，如图 3-218 所示。

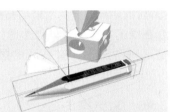

图 3-216　"铅笔"模型　　　　图 3-217　转换视角　　　　图 3-218　添加三维文字

03 单击相机工具栏中的"缩放窗口"工具 ，放大铅笔屑，方便下一步操作，如图 3-219 所示。

04 激活"擦除"工具 ，将铅笔屑上多余的线段删除掉，如图 3-220 所示。

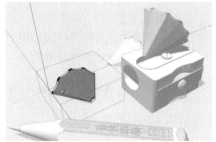

图 3-219　放大铅笔屑　　　　　　　　图 3-220　擦除多余的线段

3.7.2　标注办公室桌

本小节通过"剖切面" 工具、"尺寸标注" 工具，标注办公室桌，如图 3-221 所示，加强命令的练习。

图 3-221　办公室桌模型

提示步骤如下。

01 在截面工具栏中单击"剖切面"按钮 ，并拖动剖切面至合适位置，如图 3-222 与图 3-223 所示。

图 3-222　创建截面　　　　　　　　　图 3-223　截面创建完成

02 在相机工具栏中单击"尺寸标注"工具，标注办公室桌长、宽、高，如图 3-224 与图 3-225 所示。

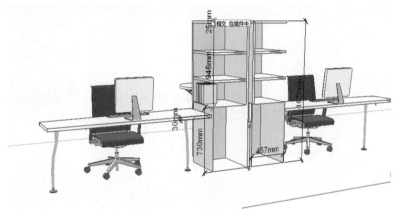

图 3-224　确定标注端点

图 3-225　标注完成

第 4 章

SketchUp 绘图管理工具

本课知识：

- SketchUp 样式设置。
- SketchUp 图层设置。
- SketchUp 雾化和柔化边线设置。
- SketchUp 群组和组件工具。

　　SketchUp 中的绘图管理工具可以对场景中的绘图工具以及图元进行管理和设置。将工具和图元进行分类管理可以使绘图更加方便并显示不同的效果，正确运用SketchUp 绘图管理工具，也可以大大提高工作效率。

4.1 样式设置

　　SketchUp提供了多种显示风格，主要通过"样式"面板进行设置，执行"窗口"|"样式"命令可打开"样式"面板进行样式设置。

4.1.1 样式面板

　　"样式"面板中包含背景、天空、边线和表面的显示效果等方面的设置，通过选择不同的显示风格，可以让用户的图纸表达更具艺术感，体现强烈的独特个性。

　　"样式"面板主要包括"选择"、"编辑"和"混合"3个选项卡，如图4-1所示。

1. "选择"选项卡

　　主要用于设置场景模型的风格样式，SketchUp默认提供了如图4-2所示的7种不同风格类型，每一种风格中又有不同风格显示样式，用户可以通过单击风格缩略图将其应用与场景中。

　　如图4-3～图4-9所示为7种不同风格中某种样式下的别墅显示效果。

图4-1　"样式"管理器

图4-2　"选择"选项卡

图4-3　带框的染色边线

图4-4　典型的带端点抖动效果

图 4-5　水彩纸和铅笔

图 4-6　反转照片建模样式

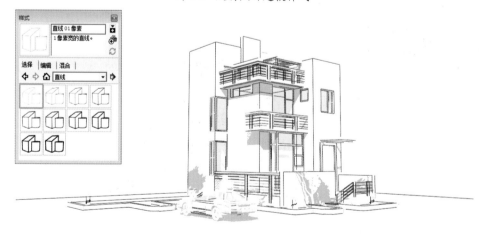

图 4-7　直线 01 像素

图 4-8　3D 打印样式

图 4-9　00 预设颜色

提示： 若没有适合自己的模板，则可以自行在对天空背景进行调整后，执行"文件"｜"另存为模板"命令，如图 4-10 所示，即可对自己设定的模板进行保存，再次使用 SketchUp 时，在向导界面"模板"选项中选择自己设置的模板即可。

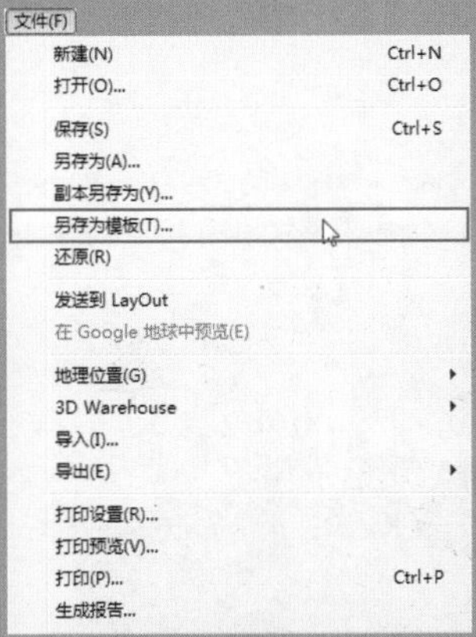

图 4-10　自定义模板

2. "编辑"选项卡

"编辑"选项卡包括"边线设置"、"平面设置"、"背景设置"、"水印设置"和"建模设置"5 个设置对话框，如图 4-11 所示，通过选择各子命令可以对场景模型的显示进行编辑设置。

图 4-11　"编辑"选项卡

1）边线设置

该对话框中的选项用于控制几何体边线的显示、隐藏、粗细以及颜色，如图 4-12 所示，即可进行更加丰富的边线类型与效果的设置。

"边线样式"主要包括边线、后边线、轮廓线、深粗线、扩展、端点和抖动，如图 4-13 ～图 4-20 所示。

图 4-12 "边线设置"对话框

图 4-13 无边线设置效果

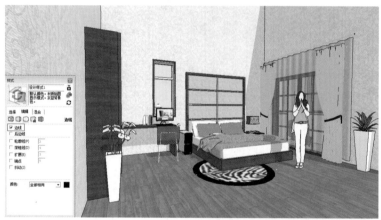

图 4-14 边线效果

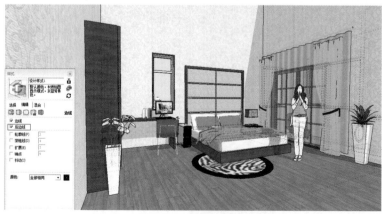

图 4-15 后边线效果

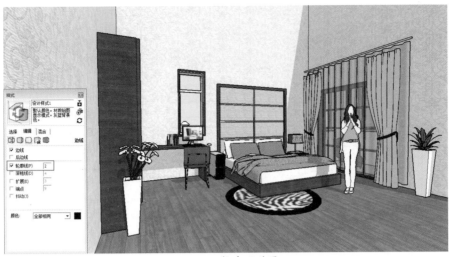

图 4-16　轮廓线效果

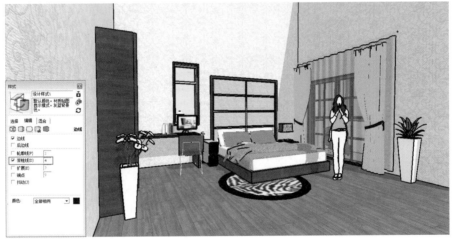

图 4-17　深粗线效果

图 4-18　扩展效果

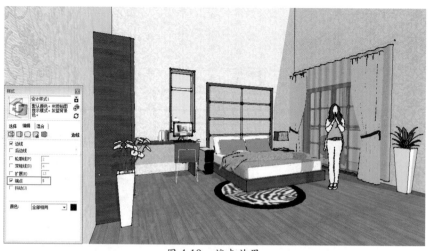

图 4-19　端点效果

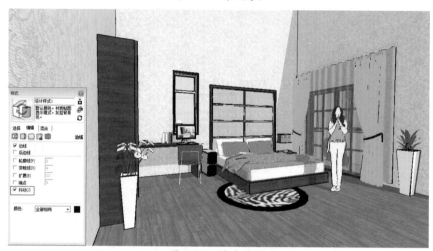

图 4-20　抖动效果

　　"颜色"：该选项可以控制边线的颜色，包含了 3 种颜色显示样式，在 SketchUp 中默认边线颜色为黑色，单击下拉菜单右侧色块■可进入"选择颜色"对话框，可设置边线为其他颜色，如"图 4-21 所示，详见 4.1.2 颜色选项的讲解。

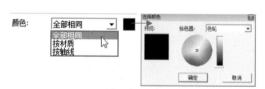

图 4-21　颜色选项

　　2）平面设置

　　"平面设置"对话框中包含了 6 种表面显示模式，分别是"以线框模式显示"、"以隐藏线模式"、"以阴影模式显示"、"使用纹理显示阴影"、"使用相同的选项显示有着色显示的内容"、"以 X 光透视模式显示"，如图 4-22 所示。另外，在该设置选项中还可以修改材质的前景颜色和背景颜色，如图 4-23 所示。

　　3）背景设置

　　在 SketchUp 中，用户可以在背景中展示一个模拟大气效果的渐变天空和地面，以及显示地平线，如图 4-24 所示。

图 4-22　"面设置"对话框

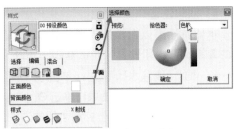

图 4-23　设置前、背景颜色

图 4-24　渐变天空和地面

背景的效果可以在"样式"面板中设置，只需在"编辑"选项卡中单击"背景设置"按钮⬜，即可展开"背景设置"对话框，对背景颜色、天空和地面进行设置，如图 4-25 所示。详见后面"4.1.3 设置车房背景"的讲解。

- 透明度滑块：该滑块用于显示不同透明等级的渐变地面效果，让用户可以看到地面以下的几何体，如图 4-26 所示。建议在使用硬件渲染加速的条件下才使用该滑块。

- 显示地面的反面：勾选该选项后，当照相机从地平面下方往上看时，可以看到渐变的地面效果，如图 4-27 所示。

图 4-25　"背景设置"对话框

图 4-26　透明度滑块图

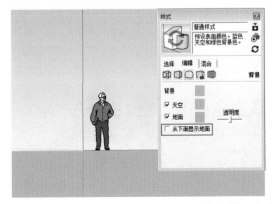

图 4-27　显示地面的反面

4）水印设置

水印特性可以在模型周围放置 2D 图像，用来创造背景，或者在带纹理的表面上模拟绘画的效果。"水印设置"对话框如图 4-28 所示，详见"4.1.4 添加水印"的讲解。

- 添加 / 删除水印 ⊕ ⊖：单击 ⊕，可选择二维图像作为水印图片添加在场景模型中。选择不需要的水印图像，单击 ⊖。
- 编辑水印 ❀：用于控制水印的透明度、位置、大小和纹理排布。
- 调整水印的前后位置 ⬆ ⬆：用于切换水印图像在场景模型中的位置，作为前景或者背景。

5）建模设置

用于对选定模型物体的颜色、已锁定的模型物体的颜色、导向器颜色等属性进行修改。如图 4-29 所示为"建模设置"对话框，前面章节已做详解，在这里不再赘述。

3．"混合"选项卡

主要用于对场景设置混合风格，可以为同一场景设置以多种不同风格。如图 4-30 所示为"混合"选项卡。

图 4-28 "水印设置"对话框

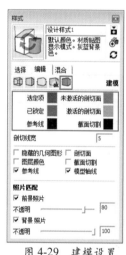

图 4-29 建模设置

图 4-30 混合面板

4.1.2 实例——颜色选项

下面通过实例介绍"样式"面板中颜色选项的使用方法。

01 打开配套光盘"第 04 章 \4.1.2 颜色选项 .skp"素材文件，这是一个室外景观模型，如图 4-31 所示。

图 4-31 室外模型图

02 执行"窗口"｜"样式"命令，打开"样式"面板，选择"编辑"面板中的"边线设置"选项，将颜色选项设置为"全部相同"，此时模型中所有边线的显示颜色一致，单击右侧的颜色块可以为边线设置其他颜色，如图 4-32 所示。

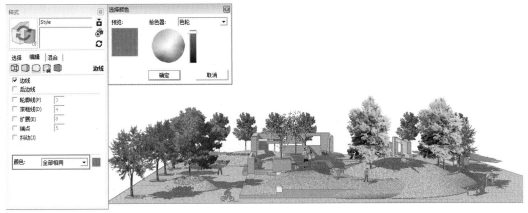

图 4-32　全部相同效果图

03 将显示模式切换为"线框显示"模式，再将颜色选项设置为"按材质"，此时模型中将对不同材质物体之间的边线进行区分，如图 4-33 所示。

图 4-33　按材质效果图

04 将显示模式切换为"材质贴图"模式，并将颜色选项设置为"按轴线"，此时模型中的边线将通过边线对齐的轴线不同而显示不同的颜色，如图 4-34 所示。

图 4-34　按轴线效果图

4.1.3 实例——设置车房背景

下面通过实例介绍"样式"中设置背景的方法。

01 打开配套光盘"第 04 章 \4.1.3 设置车房背景 .skp"素材文件，这是一个别墅车房模型，如图 4-35 所示。

02 单击"窗口"|"样式"菜单命令，弹出"样式"面板，在"样式"面板中选择"编辑"选项卡，如图 4-36 所示。

图 4-35 别墅车房模型　　　　　　图 4-36 "样式"面板

● 背景：取消"天空"和"地面"选项的勾选，然后单击"背景"右侧的色块□，在弹出的"选择颜色"对话框中调整背景颜色，单击"确定"按钮，即可改变场景中的背景颜色，如图 4-37 所示。

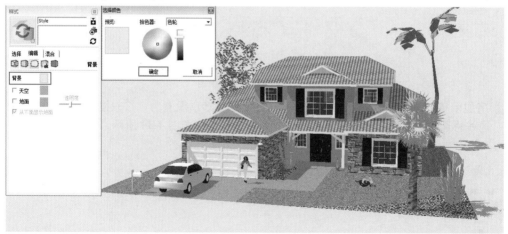

图 4-37 背景设置

● 天空：勾选该选项后，场景中将显示渐变的天空效果。可以通过单击"天空"右侧的色块 ■，进入"选择颜色"对话框调整天空的颜色，选择的颜色将自动应用渐变，如图 4-38 所示。

● 地面：勾选该选项后，背景颜色会自动被天空和地面的颜色所覆盖，单击该选项右侧的色块■进入"选择颜色"对话框，调整颜色后单击"确定"按钮，此时地面颜色从地平线开始向下显示指定的颜色，如图 4-39 所示。

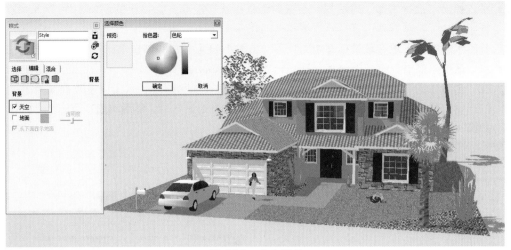

图 4-38　天空设置

图 4-39　地面设置

4.1.4　实例——添加水印

下面通过实例介绍"样式"
面板中添加水印的方法。

01 打开配套光盘"第 04 章
\4.1.4 添加水印 .skp"素
材文件,这是一个乡村景
观模型,如图 4-40 所示。

02 执行"窗口"|"样式"
命令,在弹出的"样式"
面板中打开"编辑"选
项卡,然后单击"水印
设置"按钮,接着单
击"添加水印"按钮
⊕,如图 4-41 所示。

图 4-40　打开模型

图 4-41　"样式"面板

03 系统弹出"选择水印"对话框，在该对话框中选择配套光盘提供的图像文件"4.1.4 添加水印 .png"，然后单击"打开"按钮，如图 4-42 所示。

04 此时水印图片出现在场景模型中，并弹出如图 4-43 所示的"创建水印"对话框，选择"覆盖"选项，然后单击"下一步"按钮，如图 4-43 所示。

05 在"创建水印"对话框中会出现使用颜色的亮度来创建遮罩的水印以及改变图片透明度的提示，在此我们不创建蒙版，将透明度的滑块移到最右端，然后单击"下一步"按钮，如图 4-44 所示。

图 4-42　选择水印　　　　　　　　图 4-43　选择水印添加位置 图 4-44　调节水印透明度

06 在弹出的"创建水印"对话框中，单击"在屏幕中定位"选项，在右侧的定位按钮板上单击右下角的点，并调整水印比例，设置完成后单击"完成"按钮，如图 4-45 所示。

07 此时可以看到水印图片已经出现在场景的右下角，如图 4-46 所示。

图 4-45　设置水印位置和大小　　　　　　图 4-46　完成效果

提示：当移动模型视图的时候，水印图片的显示将保持不变，当然导出图片的时候水印也保持不变，这就为导出的多张图片增强了统一度。

"输出水印图像"选项：在水印图标上单击鼠标右键，在弹出的关联菜单中单击"输出水印图像"命令，即可将模型中的水印图片导出，如图 4-47 所示。

08 如果对水印图片的显示不满意，可以单击"编辑水印设置"按钮 ✿，如图 4-48 所示是水印进行缩小并平铺显示的效果。

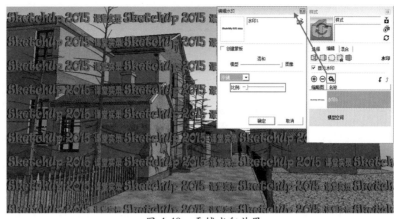

图 4-47　输出水印图像　　　　图 4-48　平铺水印效果

4.2　图层设置

　　"图层"是一个强有力的模型管理工具，可以对场景中的模型进行有效的归类，以方便简单地控制颜色与显示状态。本章将为大家详细讲解"图层"相关知识，包括图层的建立、显隐以及图层属性的修改等内容。

4.2.1　图层工具栏

　　"图层"工具栏主要用于直观地查看场景模型中的图层情况，并方便选择当前图层。

　　执行"窗口"|"图层"命令或在工具栏上单击鼠标右键，在弹出的关联菜单中勾选"图层"选项，如图 4-49 所示，弹出如图 4-50 所示"图层"工具栏。

　　单击"图层"下拉选框按钮▼，如图 4-51 所示展开图层下拉选框，会出现场景中所有的图层，然后单击即可选择当前层。

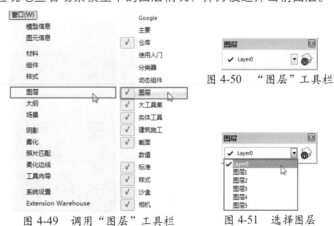

图 4-50　"图层"工具栏

图 4-49　调用"图层"工具栏　　　图 4-51　选择图层

　　单击"图层"工具栏"图层管理"右侧按钮 ⊙：单击即可打开"图层"管理器，详见 4.2.2"图层"管理器，在此不再赘述。

4.2.2　图层管理器

　　"图层"管理器用于查看和编辑模型中的图层，还可以设置模型中所有图层的颜色和可见性。执行"窗口" | "图层"命令，或在"图层"工具栏中单击"图层管理"按钮 ⊙，均可打开"图层"面板，如图 4-52 与图 4-53 所示。

图 4-52　调用"图层"面板　　　　　图 4-53　　"图层"面板

1. 图层的显示与隐藏

01 该场景是由景观墙、座椅、铺装以及植物组成的广场景观，如图 4-54 所示。

02 打开"图层"工具栏中的"图层管理器"面板，可以发现当前场景已经创建了"景观墙"、"座椅"、"植物"及"铺装"图层，如图 4-55 所示。

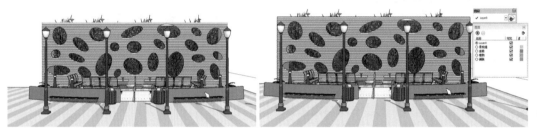

图 4-54　打开场景模型层"面板　　　　　图 4-55　打开"图层"面板

技巧：①单击"图层"面板右侧的"详细信息"按钮 ，选择"图层颜色"选项，可以使同一图层所有对象均以"图层"颜色显示，从而快速区分各个图层模型对象，如图 4-56 与图 4-57 所示。

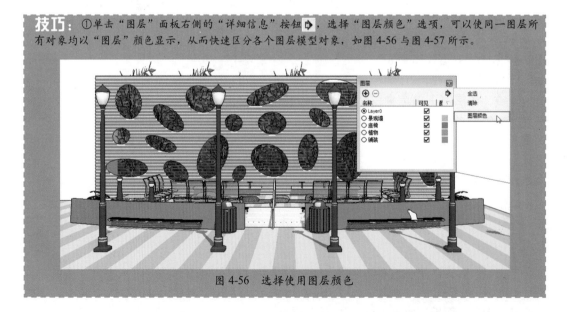

图 4-56　选择使用图层颜色

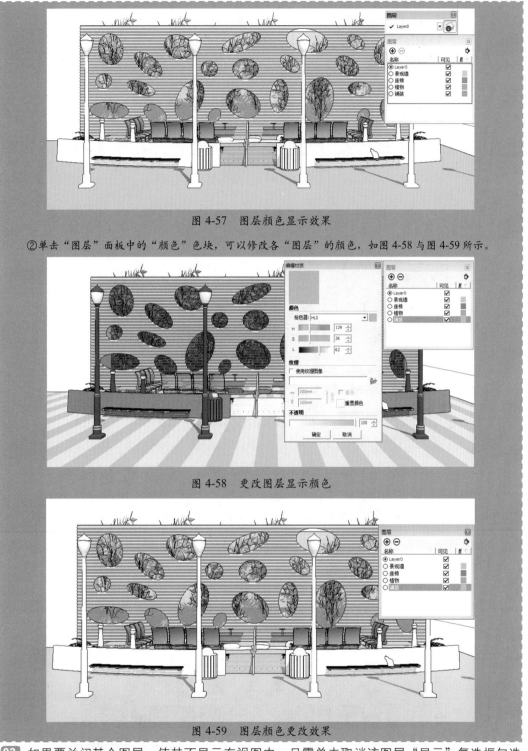

图 4-57　图层颜色显示效果

②单击"图层"面板中的"颜色"色块，可以修改各"图层"的颜色，如图 4-58 与图 4-59 所示。

图 4-58　更改图层显示颜色

图 4-59　图层颜色更改效果

03 如果要关闭某个图层，使其不显示在视图中，只需单击取消该图层"显示"复选框勾选 ☑ 即可，如图 4-60 所示。再次启动复选框，则该图层又会重新显示，如图 4-61 所示。

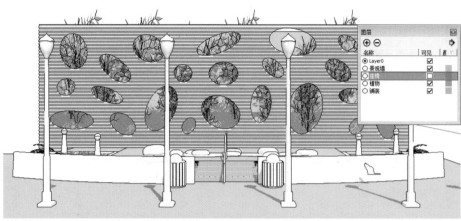

图 4-60 隐藏座椅图层

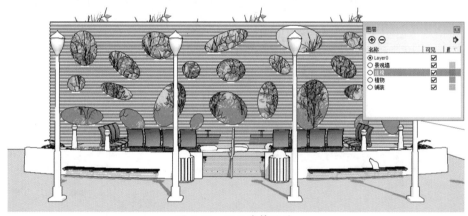

图 4-61 显示座椅图层

> **技巧**："当前层"不可进行隐藏，默认的当前图层为 0 图层（Layer0）。在图层名称前单击鼠标左键，即可将其置为当前层。如果将隐藏图层置为"当前层"，则隐藏图层将自动"显示"。

04 如果要同时隐藏或显示多个图层，可以按住Ctrl键进行多选，然后单击"显示"复选框即可，如图 4-62 与图 4-63 所示。

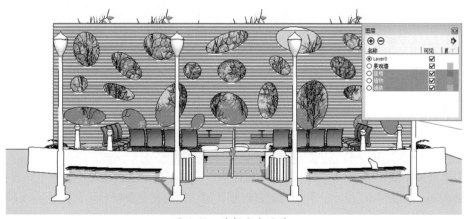

图 4-62 选择多个图层

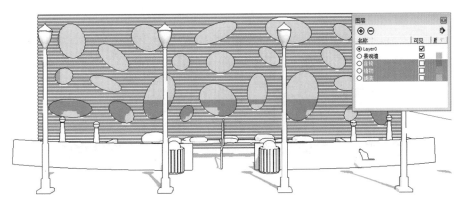

图 4-63　隐藏多个图层

技巧：按住 Shift 键可以进行连续多选，或单击"图层"面板右侧的"详细信息"按钮 ，可以全选所有图层，如图 4-64 与图 4-65 所示。

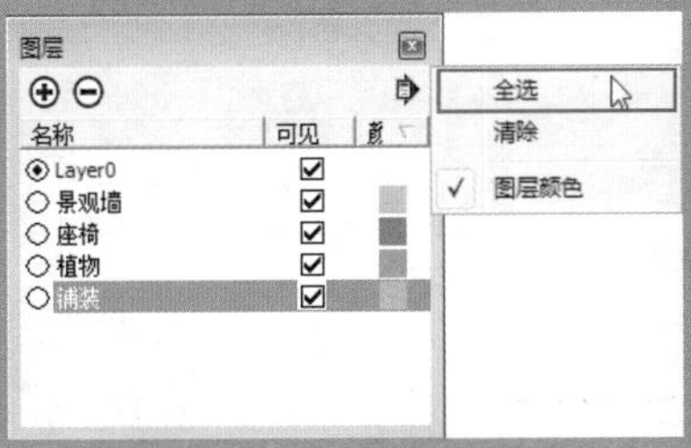

图 4-64　执行"全选"命令 　　　　图 4-65　全选所有图层

2．增加与删除图层

接下来为如图 4-66 所示的场景新建"人物"图层，并添加人物组件，学习增加图层的方法与技巧，然后学习"删除"图层的方法。

01 打开"图层"面板，单击左上角的"添加图层"按钮 ，即可新建"图层"，将新建图层命名为"人物"，并将其置为"当前层"，如图 4-67 所示。

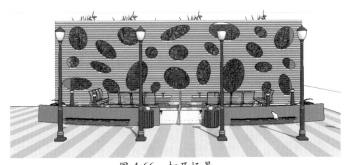

图 4-66　打开场景

图 4-67　添加人物图层

02 插入人物组件，此时插入的组件即位于新建的"人物"图层内，如图 4-68 所示。可以通过该图层对其进行隐藏或显示，如图 4-69 所示。

03 当某个图层不再需要时，可以将其删除。选择要删除的图层，单击"图层"面板左上角的"删除图层"按钮 ，如图 4-70 所示。

04 如果删除图层没有包含物体，系统将直接将其删除。如果图层内包含物体，则将弹出"删除包含图元的图层"提示面板，如图 4-71 所示。

图 4-68　插入人物组件

图 4-69　隐藏人物图层

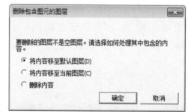

图 4-70　单击"删除图层"按钮　　　　图 4-71　"删除包含图元的图层"提示面板

05 此时选择"将内容移至默认图层"选项，该图层内的物体将自动转移至 Layer0 内，如图 4-72 与图 4-73 所示。如果选择"删除内容"选项，则将图层与物体同时进行删除。

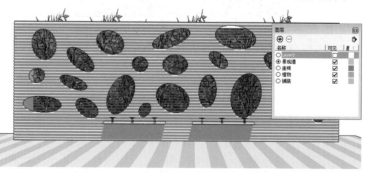

图 4-72　Layer0 为默认图层　　　　　图 4-73　隐藏 Layer0 的效果

06 如果要将删除层内的物
体转移至非 Layer0 层，
可以先将另一图层设为
"当前层"，然后在"删
除包含图元的图层"面
板内选择"将内容移至
当前图层"选项，如图
4-74 与图 4-75 所示。

图 4-74　设置铺装层为
当前层

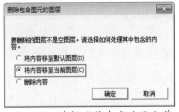

图 4-75　选择"将内容移至当前
图层"选项

技巧： ①如果场景内包含空
白图层，可以单击"图层"面板
右侧"详细信息"按钮 ⬚，选
择"清除"选项，如图 4-76 所示，
即可自动删除所有空白图层，如
图 4-77 所示。
②图层重命名：在"图层"
管理器中双击要修改的图层
名称，输入新的图层名，按
Enter 键确定即可。

图 4-76　选择"清理"选项

图 4-77　清理空白图层

4.2.3　图层属性

"图元信息"包括所选模型所在图层、名称、类型等属性，可直接进行修改。通过"图

元信息"面板可以快速改变
对象所处的"图层"位置，
操作步骤如下。

01 选择要改变图层的对
象，单击鼠标右键，选
择快捷菜单中的"图
元 信 息"命 令，如
图 4-78 所示。

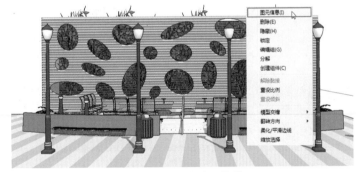

图 4-78　右键关联菜单

02 在弹出的"图元信息"对话框中单击"图
层"下拉按钮，更换至 Layer0 图层，如
图 4-79 所示。

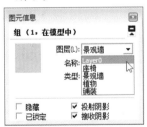

图 4-79　调整景观墙模型至 Layer0 图层

提示： 模型移至另一图层的其他方法：选择要
移动的物体，单击"图层"下拉选框按钮 ▾，在
展开的图层下拉选框中选择目标图层，然后单击，
物体则移至指定图层，如图 4-80 所示，同时指定
图层也将变为当前图层。

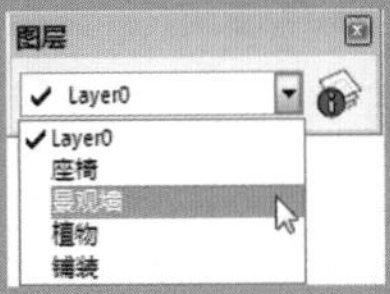

图 4-80　移动图层

4.3 雾化和柔化边线设置

在 SketchUp 中雾化和柔化边线都起到了丰富画面的效果，雾化是对场景氛围的渲染，柔化边线是对实体的丰富。本章将详细讲解"雾化"和"柔化边线"的操作方法。

4.3.1 雾化设置

雾化效果在 SketchUp 中主要用于鸟瞰图的表现，制造出远景效果，"雾化"编辑器如图 4-81 所示。详见 4.3.2 添加雾化效果，在此不再赘述。

其中：

- 显示雾化：勾选后，场景中将显示雾化效果。
- "距离"调节器：用于控制雾化效果的距离和浓度。

  0 表示雾化效果远近，正无穷符号 ∞ 表示雾化浓度的大小。
- 颜色：用于设置雾化效果颜色。勾选"使用背景颜色"即使用默认背景色，可通过单击右侧的色块设置颜色。

图 4-81　"雾化"编辑器

4.3.2 实例——添加雾化效果

下面通过实例介绍为湖面添加雾化效果的方法。

01 打开配套光盘"第 04 章 \4.3.2 添加雾化效果 .skp"素材文件，如图 4-82 所示当前场景内阳光明媚。执行"窗口"|"雾化"菜单命令，如图 4-83 所示。

图 4-82　添加雾化效果　　　　图 4-83　执行"窗口"|"雾化"菜单命令

02 在弹出的"雾化"对话框中勾选"显示雾化"选项，此时场景中的天空效果消失，然后往左调整"距离"下方右侧的滑块，使场景由远及近产生雾化效果，如图 4-84 所示。

图 4-84　调整雾气效果

03 向右调整"距离"下方左侧的滑块，调整近处的雾气细节，如图 4-85 所示。

图 4-85　雾化完成效果

04 默认设置下雾气的颜色与背景颜色一致，取消"使用背景颜色"参数的勾选，然后单击色块进入"选择颜色"对话框，并调整颜色，单击"确定"按钮即可改变雾气颜色，完成效果如图 4-86 所示。

图 4-86　调节雾气颜色

4.3.3　柔化边线设置

SketchUp 的边线可以进行柔化和平滑，从而使有折面的模型看起来显得圆润光滑。边线柔化以后，在拉伸的侧面上就会自动隐藏。柔化的边线还可以进行平滑，从而使相邻的表面在渲染中能均匀地过渡渐变。

如图 4-87 所示为一套茶具，标准边线显示显得十分粗糙，现将其进行柔化边线操作。

选择需柔化边线的物体，执行"窗口"|"柔化边线"菜单命令，或单击鼠标右键在关联菜单中选择"柔化/平滑边线"选项，两者均可进行边线柔化，如图 4-88 所示为"柔化边线"工具栏对话框。

图 4-87　边线显示　　　　图 4-88　"柔化边线"工具栏

（1）拖动"法线之间的角度"滑块可以调节光滑角度的下限值，超过此数值的夹角将被柔化，柔化的边线会被自动隐藏，如图 4-89 所示。

（2）勾选"平滑法线"选项后，将限定角度范围内的物体实施光滑和柔化效果，如图 4-90 所示。

（3）勾选"软化共面"选项后，将自动柔化共面并连接共面表面间的交线，如图 4-91 所示。

图 4-89　调节法线之间的角度

图 4-90　平滑法线

图 4-91　软化共面

> **提示**：在 SketchUp 中过多的柔化处理会增加计算机的负担，从而影响到你的工作效率。建议结合作图意图找到一个平衡点，从而对较少的几何体进行柔化 / 平滑，就能得到相对较好的显示效果。

4.4　SketchUp 群组工具

SketchUp 提供了具有管理功能的"群组 / 组件"工具，可以对物体进行分类管理，用户之间还可以通过群组进行资源共享，并且容易修改。本章将系统地介绍群组的相关知识，包括群组的创建、编辑等。

4.4.1　群组的特点

"群组"又被简称为"组"，"群组"具有以下 5 个特点：

1. 快速选择

凡是成组的实体，只需在物体范围内单机鼠标左键即可选中组内的所有元素。

2. 协助组织模型

在有组的基础上再创建组，形成具有层级结构的组，这样管理起来更加方便。如图 4-92 ～图 4-95 所示为门模型，包含门扇、门栓、门套等部分。

图 4-92　门模型

图 4-93　门扇

图 4-94　门栓

图 4-95　门套

3．几何体隔离

组内的物体和组外的物体相互隔离，操作互不影响。

4．提高建模速度

用组来管理和组织划分模型，有助于节省计算机资源，提高建模和显示速度。

5．快速赋予材质

选中群组后赋予材质，群组中所有的面将会被赋予同一材质。将会由组内使用默认材质的几何体继承，而事先制定的了材质的几何体不会受影响，这样可以大大提高赋予材质的效率。

4.4.2　组的创建与分解

1．组的创建

01 选中要创建为群组的模型元素，执行"编辑"｜"创建群组"菜单命令，如图4-96所示。或单击鼠标右键，在右键关联菜单中选择"创建群组"选项，如图4-97所示。

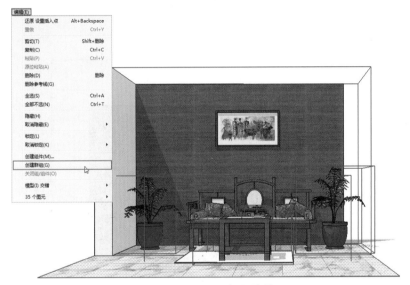

图 4-96　"编辑"菜单

图 4-97　右键关联菜单

02 群组创建完成以后，群组外侧将会生成高亮显示的边界框，如图4-98所示。

2. 组的分解

选择需要分解的群组，执行"编辑"|"还原组"菜单命令，如图4-99所示。或单击鼠标右键，如图4-100所示，选择"分解"命令即可，如图4-101所示。

图 4-98　蓝色显示外框

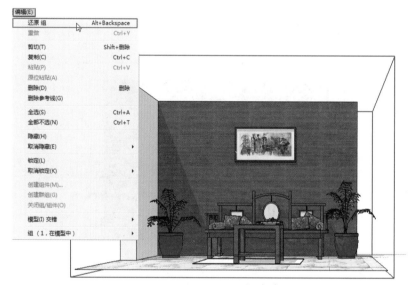

图 4-99　编辑菜单

图 4-100　右键关联菜单

图 4-101 分解组

提示: 在分解群组时,若选中的是层级群组,则需多次执行"分解"操作,才能取消层级群组中的各级群组。

4.4.3 组的锁定与解锁

1. 组的锁定

暂时不需要编辑的组可以将其锁定,以避免错误的操作。

01 选择需要锁定的群组,单击鼠标右键,在右键关联菜单中选择"锁定"命令,即可锁定当前群组,如图 4-102 所示。

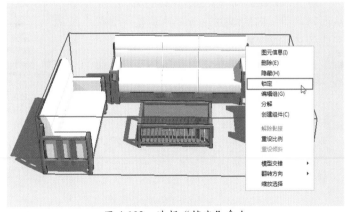

图 4-102 选择"锁定"命令

02 锁定后的群组以红色线框显示,此时不可对其进行选择以及其他操作,如图 4-103 所示。

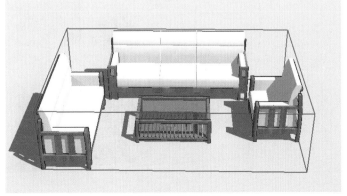

图 4-103 锁定的组

2．组的解锁

群组在锁定的状态下无法进行任何编辑，若要对群组进行编辑，必须要将其解锁。

选择需要解锁的群组，单击鼠标右键，在关联菜单中选择"解锁"命令，如图 4-104 所示。

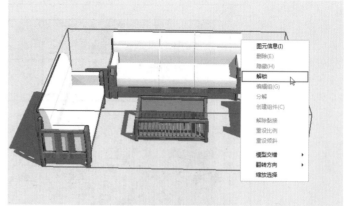

图 4-104　选择解锁命令

4.4.4　组的编辑

当各种模型元素被纳入群组后，即成为一个整体，在保持组不改变的情况下，对组内的模型元素进行增加、减少、修改等单独的编辑即为组的编辑。

1．编辑群组

通过"编辑组"命令，可以暂时打开"组"，从而对"组"内的模型进行单独调整，调整完成后又可以恢复到"组"状态。

01 选择需要编辑的组，单击鼠标右键，在弹出的右键关联菜单中选择"编辑组"选项，如图 4-106 所示。

02 暂时打开的"组"以虚线框显示，如图 4-107 所示，此时可以单独选择组内的模型进行调整。

提示：除了可以使用鼠标右键快捷菜单进行"锁定"与"解锁"外，也可以直接执行"编辑"|"锁定"（"取消锁定"|"选定项 / 全部"）菜单命令，如图 4-105 所示。

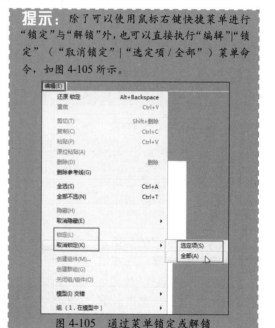

图 4-105　通过菜单锁定或解锁

图 4-106　选择"编辑组"命令

03 调整完成后，在视图空白处单击或执行"编辑"|"关闭组/组件"命令，即可恢复"组"，如图4-108与图4-109所示。

图4-107　虚线显示打开组　　　　图4-108　调整打开模型　　　　图4-109　调整完成效果

技巧： 在"组"上快速双击，可以快速执行"编辑组"命令。

2．从群组中移出实体

在群组中移动物体，会将群组扩大，却不能直接将物体移出群组。因此，从群组中移出组中的模型元素，需使用剪切＋粘贴的方法。

01 双击进入组的编辑状态，选择其中的模型（或组），如图4-110所示，然后按Ctrl+X组合键，可以暂时将其剪切出组，如图4-111所示。

02 此时在空白处单击，关闭"组"，按Ctrl+V组合键，将剪切的模型（或组）粘贴进场景，即可将其移出组，如图4-112所示。

图4-110　选择打开模型　　　　图4-111　剪切模型　　　　图4-112　移出组

3．向群组中增加实体

在群组中，可以使用"分解"命令将群组取消，添加实体后再重新创建为组，操作过于繁琐，一般情况下使用粘贴的方式更加简便。

01 选择要增加到群组中的实体，按Ctrl+X组合键，将实体进行剪切，如图4-113所示。

02 双击进入组，再按Ctrl+V组合键将其粘贴即可，如图4-114所示。

图4-113　选择模型　　　　图4-114　加入组

4．文件间运用组件

利用SketchUp制图时，若想将曾经制作过的模型文件添加到正在创建的场景中，可以通过复制粘贴群组的方法，使组件在文件间交错应用。

5．群组的右键关联菜单

选择群组后单击鼠标右键，将出现如图4-115所示的关联菜单。各项说明如下。

- 图元信息：单击即可弹出"图元信息"对话框，用于浏览和修改群组的属性参数，如图 4-116 所示。

图 4-115　右键关联菜单　　图 4-116 图元信息

  - ➤ 选择颜料 　：单击色块即可弹出"选择颜料"对话框，用于显示和编辑赋予群组以材质，若未应用材质，将显示为默认材质。
  - ➤ 图层：用于显示和更改群组所在图层位置。
  - ➤ 名称：用于编辑群组的名称。
  - ➤ 隐藏：勾选后，选中的群组将被隐藏。
  - ➤ 已锁定：勾选后，选中的群组将被锁定，锁定后的群组将突出显示，且边框为红色。
  - ➤ 投射阴影：勾选后，选中的群组将会显示阴影。
  - ➤ 接受阴影：勾选后，选中的群组将可以接受其他物体的阴影，即其他物体的阴影将会显示在选中的群组上。

- 删除：用于删除选中的群组。
- 隐藏：用于将选中的群组隐藏。

  - ➤ 普通隐藏：隐藏后场景中将不会显示实体，如图 4-117 所示。

图 4-117 普通隐藏

  - ➤ 特殊隐藏：通过执行"视图"｜"隐藏物体"菜单命令，则隐藏的实体将以网格显示并可选择，如图 4-118 所示。

图 4-118　特殊隐藏

- 分解：用于将群组炸开为独立的模型元素。
- 创建组件：用于将选中的群组转换为组件。
- 解除黏接：用于解除与选中群组相黏接的其他实体。

- 重设比例：用于取消对选中群组的所有缩放操作，恢复原始比例和尺寸大小。
- 重设倾斜：用于恢复对选中群组的扭曲变形操作。

6. 为组赋予材质

在 SketchUp 中创建的物体都具有软件系统默认的材质，默认材质在"材质"中以色块 显示。创建群组后，可以对组的材质进行编辑，此时组的默认材质将会更新，而事先制定的材质不会受到影响。如图 4-119 所示。

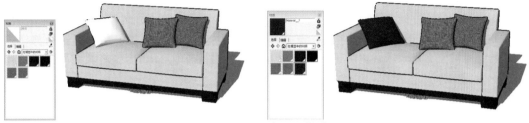

图 4-119　更新默认材质

4.4.5　实例——添加躺椅

下面通过实例介绍添加躺椅的方法。

01　打开配套光盘"第 04 章 \4.4.5 添加躺椅 .skp"素材文件，这是一个室外泳池场景模型，如图 4-120 所示。

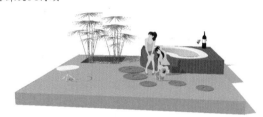

图 4-120　室外泳池场景模型

02　执行"文件"|"导入"菜单命令，如图 4-121 所示。弹出"打开"对话框，打开配套光盘提供的素材文件"4.4.5 躺椅 .skp"，文件类型设为"SketchUp 文件（*.skp）"类型，设置完成后单击"打开"按钮，即可将躺椅导入到模型中，如图 4-122 所示。

图 4-121　文件关联菜单

图 4-122　导入躺椅模型

03　将躺椅导入到模型中后，鼠标光标自动变为移动光标 ✥，如图 4-123 所示，移动躺椅模型至合适位置，单击鼠标左键即可确定，如图 4-124 所示。

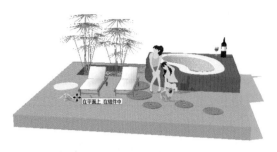

图 4-123 移动躺椅

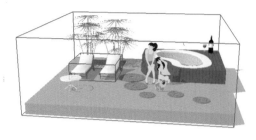

图 4-124 放置躺椅

04 将躺椅组加入至室外泳池组内。选择躺椅组，按 Ctrl+X 组合键，将实体进行剪切，如图 4-125 所示。然后双击进入室外泳池组内，再按 Ctrl+V 组合键将其粘贴即可，如图 4-126 所示。

图 4-125 选择躺椅

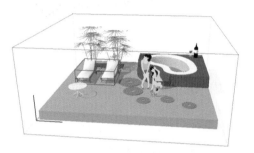

图 4-126 加入组

技巧：加入躺椅另一种方法：分别打开光盘中"添加躺椅.skp"文件和"4.4.5 躺椅.skp"文件，在躺椅模型文件中，选择躺椅组，按 Ctrl+C 组合键将其复制。在泳池室外场景模型中，按 Ctrl+V 组合键，单击鼠标左键即可添加。

4.5 SketchUp 组件工具

组与组件类似，都是一个或多个物体的集合。组件可以是任何模型元素，也可以使整个场景模型，对尺寸和范围没有限制。

4.5.1 组件的特点

除了包括群组的特点之外，组件自身还具备下列 6 个特点。

1. 独立性

组件可输出后缀为 .skp 的 SketchUp 文件，可在任何文件中以组件形式调用，也可以单独文件形式存在。

2. 关联性

对一个组件进行编辑时，与其关联的组件将会同步更新。

3. 可替代性

组件可以被其他的组件统一替换，以满足不同绘图阶段对模型的要求。

4. 与其他文件链接

组件除了存在于创建它们的文件中，还可以导出到别的 SketchUp 文件中。

5. 特殊的行为对齐

组件可以对齐到不同的表面上，并且在附着的表面上挖洞开口。组件还拥有自己内部的坐标系。

6. 附带组件库

SketchUp 中自带有丰富的组件库，有大量常用组件可以使用。同时还支持自建组件库，只需要叫自建的模型自定义为组件，并保存至安装目录 Components 文件夹中即可，查看组件库位置可通过执行"窗口"|"系统设置"菜单命令，在弹出的对话框中选择"文件"面板，图 4-127 所示。

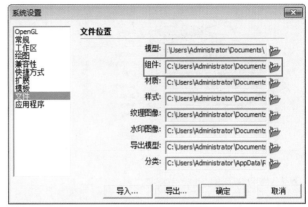

图 4-127 查看组件库位置

4.5.2 删除组件

组件不同于群组，组件在 SketchUp 中可以以文件形式存在。在制图过程中，对于不需要的组件，可以通过以下 3 种方式进行删除。

01 选中需要删除的组件，按 Delete 键即可将组件删除。利用这种方法删除组件后，只是在场景中不再显示，但在"组件管理器"中仍存在。

02 执行"窗口"|"组件"命令，弹出"组件管理器"对话框，单击在模型中的材质按钮 🏠，然后选择不需要的组件并单击鼠标右键，在弹出的关联菜单中选择"删除"按钮，即可将组件从场景中彻底删除，如图 4-128 所示。

03 若想快速删除场景中未使用的组件，可通过执行"窗口"|"模型信息"菜单命令，在弹出的对话框中选择"统计信息"面板，然后将范围限定在"仅限组件"，并取消勾选"显示嵌套组件"选项，设置完成后单击"清除未使用项"按钮即可，如图 4-129 所示。

图 4-128 删除组件

图 4-129 模型信息管理器

4.5.3 锁定与解锁组件

组件跟群组一样可以进行锁定与解锁，但是由于组件具有群组所没有的关联性，相同名称的组件中一个被锁定后，其余多个组件也将被锁定。

组件的锁定与组的锁定类似，这里就不重复讲解了，如图 4-130 与图 4-131 所示。

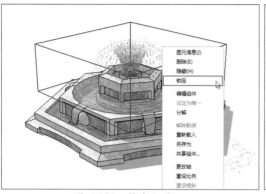

图 4-130　锁定组件

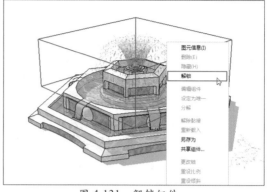

图 4-131　解锁组件

4.5.4　实例——锁定组件

下面通过实例介绍锁定组件的独特性。

01 打开配套光盘"第 04 章 \4.5.4 锁定组件 .skp"素材文件，场景中餐桌椅为预设组件，如图 4-132 所示。

02 选中一把餐椅，单击鼠标右键，在弹出的关联菜单中选择"锁定"选项，此时餐椅组件外框由蓝色变为红色亮框，如图 4-133 所示。

图 4-132　选择一把餐椅组件

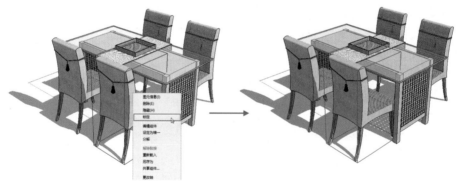

图 4-133　锁定餐椅组件

03 单击另一把餐椅，此时将弹出如图 4-134 所示的"提示信息"对话框，单击"设定为唯一"按钮，即可进入编辑状态进行独立编辑，如图 4-135 所示。

图 4-134　"提示信息"对话框

图 4-135 独立编辑组件

- 全部解锁：单击后，场景中已有的锁定全部解锁，方便所有的组件进行编辑，并保持组件的关联性。
- 设置为唯一：单击后，将会单独编辑当前双击的组件，且此与其他组件之间的关联性消失。

4.5.5 编辑组件

组件的右键关联菜单中有多项与群组的相似，如图 4-136 所示，在此只对常见命令进行讲解。

- 设定为唯一：由于组件的关联性，当只需对其中一个进行单独编辑时，就需要执行该命令进行编辑，同时不会影响其他组件。
- 更改轴：用于重新设置组件坐标轴。
- 重设比例 / 重设倾斜 / 比例定义：组件的缩放与普通物体的缩放有所不同。若直接对一个组件进行缩放，不会影响其他组件的比例大小；而进入组件内部再进行缩放，则会改变所有相关联的组件。对组件进行缩放后，组件将会倾斜变形，此时执行"重设比例"或"重设倾斜"即可恢复组件原型。
- 翻转方向：通过子菜单命令可以对选中的组件单体进行 X、Y 和 Z 轴方向的翻转。

图 4-136 组件右键关联菜单

1. 组件的淡化显示

执行"窗口"|"模型信息"命令，在弹出的"模型信息"对话框中选择"组件"面板选项，如图 4-137 所示，在"组件"选项中可以设置在群组或组件内部编辑时群组或组件外部的模型元素的显示效果，其各项含义说明如下。

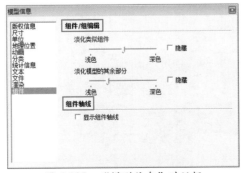

图 4-137 "模型信息"对话框

- "淡化类似组件"滑块：移动滑块可以设置被编辑组件外部的相同组件在此组件内观察时显示的淡化程度，越往浅色方向滑动颜色越淡，如图 4-138 所示为对窗户类似组件的淡化显示。

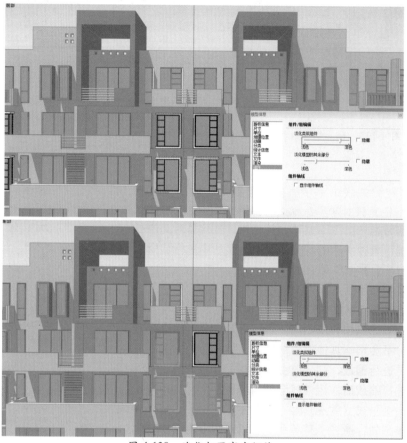

图 4-138　淡化相同窗户组件

- "淡化模型的其余部分"滑块：移动滑块可以设置被编辑组件外部其余组件在此组件内观察时显示的淡化程度，越往浅色方向滑动颜色越淡，如图 4-139 所示为对场景中其余组件的淡化显示。

图 4-139　淡化其余模型元素

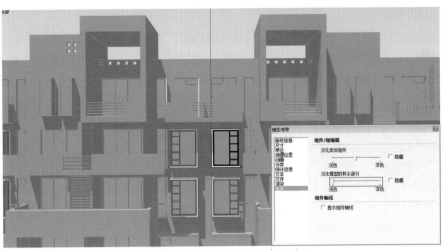

图 4-139　淡化其余模型元素（续）

- 勾选"隐藏"则表示在编辑一个组件时隐藏场景中其他相同或不同的模型元素。
- 组件轴线：勾选"显示组件轴"选项后，可以再在场景中显示组件的坐标轴，如图 4-140 所示。

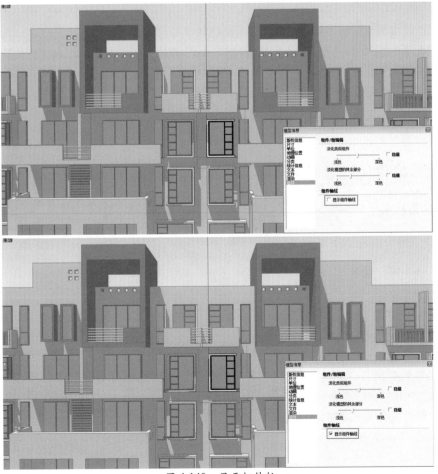

图 4-140　显示组件轴

2. 组件的关联性

在 SketchUp 场景中，对组件物体进行单体编辑时，将可以同时编辑场景中所有其他相同名称的组件，这就是组件特殊的关联性，如图 4-141 所示为利用组件的关联性修改窗户，可以快速的对其相关的组件进行修改，大大提高了工作效率。

图 4-141　修改窗户

3. 组件的替代性

在 SketchUp 场景中，若采用了某一组件，成图后要求统一变换样式，可以利用组件的整体替代性更换组件，而不需要将要变换的组件删除后再逐个调用，组件的这一特性很大程度上提高了作图速度。

4.5.6　实例——翻转推拉门

下面通过实例介绍利用组件右键关联菜单翻转推拉门的方法。

01 打开配套光盘"第 04 章 \4.5.6 翻转推拉门 .skp"素材文件，选择中间创建好的窗门组件，如图 4-142 所示。

02 激活"移动"工具 ✥，选取组件基点，按住 Ctrl 键，将窗门向右移动至合适位置，如图 4-143 所示。

图 4-142　选择窗门组件

图 4-143　复制窗门组件

03 此时复制的窗门上拉手是反向的，不符合实际。在复制的窗门组件上单击鼠标右键，在弹出的关联菜单中执行"翻转方向"|"组的红轴"命令，窗门组件将沿红轴方向进行翻转，如图 4-144所示。

图 4-144　翻转窗门组件

04 翻转完成后，门窗组件
的镜像复制完成效果如
4-145 所示。

图 4-145　完成效果

4.5.7　实例——创建吊灯花样

下面通过实例介绍利用组件关联性创建吊灯花样的方法。

01 打开配套光盘"第04
章\4.5.7创建吊灯花
样.skp"素材文件，吊
灯的灯头为独立同名称
组件，如图 4-146 所示。

02 双击一个灯头组件进入
组件的编辑状态，组件
外框以虚线形式显示，
此时吊灯其余部分将会
淡显，如图 4-147 所示。

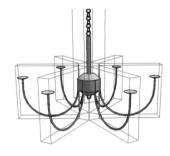

图 4-146　吊灯组件

图 4-147　灯头编辑状态

03 绘制灯头帽。激活"圆"
工具 ⊙，在椎体灯头座
上绘制出半径为 5mm
圆，如图 4-148 所示，
并利用"推/拉"工
具 ◆，将其向上推拉
17mm，此时其余灯头座
上都出现了灯头，如图
4-149 所示。

图 4-148　绘制灯头帽轮廓

图 4-149　推拉灯头帽

04 绘制灯泡。用"旋转
矩形"工具 ▤，绘制
7mm×46mm 的辅助矩
形，如图 4-150 所示。
激活"圆弧"工具 ◯，
以矩形对角点为端点绘
制圆弧，如图 4-151 所示，
其余灯头组件都发生相应改变。

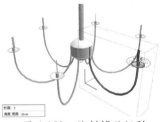

图 4-150　绘制辅助矩形

图 4-151　绘制灯泡轮廓

05 删除多余的辅助线、面，并窗选灯泡，单击鼠标右键，将灯泡创建为组件，如图 4-152 所示。

06 选择灯泡组件，激活"旋转"工具，确定旋转轴线后，按住 Ctrl 键，在"数值"输入框中输入旋转角度 90 度，按 Enter 键即可确定，再在"数值"输入框中输入复制份数"3x"。按 Enter 键确定，即灯泡创建完成，如图 4-153 所示。

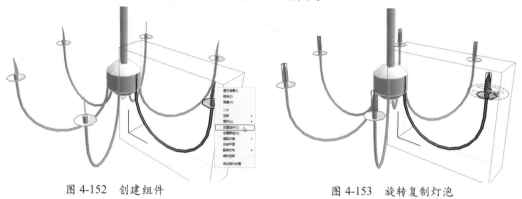

图 4-152　创建组件　　　　　　　　　　图 4-153　旋转复制灯泡

07 激活"材质"工具，为灯泡、灯头帽赋予材质，如图 4-154 所示，其余灯头组件皆发生相应变化。吊灯花样绘制效果图如图 4-155 所示。

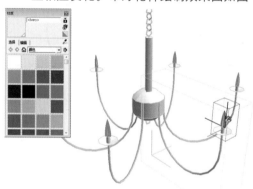

图 4-154　赋予材质　　　　　　　　　　图 4-155　吊灯花样绘制效果

4.5.8　实例——组件替代

下面通过实例介绍组件的替代性。

01 方法一：打开配套光盘"第 04 章 \4.5.8 组件替代 .skp"素材文件，这是一个候车亭场景模型，如图 4-156 所示。

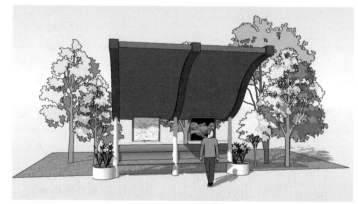

图 4-156　候车亭场景模型

02 选择人物组件，单击鼠标右键，在弹出的关联菜单中选择"重新载入"选项，如图 4-157 所示。打开光盘"第 04 章 \4.5.8 替换人物组件 *skp"素材文件，单击"打开"按钮即可将人物组件替换，如图 4-158 所示。然后将其进行旋转、移动调整，如图 4-159 所示。

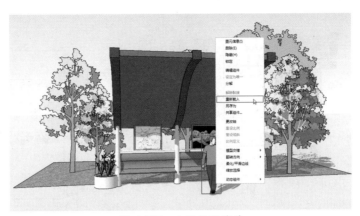

图 4-157　右键关联菜单

图 4-158　"打开"对话框

图 4-159　替换人物组件

03 方法二：选择右侧黄色树，单击鼠标右键，在弹出的关联菜单中选择"创建组件"选项，如图 4-160 所示。

04 在弹出的"创建组件"对话框中，将其命名为"花树"，将"黏接至"改为"任意"，勾选"切割开口"和"用组件替换选择内容"选项，设置完成后单击"创建"按钮，如图 4-161 所示。

图 4-160　选择树种

图 4-161　创建组件

05 在场景中选择另一棵粉色的树，单击鼠标右键，在关联菜单中选择"创建组件"，如图 4-162 所示。在弹出的"创建组件"对话框中，将名称设置为"花树"，单击"创建"选项，则会弹出如图 4-163 所示的"提示信息"对话框。

图 4-162　创建另一个组件

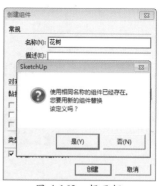

图 4-163　提 示 框

06 在对话框中单击"是"按钮，则场景中所有前面被命名为"花树"的树种全部被粉色的树替代，如 4-164 所示。

图 4-164　树组件替代

技巧：组件的整体替代性可以在SketchUp整个场景中以新物体完全替代旧物体，同时保持组件的关联性，仍可以对其进行进一步的编辑和修改。所以，在草图阶段，可以用一个大概形体确定物体位置，在深化图纸时再利用组件的编辑功能和特性进行细化，甚至可以用一个做好的具体模型用组件替代性来完全更新。

4.5.9　插入组件

在 SketchUp 中主要有两种插入组件的方法：通过"组件管理器"插入和通过执行"文件"|"导入"命令插入。将事先制作好的组件插入到正在创建的场景模型中，可以起到事半功倍的效果。

1．"组件"管理器

执行"窗口"|"组件"菜单命令，弹出"组件"管理器，然后在"选择"选项卡中选择一个组件，接着在绘图区单击，即可将选择的组件插入当前视图，如 4-165 所示。"组件"管理器说明如下。

图 4-165　"组件"管理器

（1）"选择"面板

- 查看选项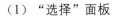：单击后将弹出下拉菜单，包含"小缩略图"、"大缩略图"、"详细信息"、"列表"4种图标显示方式和"刷新"命令，单击显示图标后，组件的显示方式将随着改变，如图4-166～图4-169所示。

图4-166　小缩略图

图4-167　大缩略图

图4-168　详细信息

图4-169　列表

- 在模型中：单击后将显示当前模型中正在使用的组件，如图4-170所示。
- 导航：单击后将弹出下拉菜单，用于切换"在模型中的材质"和"组件"命令中显示模型目录，如图4-171所示。
- 详细信息：选中一个模型组件后，单击"详细信息"按钮即可弹出快捷菜单，如图4-172所示。"另存为本地集合"选项用于将选择的组件进行保存收集，"清除未使用项"用于清理多余的组件，以减小模型文件的大小。

图4-170　在模型中

图4-171　导航

图4-172　"详细信息"菜单

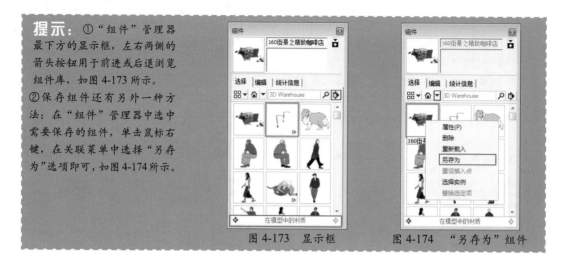

图 4-173　显示框　　　　图 4-174　"另存为"组件

（2）"编辑"面板

在选中模型中的一个组件后，可以在"编辑"面板中对组件的黏接至、切割开口、朝向以及保存路径进行设置和查看，"编辑"面板如图 4-175 所示。

- "载入来源"：在"组件"管理器中选中一个组件后，进入"编辑"面板，单击如图 4-176 所示的文件夹图标按钮，弹出"打开"对话框，即可导入组件。

（3）"统计信息"面板

在选中模型中的一个组件后，可以在"统计信息"面板中查看组件中所含模型元素的数量，"统计信息"面板如图 4-177 所示。

图 4-175　"编辑"
面板　　　　　图 4-176　载入
组件　　　　图 4-177　"统计信息"
面板

2．通过文件插入组件

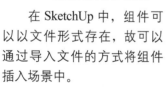

在 SketchUp 中，组件可以以文件形式存在，故可以通过导入文件的方式将组件插入场景中。

执行"文件"|"导入"菜单命令，弹出如 4-178 所示的"打开"对话框，选择文件，单击"打开"按钮，即可将组件导入到 SketchUp 场景中。

图 4-178　"打开"对话框

4.5.10　制作动态组件

动态组件常用于制作动态互交组件方面，在制作楼梯、栅栏、门窗、玻璃幕墙等方面应用得十分广泛。然而动态组件虽然神奇万分，但是其属性设置过程十分繁琐，需要函数命令等加以分析。

在工具栏上单击鼠标右键调出"动态组件"工具栏，包括"与动态组件互动" 、"组件选项" 和"组件属性" 选项，如图4-179所示，具体说明如下。

图4-179　"动态组件"工具栏

- 与动态组件互动 ：激活后，将鼠标移至动态组件上，此时鼠标光标旁将多出雪花样式，变为 。在动态组件上单击鼠标左键，组件会动态显示不同的属性效果，如图4-180和图4-181所示。

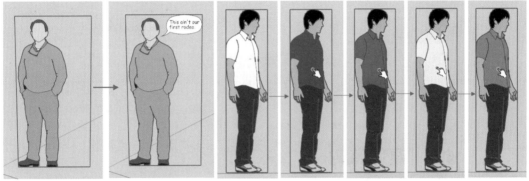

图4-180　动态组件Derrick　　　　　图4-181　动态组件ManSong

- 组件选项 ：激活后将弹出"组件选项"对话框，用于显示动态组件当前状态下的信息，如图4-182所示。

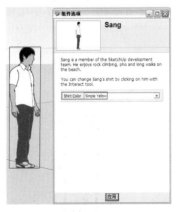

图4-182　Sang的组件选项

- 组件属性 ：激活后将弹出"组件属性"对话框,用于设置当前选择的动态组件的属性。可通过单击对话框下方的"添加属性"选项为组件添加各种属性，如位置、材质等，如图4-183所示。

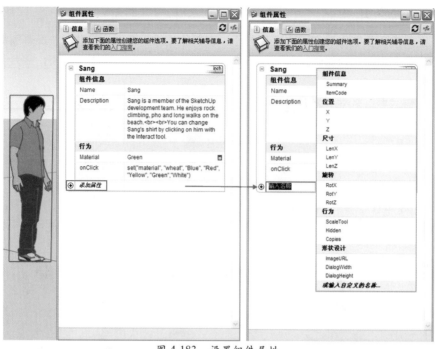

图 4-183　设置组件属性

4.6　课后练习

4.6.1　编辑宫灯

本小节通过为如本小节通过为如图 4-184 所示的宫灯创建组件和群组，练习右键关联菜单中组件和群组命令的使用。4-184 所示的宫灯创建组件和群组，练习右键关联菜单中组件和群组命令的使用。

提示步骤如下。

01 激活"选择"工具 ▶ ，选择灯笼。执行右键关联菜单中的"创建组件"命令，将灯笼创建为组件，如图 4-185 与图 4-186 所示。

图 4-184　宫灯模型

图 4-185　选择灯笼

图 4-186　创建组件

02 框选所有组件，执行右键关联菜单中的"创建群组"命令，将其创建为群组，如图 4-187 所示。

03 选中宫灯，执行右键关联菜单中的"锁定"选项，将宫灯组件锁定，如图 4-188 所示。

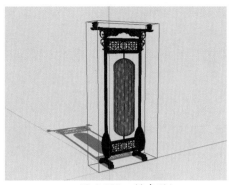

图 4-187　创建群组

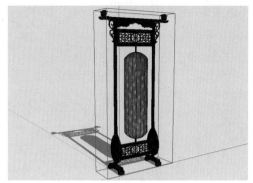

图 4-188　锁定群组

4.6.2　设置背景和雾化效果

本小节通过为如图 4-189 所示的后花园设置背景和雾化效果，练习样式和雾化菜单命令的使用。

01 单击"窗口"|"样式"菜单命令，为后花园设置背景，如图 4-189 所示。

图 4-189　设置背景

02 执行"窗口"|"雾化"菜单命令，为后花园添加雾化效果，如图 4-190 所示。

图 4-190　添加雾化效果

第5章
SketchUp 常用插件

本课知识:

● SUAPP 插件的安装。

● SUAPP 插件基本工具。

在前面的命令讲解中及重点实战中,为了让用户熟悉 SketchUp 的基本工具和使用技巧,而没有使用 SketchUp 基本工具以外的工具。但是在制作一些复杂的模型时,使用 SketchUp 基本工具来建模会很繁琐、复杂,在此使用第三方的插件会起到事半功倍的作用。

本章节将介绍在 SketchUp 中应用较多的 SUAPP 建筑插件。SUAPP 建筑插件是一款强大的工具集,极大程度上提高了 SketchUp 的建模能力,弥补了 SketchUp 本身开发的缺陷。

5.1　SUAPP 插件的安装

由于 SketchUp 2015 开发时间较短，很多插件并不能与之兼容，插件的安装方法也会有些变化。

5.1.1　实例——安装 SUAPP 插件

下面通过实例介绍安装 SUAPP（中文建筑插件库总称）插件的方法。

01 双击 SUAPP v2.55 软件安装程序图标 ⑤，此时将弹出"安装向导"对话框，如图 5-1 所示，单击"下一步"按钮进入安装程序。

图 5-1　安装向导

02 在弹出的"安装许可协议"对话框中选择"我同意此协议"选项，并单击"下一步"按钮，如图 5-2 所示。

图 5-2　安装许可协议

03 在弹出的"选择 SketchUp 位置"对话框中，将文件夹安装在 SketchUp 2015 软件所在的文件目录下，并单击"下一步"按钮，如图 5-3 所示。

图 5-3　安装目标文件位置

04 在弹出的"安装选项"对话框中选择"SUAPP 1.X 离线模式"选项，版本 1.1 与 SUAPP 2.55 合并，安装 SUAPP 2.55 后选择离线模式就可以使用全部功能，且包含所有工具栏，并单击"下一步"按钮确认安装选项，如图 5-4 所示。

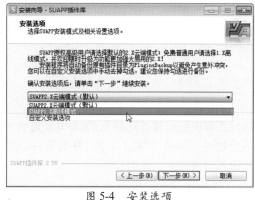

图 5-4　安装选项

05 在"准备安装"对话框中确认安装目标文件夹位置、安装模式以及安装选项，确认无误后单击"安装"按钮进行安装，如图 5-5 所示。

06 安装完成后，将弹出"安装向导完成"对话框，单击"完成"按钮退出安装，即 SUAPP 插件安装完成，如图 5-6 所示。

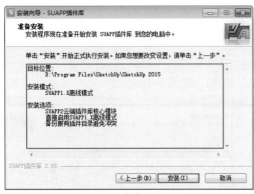

图 5-5　准备安装

图 5-6　完成安装

5.2　SUAPP 插件基本工具

插件安装完成后，再次启动 SketchUp 软件，此时界面中将出现 SUAPP 插件基本工具栏，如图 5-7 所示。工具栏中选取了 24 项常用且具代表性的插件，通过图标工具栏的方式显示出来，方便用户操作使用。

图 5-7　SUAPP 插件基本工具栏

SUAPP 插件的绝大部分核心功能都整理分类在"插件"菜单中（10 个分类 118 项功能），SUAPP 插件的增强菜单如图 5-8 所示。

为了方便操作，SUAPP 插件在右键菜单中扩展了 23 项功能，如图 5-9 所示。

由于插件较多，在本书中只挑取 SUAPP 插件工具中部分插件功能在 SketchUp 建模中的应用进行简单讲解，其余的插件有兴趣的读者可以进行进一步的探索。

5.2.1　镜像物体

"镜像物体"插件 与 CAD 软件中镜像 命令有异曲同工之处，镜像操作技巧大体相同，只是将二维改为三维而已。"镜像物体"插件通过对称点、线、面来镜像物体，可用于组及组件中，如图 5-10 所示。SketchUp 中的"缩放"工具也可以对物体进行镜像，但是不保留源对象，没有"镜像"插件操作方便，如图 5-11 所示。详见 5.2.2 实例的讲解，在此不再赘述。

图 5-8　插件增强菜单　图 5-9　右键扩展菜单

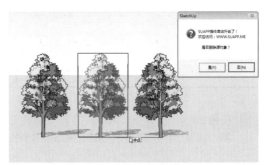

图 5-10　镜像插件镜像效果

图 5-11 缩放工具镜像效果

5.2.2 实例——创建廊架

下面通过实例介绍利用"镜像物体"插件创建廊架的方法。

01 打开配套光盘"第 05 章 \5.2.2 创建廊架 .skp"素材文件，这是一个廊架的半成品，如图 5-12 所示。

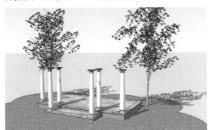

图 5-12 打开模型文件

02 激活"直线"工具 ✐，在廊架地面矩形上绘制中线作为辅助线，如图 5-13 所示。

图 5-13 绘制辅助中线

03 选择左侧廊柱，并激活"镜像物体"插件 ⚒，此时状态栏中将出现 SUAPP 提示信息。以辅助线的中点为第一个对称点，如图 5-14 所示。

04 沿蓝轴方向拖动并单击鼠标左键确定第二个对称点，然后按 Enter 键确定，此时弹出 SUAPP 插件"提示信息"对话框，单击"否"按钮，即可镜像廊柱，如图 5-15 与图 5-16 所示。

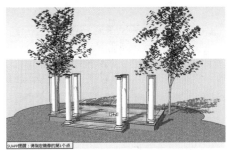

图 5-14 确定第一个对称点

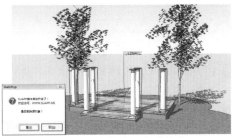

图 5-15 确定第二个对称点

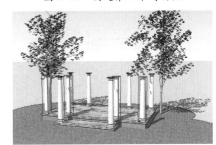

图 5-16 廊柱镜像效果

05 接下来完善廊架，为廊架添加顶面，最终效果如图 5-17 所示。

图 5-17 添加廊架顶面

5.2.3 生成面域

"生成面域"插件 ⬭ 主要用于将所有单线自动生成面域，在导入 AutoCAD 文件时非常有用，可以快速将导入文件生成平面，提高绘制效率，如图 5-18 所示。详见 5.2.4 实例的讲解，在此不再赘述。

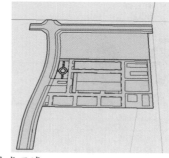

图 5-18 生成面域

5.2.4 实例——生成面域

下面通过实例介绍利用"生成面域"插件进行封面的方法。

01 打开 SketchUp 2015 软件，执行"文件"│"导入"菜单命令，将配套光盘"第 05 章 \5.2.4 古城公园规划 .dwg"素材文件导入至场景中，如图 5-19 所示。

02 框选导入的 CAD 图像文件，单击"生成面域"插件 ，或执行"插件"│"线面工具" │"生成面域"菜单命令，此时状态栏中将出现进度条，如图 5-20 所示。

图 5-19 导入 CAD 图形

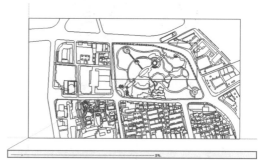
图 5-20 生成面域进度条

03 生成面域完成后自动弹出"结果报告"对话框，单击"确定"按钮，如图 5-21 所示。

04 关闭"结果报告"对话框后，此时导入的 CAD 图形文件中大部分线段构成的面已被封成面域，仍存在少部分曲线段构成的面未被封面，如图 5-22 所示。

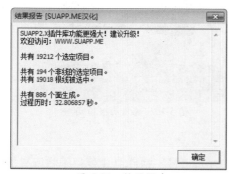
图 5-21 结果报告

图 5-22 封面完成

05 选择 CAD 图形文件，执行"插件"│"文字标注"│"标记线头"命令，通过标记图形中有线头的地方，方便找到断线的地方，如图 5-23 所示。

06 激活"直线"工具 ，将标记有线头的地方进行链接处理，并删除线头标记，生成面域最终结果如图 5-24 与图 5-25 所示。

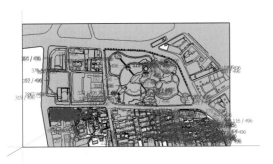

图 5-23 标记线头

图 5-24 处理线头并封面

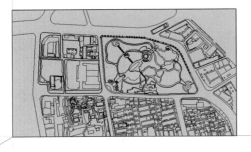

图 5-25 完成效果

技巧提示：在对较为复杂的模型使用"生成面域"插件🔲时，并不一定可以封合每一个面，这是插件的局限之处，因此尽量把 CAD 图形绘制完整，不要出现断线等状况。

5.2.5 拉线成面

"拉线成面"插件🖌主要用于将线段沿指定方向拉伸一定的高度并生成面，如图 5-26 所示。"拉线成面"插件很多情况下用于创建曲线面。详见 5.2.6 实例的讲解，在此不再赘述。

图 5-26 拉线成面

5.2.6 实例——创建飘窗

下面通过实例介绍利用"拉线成面"插件创建飘窗的方法。

01 激活"矩形"工具▨，在平面中绘制一个 4300mm×1800mm 的矩形，并用"推/拉"工具◆将其向上推拉 2 500mm 的高度，如图 5-27 所示。

02 在长方体上选择需开窗的矩形面，并执行"插件"｜"门窗构建"｜"墙体开窗"命令，在弹出的"参数设置"对话框中设置窗户的相关参数，单击"确定"按钮，如图 5-28 与 5-29 所示。

03 此时模型中出现窗户构件，鼠标光标自动变为移动光标✥，将窗户移动至合适位置后单击鼠标左键确定即可，如图 5-30 所示。

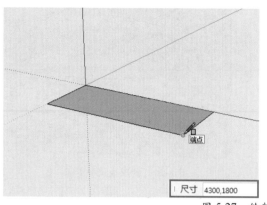

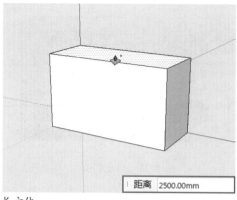

图 5-27　绘制长方体

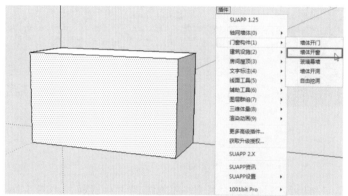

图 5-28　执行"墙体开窗"命令

图 5-29　设置窗户参数

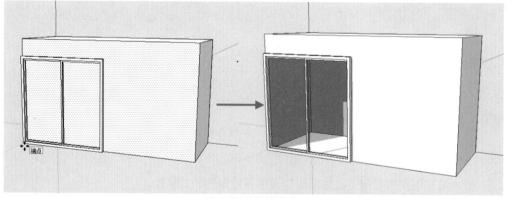

图 5-30　放置窗户

04 用同样的方法并参照图 5-29 设置参数，在飘窗两侧添加窗户，如图 5-31 所示。

05 利用"删除" 工具删除多余的矩形平面，完善飘窗，如图 5-32 所示。

06 为飘窗添加窗帘。激活"手绘线"工具 ，在飘窗上绘制一条自由曲线，如图 5-33 所示。

07 选择绘制的自由曲线，执行"插件"｜"线面工具"｜"拉线成面"命令，然后在曲线上单击，并沿蓝轴方向移动鼠标，如图 5-34 所示。

08 在"数值"输入框中输入 2100，并按 Enter 键确定，即可生成高度为 2100mm 的窗帘，如图 5-35 所示。

09 用同样的方法，为飘窗两侧添加窗帘，如图 5-36 所示。

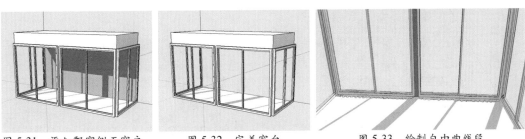

图 5-31　添加飘窗侧面窗户　　　图 5-32　完善窗台　　　图 5-33　绘制自由曲线段

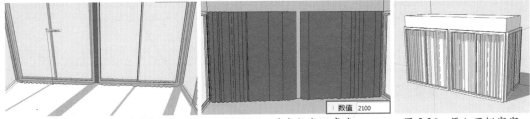

图 5-34　沿 Z 轴移动鼠标　　图 5-35　确定拉成面高度　　图 5-36　添加两侧窗帘

10 激活"材质" 工具，
将飘窗赋予材质，如图
5-37所示。

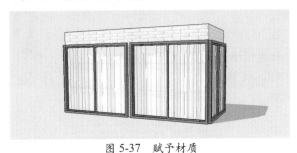

图 5-37　赋予材质

5.3　课后练习

5.3.1　创建室内墙体

　　本小节通过创建如图 5-38 所示的室内墙
体，从而练习"生成面域"、"拉线成面"
命令。

　　提示步骤如下。

01 执行"文件" | "导入"菜单命令，打开
配套光盘"第 05 章 \5.3.1 室内 CAD 文
件 .dwg"素材文件，如图 5-39 所示。

02 框选导入的 CAD 图像文件，单击"生
成面域"插件，将其进行封面处理，
如图 5-40 所示。

03 选择墙体线段，单击"拉线成面"
插件，拉出墙体高度，如图 5-41
所示。

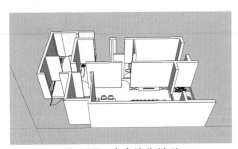

图 5-38　室内墙体模型

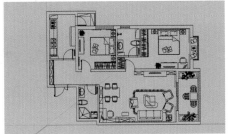

图 5-39　导入室内 CAD 文件

图 5-40　进行封面处理

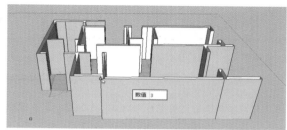

图 5-41　启用拉线成面插件

5.3.2　创建对谈桌椅

本小节通过创建如图 5-42 所示的对谈桌椅，从而练习"镜像物体" 命令。

提示步骤如下。

01 激活"直线"工具 ，在桌子上绘制中线作为辅助线，如图 5-43 所示。

02 选择左侧椅子，并激活"镜像物体" 插件，镜像椅子，如图 5-44 与图 5-42 所示。

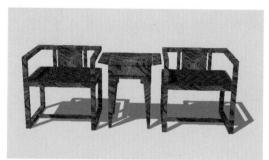

图 5-42　对谈桌椅模型

图 5-43　绘制辅助中线

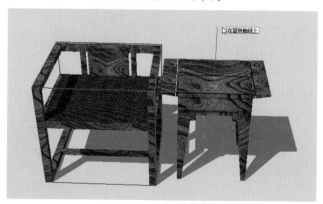

图 5-44　确定堆对称点

第6章

SketchUp 材质与贴图

本课知识：

- SketchUp 填充材质。

- SketchUp 色彩取样器。

- SketchUp 透明材质。

- SketchUp 贴图坐标。

- SketchUp 贴图技巧。

SketchUp 拥有强大的材质库，可以应用于边线、表面、文字、剖面、组和组件中，并实时显示材质效果，所见即所得。而且在赋予材质以后，可以方便地修改材质的名称、颜色、透明度、尺寸大小及位置等属性特征。在本章中将学习 SketchUp 材质和贴图功能的应用，包括提取材质、填充材质、创建材质和贴图技巧等。

6.1 SketchUp 填充材质

材质是模型在渲染时产生真实质感的前提,配合灯光系统能使模型表面体现出颜色、纹理、明暗等效果,从而使虚拟的三维模型具备真实物体所具备的质感细节。

SketchUp 软件的特色在于设计方案的推敲与草绘效果的表现,在写实渲染方面能力并不出色,一般只需为模型添加颜色或是纹理即可,然后通过风格设置得到各个草绘效果。

6.1.1 默认材质

在 SketchUp 开始创建物体的时候,会自动赋予默认材质,如图 6-1 所示。由于 SketchUp 使用的是双面材质,所以默认材质的正反面显示的颜色是不同的。双面材质的特性可以帮助用户更容易区分表面的正反朝向,以方便在导入其他建模软件时调整面的方向。

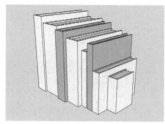

图 6-1 默认材质卡

默认材质正反两面的颜色可以通过执行"窗口"|"样式"命令,在弹出的"样式"面板中选择"编辑"面板的"平面设置"选项卡进行设置,如图 6-2 所示。

图 6-2 "平面设置"选项卡

6.1.2 材质编辑器

单击"材质"工具按钮 ⊗,或执行"工具"|"材质"菜单命令,均可打开"材质"面板,如图 6-3 所示。在"材质"面板中有"选择"和"编辑"两个选项卡,这两个选项卡用来选择与编辑材质,也可以浏览当前模型中使用的材质。"材质"面板的详细说明如下。

- "点按开始使用这种颜料绘图"窗口 ◣:该窗口用于材质预览窗口,选择或提取一个材质后,在该窗口中会显示这个材质,同时会自动激活"材质"工具 ⊗。

- "名称"文本框:选择一种材质并赋予模型后,在"名称"文本框中将显示该材质的名称,用户可以在这里为材质重命名,如图 6-4 所示。

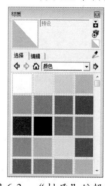
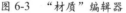

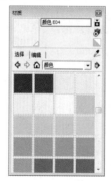

图 6-3 "材质"编辑器　　图 6-4 名称设置

- 创建材质 ⊗:单击该按钮即可弹出"创建材质"面板,在该对话框中可以对材质的名称、颜色、大小等属性进行设置,如图 6-5 与图 6-6 所示。

1."选择"面板

"选择"面板的界面如图6-7所示。其中的按钮及菜单项说明如下。

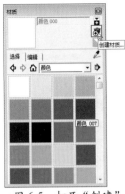

图6-5 打开"创建"
面板

图6-6 "创建材质"
面板

图6-7 "选择"面板

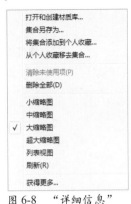

图6-8 "详细信息"
快捷菜单

- "后退"、"前进"按钮 ◆ ➡：在浏览材质库时，使用这两个按钮可以前进或后退。
- "模型中"按钮 ⌂：单击该按钮后可以快速显示当前场景中的材质列表。
- "提取材质"工具 🖉：单击该按钮可从场景中提取材质，并将其设置为当前材质。
- "详细信息"按钮 ➡：单击箭头按钮将弹出一个快捷菜单，如图6-8所示。
  - ➢ 打开和创建材质库：用于载入一个已经存在的文件夹或创建一个文件夹到"材质"面板中。执行该命令弹出的对话框中不能显示文件，只能显示文件夹。
  - ➢ 集合另存为/将集合添加到个人收藏：用于将选择的文件夹添加到收藏夹中。
  - ➢ 删除：该命令可以将选择的文件夹从收藏中删除。
  - ➢ 小缩略图/中缩略图/大缩略图/超大缩略图/列表视图："列表视图"命令用于将材质图标以列表状态显示，其余4个命令用于调整材质图标显示的大小，如图6-9～6-13所示。

图6-9 小缩略图

图6-10 中缩略图

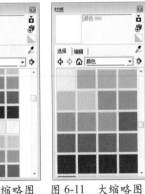

图6-11 大缩略图

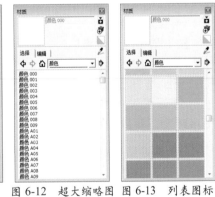

图6-12 超大缩略图

图6-13 列表图标

2."编辑"面板

"编辑"面板的界面如图6-14所示，具体说明如下。

1）材质名称

新建材质后为其起个易于识别的名称，材质的命名应该正规、简短，如"水纹"、"玻璃"等，也可以以拼音首字母进行命令，如"SW"、"BL"等。

如果场景中有多个类似的材质，则应该添加后缀，加以简短的区分，如"玻璃_半透明"、"玻璃_磨砂"等，此外也可以根据材质模型的对象进行区分，如"水纹_溪流""水纹_水池"等。

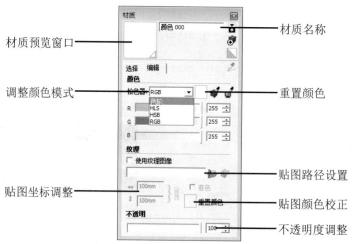

图 6-14 "材质"编辑器功能图解

2）材质预览

通过"材质预览"可以快速查看当前新建的材质效果，在预览窗口内可以对颜色、纹理以及透明度进行实时的预览，如图 6-15～图 6-17 所示。

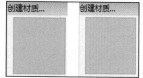

图 6-15 颜色预览

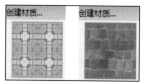

图 6-16 纹理预览

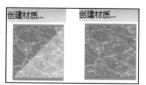

图 6-17 透明度预览

3）颜色模式

对"色彩"编辑器的介绍将在 6.2 小节中详细讲解。

4）纹理图像路径

按下"纹理图像路径"后的"浏览"按钮，将打开"选择图像"面板进行纹理图像的加载，如图 6-18 和图 6-19 所示。

图 6-18 纹理图像路径设置

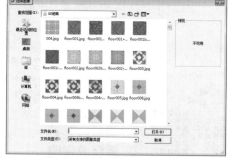

图 6-19 "选择图像"面板

提示： 通过上述的过程添加纹理图像之后，"使用纹理图像"复选框将自动勾选，此外通过勾选"使用纹理图像"复选框，也可以直接进入"选择图像"面板。如果要取消纹理图像的使用，则将该复选框勾选取消即可。

5）纹理图像坐标

默认的纹理图像尺寸并不一定适合场景对象，如图 6-20 所示，此时可通过调整"纹理图像坐标"，以得到比较理想的显示效果，如图 6-21 所示。

默认设置下，纹理图像长宽比例保持锁定，例如将纹理图像宽度调整为 128.7，其长度会自动调整为 200，如图 6-22 所示，以保持长宽比不变。如果需要单独调整纹理图像长度和宽度，可以单击其后的"解锁"按钮，分别输入长度和宽度，如图 6-23 与图 6-24 所示。

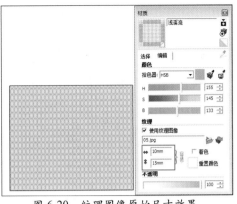

图 6-20　纹理图像原始尺寸效果

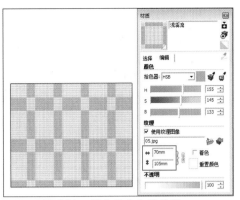

图 6-21　调整尺寸后的效果

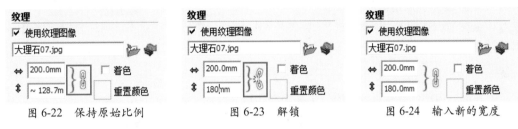

图 6-22　保持原始比例　　　　　图 6-23　解锁　　　　　图 6-24　输入新的宽度

提示：SketchUp"材质"面板只能改变纹理图像尺寸与比例，如果调整纹理图像位置、角度等，则需要通过"纹理"命令完成，详见6.4小节。

6）纹理图像色彩校正

除了可以调整纹理图像尺寸与比例，勾选"着色"复选框，还可以校正纹理图像的色彩，如图6-25所示。单击其下的"重置颜色"色块，颜色即可还原，如图6-25～图6-27所示。

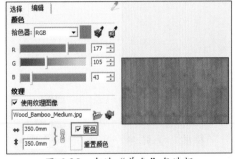

图 6-25　勾选"着色"复选框

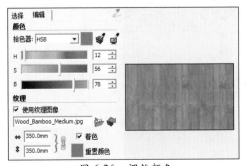

图 6-26　调整颜色

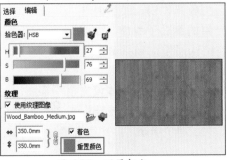

图 6-27　还原颜色

7）不透明度

用于设置贴图的透明度。对透明材质的介绍将在6.3小节中详细讲解。

6.1.3 填充材质

单击"材质"工具 可以为模型中的实体填充材质，既可以为单个元素上色，也可以填充一组相连的表面，同时还可以覆盖模型中的某些材质。详见 6.1.4 的讲解，在此不再赘述。

SketchUp 分门别类的制作好了一些材质，直接单击文件夹或通过下拉按钮即可进入该类材质，如图 6-28 与图 6-29 所示。

图 6-28　纹理图像原始尺寸效果

图 6-29　调整尺寸后的效果

6.1.4 实例——填充材质

下面通过实例介绍利用"材质"工具为物体填充材质的方法。

01 打开配套光盘"第 06 章 \6.1.4 填充材质 .skp"素材文件，这是一个没有赋予材质的亭子模型，如图 6-30 所示。

图 6-30　亭子模型

02 激活"选择"工具 ，选择需填充的面。利用"材质"工具 ，首先导入纹理图像，然后单击鼠标左键，即可对选中的面赋予材质，如图 6-31 所示。如果事先选中了多个物体，则可以同时为选中的物体填充材质，这种填充方法即为"单个填充"。

图 6-31　单一填充

03 按住 Ctrl 键，此时鼠标光标变为 ，在亭顶表面上单击鼠标左键，此时与所选中表面相邻接的表面将被赋予颜色 E05 材质，重复填充，结果如图 6-32 所示。这种填充方法即为"邻接填充"。

图 6-32　邻接填充

04 按住 Shift 键，此时鼠标光标将变为 🖐，在赋予了材质的亭顶上单击鼠标左键，此时模型中所有赋予颜色 E05 材质的积木都被替代为颜色 F05，如图 6-33 所示。这种填充方法即为"替换材质填充"。

图 6-33　替换材质填充

05 重复命令操作，为地面赋予铺装材质，亭子填充的最终效果如图 6-34 所示。

激活"材质"工具的同时按住 Alt 键，当图标变成 🖊 形状时，单击模型中的实体，就能提取该实体的材质。按住 Ctrl+Shift 组合键，当图标变成 🖐 时，单击即可实现邻接替换的效果。

图 6-34　最后填充效果

6.2　色彩取样器

在 SketchUp 界面的任意颜色样本上单击"材质"工具 🖌，在弹出的"材质"管理器中对"颜色"进行相关设置。主要包括颜色的"拾色器"、"还原颜色更改"、"匹配模型中对象的颜色"🖌 和"匹配屏幕上的颜色"🖌，说明如下。

● 拾色器：按下"颜色模式"下拉按钮，可以选择"色轮"、"HLS"、"HSB"和"RGB"四种颜色模式，如图 6-35 ～图 6-38 所示。

➤ 色轮：使用这种颜色模式可以从色盘上直接取色。色盘右侧的滑块可以调节色彩的明度，越往上明度越高，越往下则相反。

➢ HLS：分别代表色相、亮度和饱和度，这种颜色模式使用于调整灰度值。

➢ HSB：分别代表色相、饱和度和明度，这种颜色模式适用于调节非饱和度颜色。

➢ RGB：分别代表红色、绿色和蓝色，RGB 颜色模式拥有很宽的颜色范围，是 SketchUp 最有效的颜色吸取器。用户也可以在右侧的"数值"输入框中输入数值进行调节。

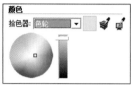 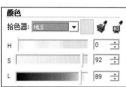 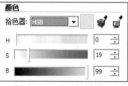 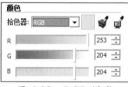

图 6-35　色轮模式　　　图 6-36　HLS 模式　　　图 6-37　HSB 模式　　　图 6-38　RGB 模式

● 还原颜色更改：若对调节后的颜色不满意，可以单击█。此色块对修改后的颜色进行还原处理。

● 匹配模型中对象的颜色🖌：单击该按钮后可从模型中进行取样。

● 匹配屏幕上的颜色🎨：单击该按钮后可从屏幕中进行取样。

6.3　材质透明度

SketchUp 中材质的透明度介于 0～100% 之间，"不透明度"数值越高，材质越不透明，如图 6-39 与图 6-40 所示。在调整时可以通过滑块进行调节，有利于透明度的实时观察。

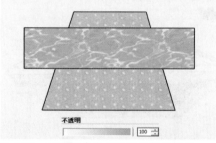 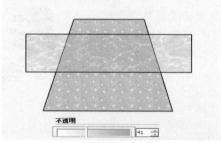

图 6-39　不透明度为 100 时的材质效果　　　图 6-40　不透明度为 41 时的材质效果

提示： SketchUp 通过 70% 临界值来决定表面是否产生投影，不透明度大于等于 70% 的表面可以产生投影，小于 70% 则不产生投影，如图 6-41 与图 6-42 所示。

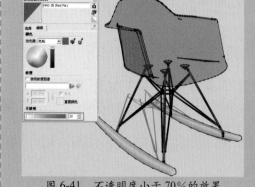 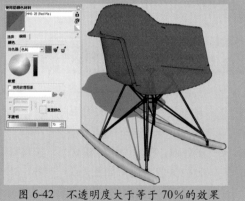

图 6-41　不透明度小于 70% 的效果　　　图 6-42　不透明度大于等于 70% 的效果

> **提示：** 如果没有为物体赋予材质，那么物体在默认材质下，是无法改变透明度的。SketchUp 的阴影设计为每秒渲染若干次，因此基本上无法提供照片级的真实阴影效果，如需更为真实的阴影效果，可以将模型导出至其他渲染软件中进行渲染。

6.4　贴图坐标

　　SketchUp 的贴图是作为平铺对象应用的，不管表面是垂直、水平或倾斜，贴图都附着在表面上，不受表面位置的影响。SketchUp 的贴图坐标主要包括两种模式，即"锁定图钉模式"和"自由图钉模式"。

　　在物体的贴图上单击鼠标右键，在弹出的快捷菜单中选择"纹理"|"位置"命令，可以对纹理图像进行"移动"、"旋转"、"扭曲"、"拉伸"等操作。

6.4.1　锁定图钉模式

　　锁定图钉模式可以按比例缩放、歪斜、剪切和扭曲贴图。每个图钉都有一个邻近的图标，这些图标代表其功能的显示。

　　下面通过实例介绍锁定图钉模式的使用方法。

01 打开配套光盘"第 06 章 \6.4.1 锁定图钉模式 .skp"素材文件，选择赋予纹理图像的屋顶模型表面，单击鼠标右键，选择"纹理"|"位置"命令，显示出用于调整纹理图像的半透明平面与四色图钉，如图 6-43 与图 6-44 所示。

图 6-43　选择"位置"菜单命令

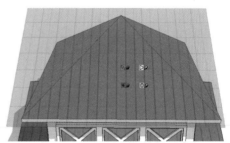
图 6-44　显示板透明与四色图钉

02 默认状态下光标为平移抓手图标 ，此时按住鼠标即可平移纹理图像位置，而如果将光标置于某个别针上，系统将显示该别针的功能，如图 6-45 与图 6-46 所示。

图 6-45　平移半透明平面

图 6-46　显示图钉功能

03 四色图钉中红色图钉 为纹理图像"移动"工具，单击"位置"命令后默认即启用该功能，此时可以进行任意方向的移动，如图 6-47 ～图 6-49 所示。

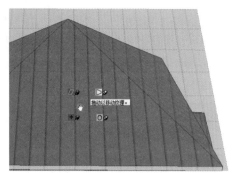

图 6-47　原始纹理图像

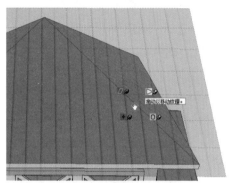

图 6-48　向左平移纹理图像

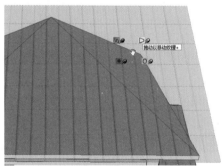

图 6-49　向上平移纹理图像

> **提示**：半透明平面内显示了整个纹理图像的分布，可以配合纹理图像"移动"工具，轻松地将目标纹理图像区域移动至模型表面。

04 四色图钉中绿色图钉 为纹理图像"旋转/缩放"工具，单击鼠标左键按住该按钮在水平方向移动，将对纹理图像进行等比缩放，上下移动则将对纹理图像进行旋转，如图 6-50 ～图 6-52 所示。

05 四色图钉中黄色图钉 为纹理图像"扭曲"工具，单击鼠标左键按住该按钮向

任意方向拖动，鼠标将对纹理图像进行对应方向的扭曲，如图 6-53 ～图 6-55 所示。

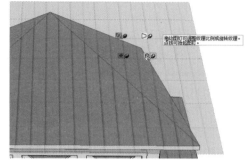

图 6-50　选择"旋转"|"缩放"图钉

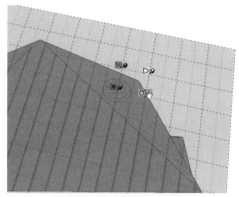

图 6-51　上下旋转纹理图像

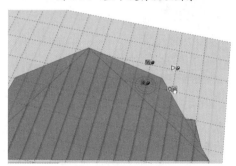

图 6-52　水平缩放纹理图像

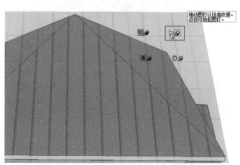

图 6-53　选择"扭曲"图钉

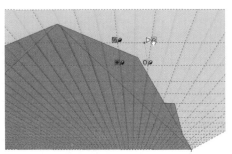

图 6-54　向右上角推动鼠标

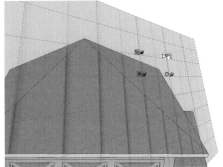

图 6-55　向右下角推动鼠标

06 四色图钉中蓝色图钉 为纹理图像"缩放/移动"工具，单击鼠标左键按住该按钮上下拖动，可以增加纹理图像竖向重复次数，左右拖动则改变纹理图像平铺角度，如图 6-56～图 6-58 所示。

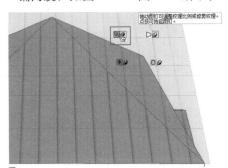

图 6-56　选择"缩放"|"移动"图钉

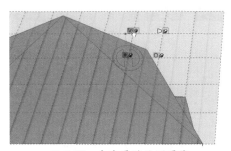

图 6-57　向左平移纹理图像

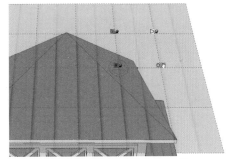

图 6-58　向上平移纹理图像

07 调整完成后单击鼠标右键，将弹出如图 6-59 所示的快捷菜单，单击"完成"命令则结束调整，单击"重设"命令则取消当前的调整，恢复至调整前状态。

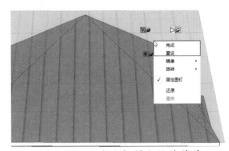

图 6-59　右击鼠标弹出快捷菜单

08 通过"镜像"子菜单，可以快速对当前纹理图像进行"左/右"或"上/下"翻转操作，如图 6-60～图 6-63 所示。

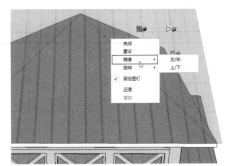

图 6-60　镜像菜单命令

图 6-61　原始纹理图像

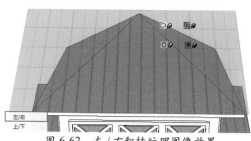

图 6-62　左/右翻转纹理图像效果

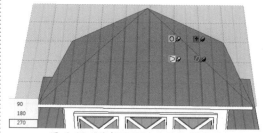

图 6-66　旋转 270°后的纹理效果

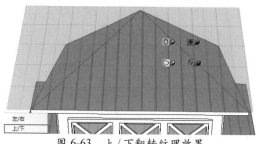

图 6-63　上/下翻转纹理效果

09 通过"旋转"子菜单，可以快速地对当前纹理图像进行"90"、"180"、"270"三种角度的旋转，如图 6-64 ～ 图 6-66 所示。

6.4.2　自由图钉模式

"自由图钉模式"主要用于设置和消除照片的扭曲状态。在"自由图钉模式"下，图钉之间不互相限制，这样可以将图钉拖曳到任何位置。

在模型贴图上单击鼠标右键，在弹出的关联菜单中取消勾选"固定图钉"选项，即可将"锁定图钉"模式调整为"自由图钉"模式，如图 6-67 所示。此时 4 个彩色图钉都会变成相同模样的黄色别针，可以通过移动图钉进行贴图的调整，如图 6-68 所示。

图 6-64　旋转 90°后的纹理效果

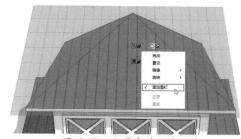

图 6-67　取消勾选固定图钉

图 6-65　旋转 180°后的纹理效果

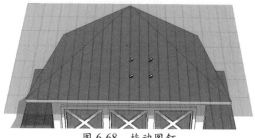

图 6-68　拖动图钉

6.5　贴图技巧

在 SketchUp 中使用普通填充方法为模型赋予材质时会产生许多不尽如人意的效果，如贴图破碎、连接性弱、比例难以控制等。SketchUp 为解决这一问题，可通过借助辅助键、贴图标等对贴图进行调整。贴图技巧主要包括转角贴图、贴图坐标和隐藏几何体、曲面贴图与投影贴图。

6.5.1　转角贴图

SketchUp 的贴图可以包裹模型转角。在工作中经常会遇到在多个转折面需要赋予相关材质的情况，如直接赋予材质，效果通常会不理想，运用转角贴图技巧可以形成理想的转角纹理衔接效果，如图 6-69 与图 6-70 所示，详见 6.5.2 的实例讲解，在此不再赘述。

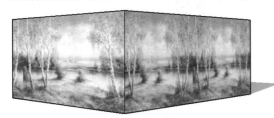

图 6-69　直接赋予材质的效果

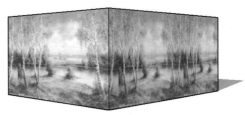

图 6-70　转角贴图效果

6.5.2　实例——创建魔盒

下面通过实例介绍利用转角贴图技巧创建魔盒的方法。

01 打开配套光盘"第 06 章 \6.5.2 创建魔盒 .skp"素材文件，如图 6-71 所示。

02 激活"材质" 🔗 工具，在弹出的"材质"面板中单击"编辑"选项卡，在其中单击文件夹 📂 按钮，然后导入光盘中的"6.5.2 转角贴图 .jpg"图片，并将贴图材质赋予魔盒的一个面，如图 6-72 与图 6-73 所示。

图 6-71　打开模型

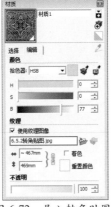

图 6-72　导入转角贴图

图 6-73　赋予材质

03 在贴图表面上单击鼠标右键，在弹出的菜单中执行"纹理"|"位置"命令，进入贴图坐标编辑状态，将贴图材质的位置进行编辑，调整到合适的位置后，单击鼠标右键，在弹出的菜单中执行"完成"命令，如图 6-74 ～图 6-76 所示。

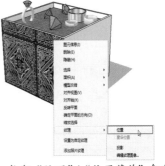

图 6-74　执行"纹理"|"位置菜单"命令

图6-75 调整贴图

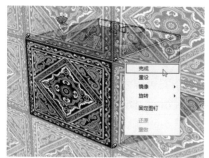

图6-76 完成编辑

04 单击"材质"面板中的"提取材质"按钮 ✐（或使用"材质"工具 ✍ 并配合 Alt 键），然后单击被赋予材质的面，进行材质取样，如图 6-77 所示。接着单击其相邻的表面，将取样的材质赋予相邻表面上，此时赋予的材质贴图会自动无错位相接，并进行调整，结果如图 6-78 所示。

图6-77 吸取材质

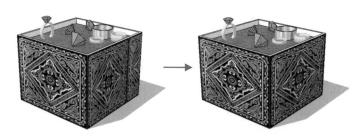

图6-78 完整魔盒效果

6.5.3 贴图坐标和隐藏几何体

在为圆柱体赋予材质时，有时候虽然材质能够完全包裹住物体，但是在链接时还是会出现错位的情况。出现这种情况时可以运用"贴图坐标"和"隐藏几何体"的贴图技巧来解决，如图 6-79 与图 6-80 所示。详见 6.5.4 的实例讲解，在此不再赘述。

图6-79 直接赋予材质效果

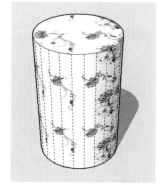

图6-80 贴图坐标和隐藏几何体贴图效果

6.5.4 实例——创建笔筒花纹

下面通过实例介绍利用贴图坐标和隐藏几何体技巧创建笔筒花纹的方法。

01 打开配套光盘"第 06 章 \6.5.4 创建笔筒花纹 .skp"素材文件，如图 6-81 所示。

02 激活"材质" ✍ 工具，在弹出的"材质"面板中单击"编辑"选项卡，在其中单击文件夹 ◢ 按钮，然后导入光盘中的"6.5.4 圆柱贴图 .jpg"图片，并将贴图图片赋予笔筒，并调整贴图的大小。此时转筒笔筒，会发现明显的错位情况，如图 6-82 与图 6-83 所示。

图 6-81　打开笔筒模型　　　　图 6-82　赋予材质　　　　图 6-83　隐藏几何图形模式

03 执行"视图"|"隐藏物体"菜单命令，将物体的网格线显示出来，如图 6-84 所示。

04 在圆柱体其中一个分面上单击鼠标右键，然后在弹出的关联菜单中执行"纹理"|"位置"命令，对其进行重设贴图坐标操作，再次单击鼠标右键，在弹出的菜单中执行"完成"命令，如图 6-85 与图 6-86 所示。

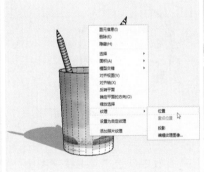

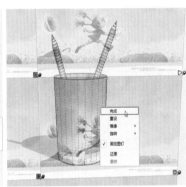

图 6-84　勾选"隐藏　　图 6-85　执行"纹理"|"位置　　　图 6-86　完成编辑
物体"命令　　　　菜单"命令

05 激活"材质"工具，按住 Alt 键，此时鼠标光标变为吸管状态，如图 6-87 所示。然后在刚编辑的圆柱分面上单击，进行材质取样，接着为圆柱体的其他分面重新赋予材质，此时贴图没有出现错位现象，笔筒花纹绘制效果如图 6-88 所示。

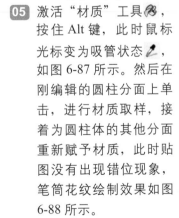

图 6-87　吸取材质　　　　图 6-88　笔筒花纹绘制效果

6.5.5　曲面贴图与投影贴图

在运用 SketchUp 建模时常常会遇到地形起伏的状况，使用普通赋予材质的方式会使得材质赋予不完整。SketchUp 提供了曲面贴图和投影贴图技巧来解决这一问题，如图 6-89 与

图 6-90 所示。详见 6.5.6 的
实例讲解，在此不再赘述。

图 6-89　直接赋予材质效果　　图 6-90　曲面、投影贴图效果

6.5.6　实例——创建地球仪

下面通过实例介绍利用曲面贴图与投影贴图技巧创建地球仪的方法。

01 绘制圆球体。激活"圆" ⊚ 工具，绘制两个互相垂直、大小一致的圆，然后将其中一个圆的面删除，只保留边线，如图 6-91 所示。

02 选择边线，激活"跟随路径" ⊘ 工具，然后单击平面圆的面，即可生成球体，如图 6-92 所示。

03 利用"旋转矩形" ▯ 工具，创建一个竖直的矩形平面，矩形面的长宽与球体直径相一致，如图 6-93 所示。

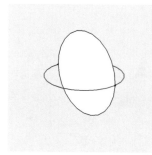

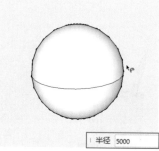

半径 5000

长度 10000mm
角度 宽度 0.0, 10000mm

图 6-91　绘制圆　　　　　　图 6-92　生成球体　　　　　　图 6-93　绘制竖直矩形

04 激活"材质"工具 ⊛，在"材质"面板中勾选"使用纹理图像"选项，导入光盘中的"6.5.6 曲面贴图 .jpg"图片，并将图片赋予矩形平面，如图 6-94 所示。

05 在矩形面贴图上单击鼠标右键，在弹出的关联菜单中执行"纹理" | "投影"命令，如图 6-95 所示。

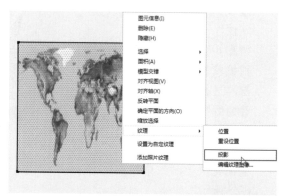

图 6-94　赋予矩形面材质　　　　　图 6-95　执行"纹理" | "投影"命令

06 选中球体，激活"材质"工具 ⊛，在"材质"面板中单击"选择"选项卡，然后单击"提取材质"按钮 ✐，接着单击矩形平面的纹理图像，进行材质取样，最后将提取的材质赋予到球体，如图 6-96 与图 6-97 所示。

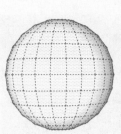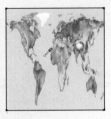

图 6-96　提取材质

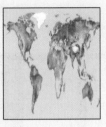

图 6-97　曲面贴图

07 最后将制作好的地球放置到地球仪支架上完成地球仪的制作，效果如图 6-98 所示。

图 6-8　地球仪绘制效果

6.6　课后练习

6.6.1　填充亭子材质

本小节通过填充如图 6-99 所示亭子材质，加强练习"材质"工具 🔧 的使用。提示步骤如下。

01 激活"材质"工具 🔧，在弹出的"材质"面板中单击"创建材质"按钮 🔳，填充柱墩，如图 6-100 所示。

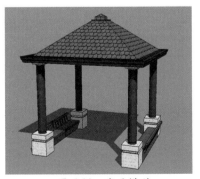

图 6-99　亭子模型

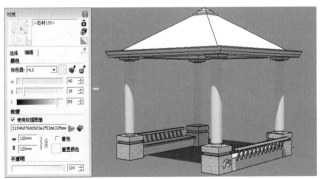

图 6-100　填充柱墩

02 为靠背椅、柱子填充木材质，如图 6-101 所示。

03 激活"材质"工具 ，为亭顶填充材质，如图 6-102 所示。

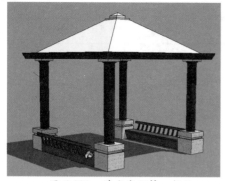

图 6-101　填充靠背椅、柱子

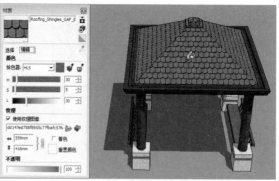

图 6-102　填充亭顶

04 执行"纹理"|"位置"命令，单击"完成"按钮，按住 Alt 键吸取材质并填充其他面，调整材质贴图，如图 6-103 所示。

图 6-103　调整亭顶贴图材质

6.6.2　创建红酒瓶标签

本小节通过创建如图 6-104 所示红酒瓶标签，来了解贴图坐标和隐藏几何体命令的使用。

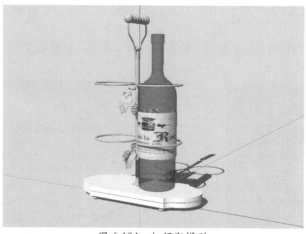

图 6-104　红酒瓶模型

提示步骤如下。

01 激活"材质" 工具，将图片赋予红酒瓶，此时发现明显的错位情况，如图 6-105 所示。

02 执行"视图"|"隐藏物体"菜单命令，显示网格线，如图 6-106 所示。

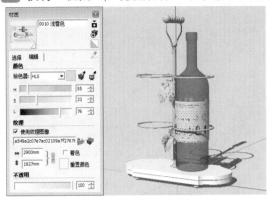

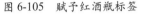

图 6-105　赋予红酒瓶标签　　　　　　　　　　图 6-106　显示隐藏物体

03 执行"纹理"｜"位置"命令，执行右键关联菜单中的"完成"命令，如图 6-107 与图 6-108 所示。

04 按住 Alt 键进行材质取样，为其他分面重新赋予材质。

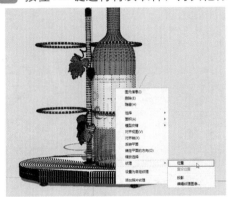

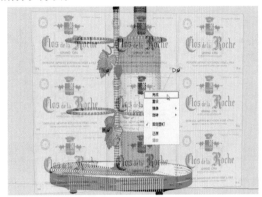

图 6-107　执行"纹理"|"位置"命令　　　　　　图 6-108　完成编辑

第7章

SketchUp 渲染与输出

本课知识：

● V-Ray for SketchUp 模型的渲染。

● SketchUp 导入功能。

● SketchUp 导出功能。

SketchUp 通过其文件的导入与导出功能，可以很好地与 AutoCAD、3ds Max、Photoshop 以及 Piranesi 常用图形图像软件进行紧密协作。同时建立的模型可以使用 V-Ray 等专业图像处理软件渲染成写实的效果图，也可以导出至 3ds Max 中进行更为精细的调整和渲染输出。

7.1 V-Ray SketchUp 模型的渲染

SketchUp 虽然建模功能灵活，易于操作，但渲染功能非常有限。在材质上，只有贴图、颜色及透明度控制，不能设置真实世界物体的反射、折射、自发光、凹凸等属性，因此只能表达建筑的大概效果，无法生成真实的照片级效果。此外 SketchUp 灯光系统只有太阳光，没有其他灯光系统，无法表达夜景及室内灯光效果。仅提供了阴影模式，只能对阳面、阴面进行简单的亮度分别。而 VRay for SketchUp 渲染插件的出现，弥补了 SketchUp 渲染功能的不足。只要掌握了正确的渲染方法，使用 SketchUp 也能做出照片级的效果图。在本章中将介绍 V-Ray 渲染插件的概念与发展，并详细讲解 V-Ray 渲染插件的使用。

7.1.1 V-Ray 简介

1. V-Ray 渲染的概念及发展

V-Ray for SketchUp 是将 V-Ray 整合嵌置于 SketchUp 之内，沿袭了 SketchUp 的日照和贴图习惯，使得其在方案表现上有最大限度的延续。V-Ray 渲染器参数较少、材质调节灵活、灯光简单而强大。

在 V-Ray for SketchUp 插件发布以前，处理 SketchUp 效果图的方法通常是将 SketchUp 模型导入至 3ds Max 中调整模型的材质，然后借助 V-Ray for Max 对效果图进一步完善，增加空间的光影关系，获得效果图。

V-Ray 作为一款功能强大的全局光渲染器，其应用在 SketchUp 中的时间并不是很长。在 2007 年时，推出了第一个正式版本 V-Ray for SketchUp 1.0，而后，开发了 V-Ray 与 SketchUp 的插件接口的美国 ASGVIS 公司，根据用户反馈的意见和建议，对 V-Ray 进行不断的完善和改进，至今已经升级到 V-Ray for SketchUp 1.49.02 版本，能够支持 SketchUp 2015 的使用。如图 7-1 和图 7-2 所示为 V-Ray 渲染的效果图。

图 7-1 室内渲染效果

图 7-2 室外渲染效果图

2. V-Ray 渲染器的特点

V-Ray 的应用之所以日趋广泛，受到越来越多的用户青睐，主要是因为其具有独特、强大的特点，具体如下。

- V-Ray 拥有优秀的全局照明系统和超强的渲染引擎，可以快速计算出比较自然的灯光关系效果，并且同时支持室外、室内及机械产品的渲染。
- V-Ray 还支持其他主要三维软件，如 3ds Max、Maya、Rhino 等，其使用方式及界面相似。
- V-Ray 以插件的方式存在于 SketchUp 界面中，实现了对 SketchUp 场景的渲染，同时也做到了与 SketchUp 的无缝整合，使用起来最为方便。

- V-Ray支持高动态贴图(HDRI)，能完整表现出真实世界中的真正亮度，模拟环境光源。
- V-Ray拥有强大的材质系统，庞大的用户群提供的教程、资料、素材也极为丰富，遇到困难通过网络很容易便可找到答案。
- 开发了 V-Ray 与 SketchUp 的插件接口的美国 ASGVIS 公司，已经在 2011 年被 ChaosGroup 收购，相对于 FRBRMR 等渲染器来说，VRay 的用户群非常大，很多网站都开辟了 V-Ray 渲染技术讨论区，便于用户进行技术交流。

7.1.2 V-Ray for SketchUp 渲染器的安转与卸载

在初步了解了 VRay 渲染器的特点后，下面将详细讲解 V-Ray for SketchUp 渲染器的具体使用方法。

1．V-Ray for SketchUp 的安装

V-Ray for SketchUp 虽然是独立的安装软件，但安装后，便可在 SketchUp 软件中自动作为渲染插件存在，同时拥有自己的独立工具栏，方便调用。

下面通过实例介绍 V-Ray for SketchUp 的安装与卸载方法。

图 7-3 开始安装

01 双击光盘附带软件图标 🔘 VRay+2.0+for+sketchup+8.0-2015+3... ，此时将弹出"打开文件"提示框。如图 7-3 所示，单击"运行"按钮开始安装。

02 在弹出的"安装提示"对话框中，单击"下一步"按钮继续安装，如图 7-4 所示。

03 系统默认将软件安装至C盘中，使得软件正常运行，如图 7-5 所示。单击"下一步"继续安装。

图 7-4 接受许可协议

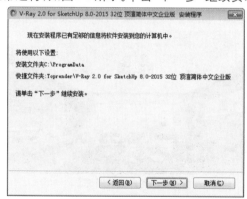

图 7-5 确认安装文件夹

04 在弹出的"选择安装版本"对话框中，系统将自动识别当前计算机中已安装的 SketchUp 版本，并进行勾选，如图 7-6 所示。单击"下一步"按钮继续安装。

05 确定安装文件夹后，将开始安装文件到计算机中选定文件夹，如图 7-7 所示，安装过程需几分钟。

06 文件安装完成后，将弹出安装成功提示信息，如图 7-8 所示，单击"完成"按钮完成安装。

07 VRay 安装完成后，SketchUp 的菜单栏中将会增加"扩展程序"菜单项，如图 7-9 所示。

图 7-6　选择安装版本

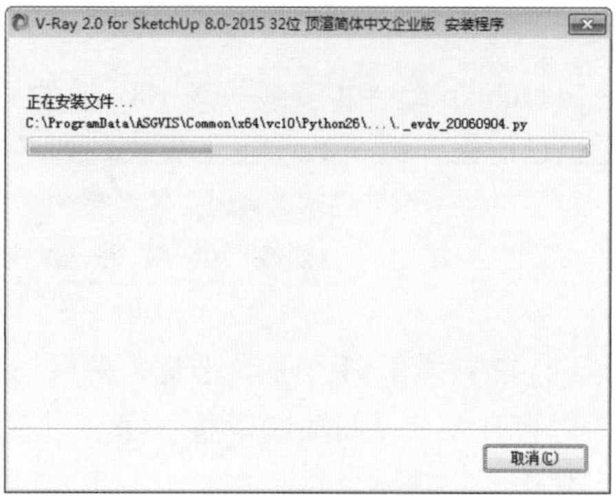

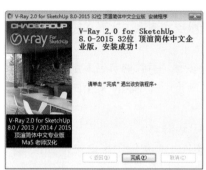

图 7-7　安装文件

图 7-8　完成安装

图 7-9　"扩展程序"菜单栏

2．V-Ray for SketchUp 的卸载

01 当不需要再使用此软件，可以将其轻松卸载。执行"开始"|"控制面板"|"卸载程序"命令，在程序列表中选择 V-Ray for SketchUp 一项，单击鼠标右键，在弹出的关联菜单中选择"卸载"命令，如图 7-10 所示。

图 7-10　选择卸载

02 系统弹出"确认卸载"提示框，如图 7-11 所示，单击"下一步"继续卸载，系统将开始移除软件及其附带的文件。

03 文件卸载完成后，将弹出卸载完成提示框，如图 7-12 所示，单击"完成"按钮即可完成卸载。

图 7-11　确认卸载

图 7-12　卸载完成

7.1.3 V-Ray for SketchUp 主工具栏

在 SketchUp 软件中安装好 V-Ray 插件后，会在界面上出现 V-Ray 主工具栏和光源工具栏，在此我们先介绍 V-Ray 主工具栏，如 7-13 所示。

图 7-13　V-Ray 主工具栏

该工具栏中共有 14 个工具按钮，各按钮的功能如下。

- "打开 V-Ray 材质编辑器" ⓜ：此工具用于打开 V-Ray 材质编辑器，对场景中 V-Ray 材质进行编辑设置。
- "打开 V-Ray 渲染设置面板" ⓢ：用于打开 V-Ray 渲染设置面板，对渲染选项进行设置。
- "开始渲染" ⓡ：单击该按钮，即开始对当前场景进行渲染。
- "开始 RT 实时渲染" ⓡⓣ：用于光线追踪和全局光照技术渲染，能够直接和虚拟环境进行互动。能自动并逐步生成一个逼真的场景。
- "开始批量渲染" ⓑⓡ：用于一次性不间断连续渲染多图，有效的节省大量的时间。
- "打开帮助" ⓠ：用于打开 V-Ray 在线帮助网页，网页中有 V-Ray 常见问题的解答。
- "打开帧缓存窗口" ◈：用于打开帧缓存窗口。
- "V-Ray 球体" ○：用于在场景中指定位置创建 V-Ray 球体。
- "V-Ray 平面" ✹：用于在场景中创建一个平面物体，不管这个平面物体有多大，VRay 在渲染时都将它视为一个无限大的平面来处理，所以在搭建场景时，可以将其作为地面或台面来使用。
- "导出 V-Ray 代理" ⓛ：用于导出 V-Ray 代理的模型。
- "导入 V-Ray 代理" ⓛ：用于导入 V-Ray 代理的模型。
- "设置相机焦点" ⊕：用于设定相机焦点的位置。
- "冻结 RT 实时窗口" ⓘⓘ：用于冻结 RT 实时窗口。
- "访问 V-Ray 中国" ◐：用于获取关于 V-Ray 的最新资讯、资源、素材、教程及帮助等。

7.1.4 V-Ray for SketchUp 材质编辑器

V-Ray for SketchUp 的"材质"编辑器用于创建材质和设置材质的属性。单击 V-Ray 主工具栏"打开 V-Ray 材质编辑器" ⓜ 按钮，可以打开"V-Ray 材质编辑器"对话框，如图 7-14 所示。

"材质编辑器"由三个部分组成，左上部为"材质预览视窗"，左下部为"材质列表"，右部为"材质参数设置区"。在材质列表中选择任意一种材质后，面板右侧将会出现"材质参数设置区"。

1. 材质预览视窗

单击材质预览视窗下方"预览"按钮 ［ 预览 ］，"材质"面板将根据材质参数的设置，形成材质的大概效果，以便观察材质是否合适，如 7-15 所示。

2. 材质列表

"材质列表"主要用于查看和管理场景材质，如创建、改名、保存、调入、删除、设置材质层等。以场景材质 / 材质名 / 材质层三级的方式组织，可通过单击其前面的十字图标⊞，以查看附加的子材质。

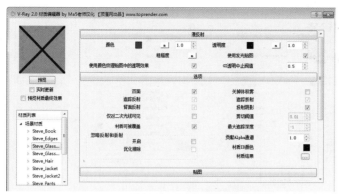

图 7-14 V-Ray 材质编辑器

图 7-15 材质预览

在"场景材质"项目上单击鼠标右键,将出现如 7-16 所示的右键关联菜单,各选项含义如下。

图 7-16 场景材质右键关联菜单

- 创建材质:用于创建新材质,并拥有 5 种材质类型可供选择。选取一种材质类型后,单击鼠标,会在材质管理区的最下面出现自动命名的材质。这 5 种材质类型的用途及其使用方法将在本章后面详细进行讲解。
- 载入材质:用于将保存磁盘上的材质读入到场景中,如果重名,将自动在材质名后加上序号。
- 载入某个文件夹下的全部材质:同于将某选定文件夹中的材质全部载入到场景中。
- 清理没有使用的材质:用于清理场景中没有使用到的材质,加快软件运行速度。

在"材质列表"任意材质上单击鼠标右键,将出现如图 7-17 所示的右键菜单。

材质右键菜单中各选项含义如下。

- 创建材质层:在 VRay 材质中,物体的属性是分层管理的,除了基本的漫反射、选项及贴图层外,还可增加额外的漫反射、反射、折射、自发光 4 种材质层,来合成具有不同属性的各类材质。
- 保存材质:用于将当前选定材质保存在磁盘上,以供其他场景中使用。
- 打包材质:用于将当前选定材质保存在磁盘上,并且以 ZIP 压缩包的格式保存,方便与其他人进行材质交换。值得注意的是,材质打包必须使用英文名,且其保存路径也不能包含汉字。
- 复制材质:用于将当前选定材质进行复制,并且在其后自动添加序号,方便在此材质基础上创建新材质。
- 更名材质:用于对材质重新命名,方便查找和管理。

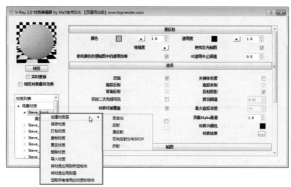

图 7-17　材质右键菜单

- 删除材质：用于删除不需要的材质。
- 导入材质：用于将保存在磁盘中的材质导入"材质列表"，替换当前材质，并保持材质名称不变。
- 将材质应用到所选物体：用于将当前选定材质赋予当前选择的物体。
- 将材质应用到层：用于将当前选定材质赋予到所选图层的全部物体。
- 选取所有使用此材质的物体：用于全选场景中使用此材质的物体。

3. 材质参数设置区

用于设置场景中的材质参数，界面中的选项可以进行灵活调用。

打开"材质参数设置区"后，界面中主要包括"漫反射"、"选项"和"贴图"3 个选项，需要时可通过材质的右键关联菜单进行选项的添加，如 7-18 所示。

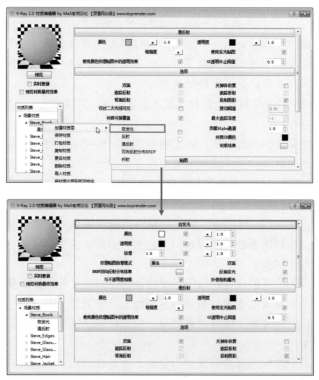

图 7-18　添加"自发光"参数选项

4. 创建 VRay 材质

01 在"场景材质"上单击右键，创建标准材质，创建过程如图 7-19 所示。

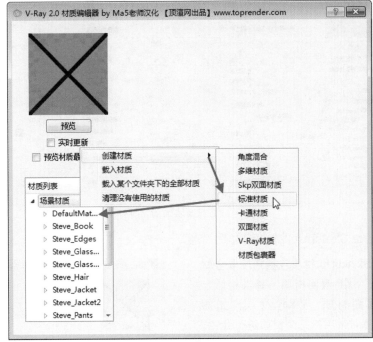

图 7-19　新建材质过程

02 在"DefaultMaterial"上单击鼠标右键，可以进行更名、复制、保存等一系列操作，同时右边出现新建材质的相关设置参数，如图 7-20 所示。

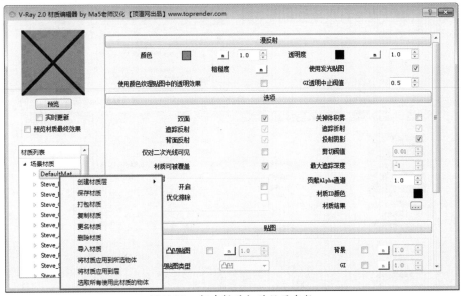

图 7-20　新建材质相关设置参数

03 在材质的层名上单击鼠标右键，将出现如图 7-21 所示的右键菜单，可以对材质属性层进行更改和删除操作。

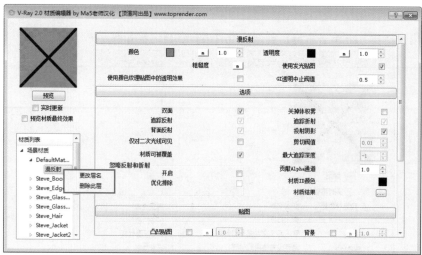

图 7-21　材质层右键菜单

7.1.5　V-Ray for SketchUp 材质系类型介绍

V-Ray for SketchUp 材质包括角度混合材质、多维材质、SKP 双面材质、标准材质、卡通材质、双面材质、V-Ray 材质，如图 7-22 所示，本节对常用的几个材质进行介绍。

1．角度混合材质

角度混合材质是两个基本材质的混合，主要用于模拟天鹅绒、丝绸、高光镀膜金属等材质效果。角度混合材质参数如图 7-23 所示。

图 7-22　材质系统

图 7-23　角度混合材质参数

提示： 在制作车漆材质和布料材质时，常常基于菲涅耳原理来设置材质的漫反射颜色，让材质表面随着观察角度的不同而发生反射强弱变化。V-Ray 提供了一种新的"角度混合材质"来模拟这种效果，并且它的功能更强大，控制效果的参数更丰富。

2. 标准材质

标准材质是最常用的材质类型，可模拟出多数物体的属性，其他几种材质类型都是以标准材质为基础。"标准材质"中包含"自发光"、"反射"、"双向反射分布BRDF"、"折射"、"漫反射"、"选项"和"贴图"7个子选项，前面4个选项需要用户根据需要自行添加，后面3个选项为系统默认选项，如图7-24所示。

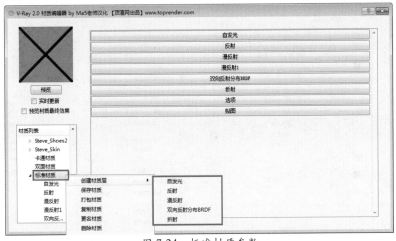

图7-24　标准材质参数

标准材质各参数卷展栏含义如下。

- 自发光：现实生活中的物体，有很多物体具有发光的能力，比如灯具、荧光制品等，物体的这种属性就称为自发光。V-Ray自发光材质是通过发光层实现的，可通过此材质制作发光灯带、发光的灯罩、显示屏、电视机的效果。自发光材质层位于漫反射材质层的上面，可通过改变透明度将底下的漫反射层显示出来。"自发光"卷展栏各项参数如图7-25所示。

图7-25　"自发光"卷展栏

- 反射：材质的反射效果是通过使用材质的反射层实现的。要在材质上增加反射层，可以在"材质列表"的名称上单击鼠标右键，在快捷菜单中选择"创建材质层"|"反射"选项，即可在材质上加入反射层，"反射"卷展栏如图7-26所示。

图7-26　"反射"卷展栏

- 漫反射：材质漫反射是通过漫反射图层实现的，其中还包括了物体的透明度及光泽度。"漫反射"卷展栏如图7-27所示。

图 7-27　"漫反射"卷展栏

- 双向反射分布 BRDF：双向反射分布 BDRF，主要是控制物体表面的反射特性。双向反射分布 BRDF 卷展栏如图 7-28 所示。

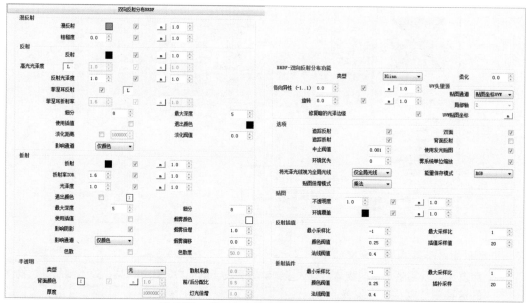

图 7-28　"双向反射分布 BRDF"卷展栏

- 折射：折射用来设置物体的选项或雾、色散、插值、半透明属性。在 V-Ray 材质中，折射是以折射层的方式实现的，折射层在漫反射层下面，是材质的最底层。实现该功能需要设置透明参数，也就是折射颜色的亮度，否则折射效果是无法表现出来的。"折射"参数卷展栏如图 7-29 所示。

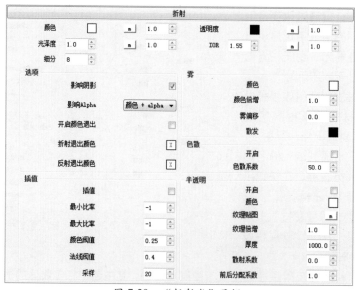

图 7-29　"折射卷"展栏

● 选项：该卷展栏相当
于材质的选项开关，
可关掉或开启材质的
某些属性，如图 7-30
所示。

图 7-30 "选项"卷展栏

● 贴图："贴图"卷展
栏是对漫反射、反射、
折射图层的扩充。此
图层是将材质中那些
共用的且仅需一个的
贴图的汇总。"贴图"
卷展栏如图 7-31 所示。

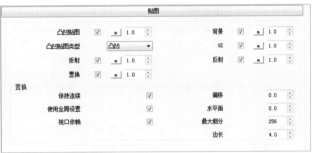

图 7-31 "贴图"卷展栏

3．双面材质

用于模拟半透明的薄片效果，如纸张、灯罩等。V-Ray 的双面材质是一个较特殊的材质，它由两个子材质组成，通过参数（颜色灰度值）可以控制两个子材质的显示比例。这种材质可以用来制作窗帘、纸张等薄的、半透明效果的材质，如果与 V-Ray 的灯光配合使用，还可以制作出非常漂亮的灯罩和灯箱效果，如图 7-32 所示为双面材质设置面板。

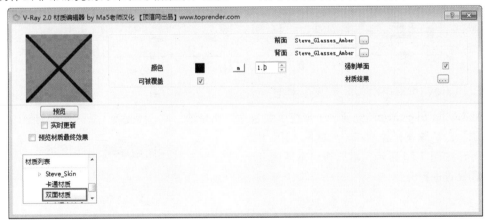

图 7-32 双面材质参数

4．Skp 双面材质

Skp 双面材质用于对单面模型的正面及反面使用不同的材质，或者对厚度不明显的物体，用简单的单面表达来简化模型。

V-Ray 的 Skp 双面材质与双面材质有些类似，拥有正面和背面两个子材质，但要更简单一些，没有颜色参数来控制两个子材质的混合比例。这种材质也不能产生双面材质那种透明效果，它主要用在概念设计中来表现一个产品的正反两面或室内外建筑墙面的区别等。V-Ray 的 Skp 双面材质的使用方法与双面材质的使用方法相同，"Skp 双面材质"设置面板如图 7-33 所示。

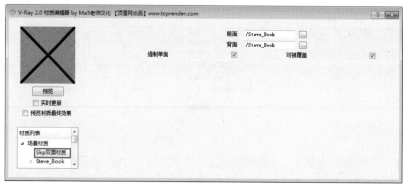

图 7-33　Skp 双面材质参数

5. 卡通材质

卡通材质用于将物体渲染成卡通效果。V-Ray 的卡通材质在制作模型的线框效果和概念设计中非常有用，其创建方法与角度混合材质等材质的创建方法相同，创建好材质后为其设置一个基础材质就可以渲染出带有比较规则轮廓线的默认卡通材质效果，"卡通材质"面板如图 7-34 所示。

图 7-34　卡通材质参数

7.1.6　V-Ray for SketchUp 光源工具栏

V-Ray for SketchUp"光源"工具栏主要包括"点光源"、"面光源"、"聚光灯"、"穹顶光源"、"球体光源"和"光域网（IES）光源"，如图 7-35 所示。本节将对常用的几个光源设置进行介绍。

图 7-35　"光源"工具栏

该工具栏中共有 6 个工具按钮，各按钮的功能如下。

- "点光源" ：用于在场景中指定位置创建一盏 V-Ray 点光源。
- "面光源" ：用于在场景中指定位置创建方形面光灯。
- "聚光灯" ：用于在场景中指定位置创建聚光灯。
- "穹顶光源" ：用于在场景中指定位置创建穹顶光源，可以对弯曲的表面实现均匀的照明。
- "球体光源" ：用于在场景中指定位置创建球体光源，可以对内凹形的表面实现均匀的照明。
- "光域网光源" ：用于在场景中指定位置创建一盏可加载光域网的 V-Ray 光源。

1. 点光源

V-Ray for SketchUp 提供了点光源，在 VRay 工具栏上有相应的点光源创建按钮，在绘图区域点击就可以创建出点光源，如图 7-36 所示。

点光源像 SketchUp 物体一样，以实体形式存在，可以对它们进行移动、旋转、缩放和复制等操作，点光源的实体大小与灯光的强弱和阴影无关，也就是说任意改变点光源实体的大小和形状都不会影响到它对场景的照明效果。

若要调整灯光的参数，可在灯光物体上单击右键，然后在弹出的菜单中选择"V-Ray for SketchUp"|"编辑光源"选项，打开"V-Ray光源编辑器"参数设置面板，如图 7-37 所示。

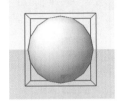

图 7-36　点光源

图 7-37　点光源参数设置

2. 面光源

V-Ray for SketchUp 提供了面光源，在 V-Ray 工具栏上有相应的面光源创建按钮，在绘图区单击即可创建出面光源，如图 7-38 所示。

调整灯光的参数，可在灯光物体上单击右键，然后在弹出的菜单中选择"V-Ray for SketchUp"|"编辑光源"选项，打开"灯光参数"设置面板，如图 7-39 所示。

图 7-38　面光源

图 7-39　面光源参数

提示： 面光源的照明精度和阴影质量要明显高于点光源，但其渲染速度较慢，所以不要在场景中使用太多的高细分值的面光源。

3. 聚光灯

V-Ray for SketchUp 提供了聚光灯，在 V-Ray 工具栏上有灯光创建按钮，单击就可以创建出聚光灯，如图7-40所示。

若要调整灯光的参数，可在灯光物体上单击右键，然后在弹出的菜单中选择"V-Ray for SketchUp"|"编辑光源"命令，打开"灯光参数"设置面板，如图 7-41 所示。

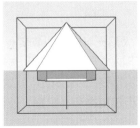

图 7-40　编辑聚光灯光源

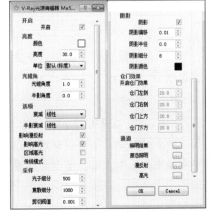

图 7-41　聚光灯参数设置

4．光域网光源

V-Ray for SketchUp 提供了光域网光源，在 V-Ray 工具栏上有光域网创建按钮，单击该按钮，就可以创建出光域网光源，如图 7-42 所示。

若要调整灯光的参数，可在灯光物体上单击右键，然后在弹出的菜单中选择"V-Ray for SketchUp"│"编辑光源"命令打开"灯光参数"设置面板，如图 7-43 所示。

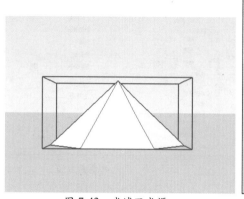

图 7-42　光域网光源

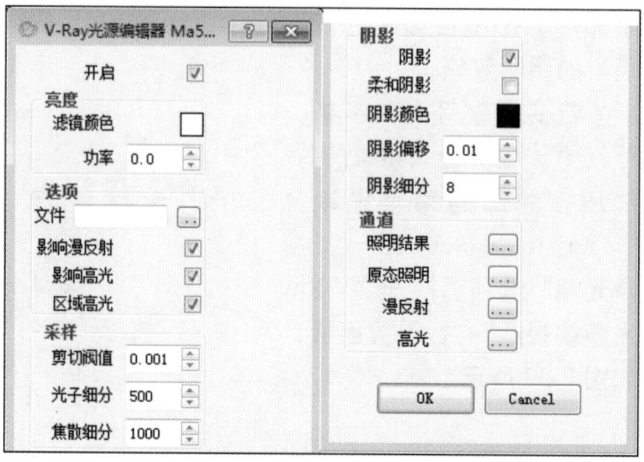

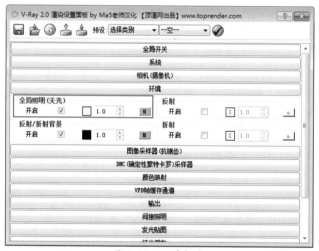

图 7-43　光域网光源参数设置

5．环境灯光

除了前面几种光源，SketchUp 也可以创建环境光，用于模拟环境对物体的间接照明效果。

全局光参数可在 V-Ray"渲染设置"对话框中的"环境"卷展栏的"全局照明（GI）设置"选项组下设置。该选项组可控制是否开启环境照明，同时还可以设置环境光的颜色和环境光的强度，如图 7-44 所示。

图 7-44　环境灯光

6．默认灯光

V-Ray 的默认灯光即为"全局开关"渲染面板中的"缺省光源"，如图 7-45 所示，勾选该选项后，V-Ray 即将 SketchUp 的阳光应用于场景中照明。

7．太阳光

V-Ray for SketchUp 提供的 V-Ray 太阳光可以模拟真实世界中的太阳光，若需在场景中使用 VRay 太阳光，则需在环境卷展栏下的"全局光颜色"选项中添加天空贴图，设置"纹理贴图编辑器"中太阳的贴图类型设置为"天空太阳 Sun1"，才可以渲染出 V-Ray 的阳光效果，如图 7-46 所示。V-Ray 太阳光主要用于控制季节（日期）、时间、大气环境、阳光强度和色调的变化。

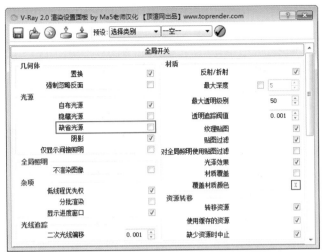

图 7-45　默认灯光

图 7-46　太阳光

7.1.7　V-Ray for SketchUp 渲染面板介绍

激活"打开 V-Ray 渲染设置板" ◎ 工具，将弹出 V-Ray 渲染设置面板，如图 7-47 所示。

V-Ray for SketchUp 大部分渲染参数都在"渲染设置"对话框中完成，共有 15 个卷展栏，分别是"全局开关"、"系统"、"相机（摄像机）"、"环境"、"图像采样器（抗锯齿）"、"DMC（确定性蒙特卡罗）采样器"、"颜色映射"、"VFB 帧缓存通道"、"输出"、"间接照明"、"发光贴图"、"灯光缓存"、"焦散"、"置换"和"RT 实时引擎"，由于前段中有部分已进行讲解，本节只选取几个卷展栏进行讲解。

图 7-47　V-Ray 渲染设置面板

1. 全局开关

V-Ray 的"全局开关"面板主要通过对材质、灯光和渲染等的整体控制来满足特定的要求，其参数设置面板如图 7-48 所示。

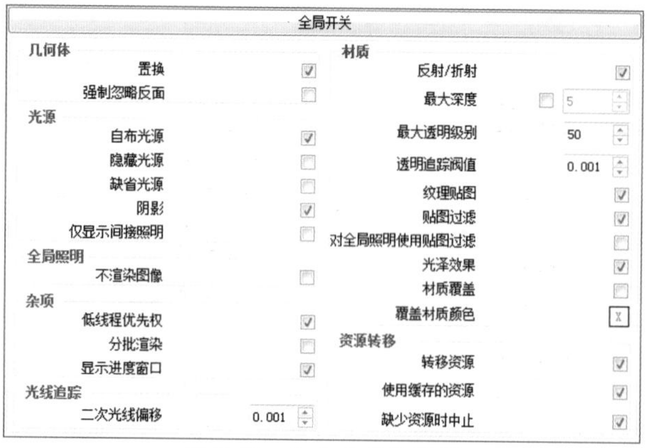

"全局开关"卷展栏中的主要参数含义如下。

图 7-48　全局开关卷展栏

- 反射／折射：勾选后，渲染时将计算贴图或材质中的光线的反射／折射效果。

- 最大深度：用于设置贴图或材质中的反射／折射的最大反弹次数。勾选此项，所有的局部参数设置将会被它所取代；不勾选此项，反射／折射的最大反弹次数将通过材质／贴图自身的局部参数来控制。

- 最大透明级别：用于控制透明物体被光线追踪的最大深度。

- 透明追踪阀值：用于终止对透明物体的追踪。当光线透明度的累计低于该参数设定的极限值时，将停止追踪。

- 纹理贴图：勾选后，将使用纹理贴图。

- 贴图过滤：勾选后，将使用纹理贴图过滤功能。

- 光泽效果：勾选后，将使用场景中光泽的效果。

- 材质覆盖：勾选后，可通过色块打开"颜色"编辑器，设置颜色材质进行渲染，常用于制作复杂场景替代材质，在渲染时可节约渲染时间。

- 覆盖材质颜色：用于设置材质覆盖的颜色。

- 自布光源：是 VRay 场景中的直接灯光的总开关，勾选此项后将使用灯光；不勾选此项，系统将不会渲染手动设置的任何灯光效果。

- 隐藏光源：勾选后，灯光不会出现在场景中，但渲染出来的图像中仍然有光照效果。

- 缺省光源：指 SketchUp 默认阳光。

- 阴影：勾选后，将开启灯光的阴影效果。

- 仅显示间接照明：勾选后，将开启灯光的阴影效果。

- 不渲染图像：勾选后，VRay 将只计算相应的全局光照贴图，既光子贴图、灯光缓存贴图和发光贴图。

- 低线程优先权：勾选后，V-Ray 渲染将处于低优先级别，此时可使用计算机进行其他工作。

- 分批渲染：用于控制渲染聚焦。

- 二次光线偏移：用于设置光线发生二次反弹时的偏移距离。

- 显示进度窗口：勾选后，将显示渲染的进度窗口。

提示： 全局开关在灯光调试阶段特别有用，例如可以关闭"反射／折射"选项，这样在测试渲染阶段就不会计算材质的反射和折射，因此可以大大提高渲染速度，一般情况下都要关闭"缺省灯光"选项，因为无法调节它的强度和阴影等参数

2．相机（摄像机）

在使用相机拍摄景物时，可通过调节光圈、快门或使用不同的感光度 ISO 以获得正常的曝光照片。相机的自平衡调节功能还可以对因色温变化引起的相片偏色现象进行修正。

V-Ray 也具有相同功能的相机。可调整渲染图像的曝光和色彩等效果，达到真实相机效果，其参数设置面板如图 7-49 所示。

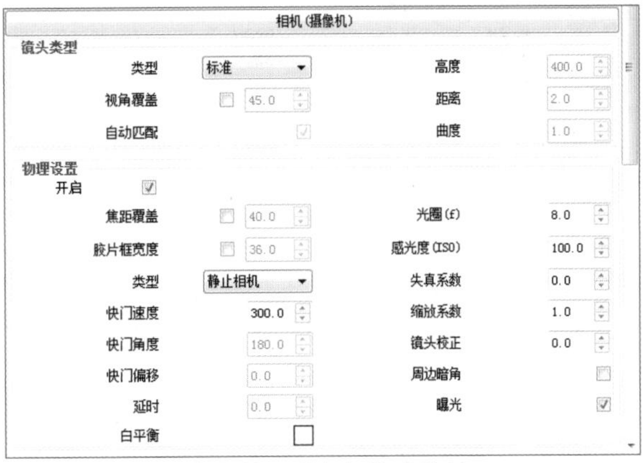

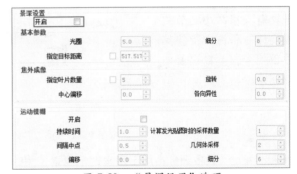

图 7-49　"相机"卷展栏

渲染过程中需要使用 V-Ray 物理相机时，只需在"相机（摄像机）"卷展栏中将"物理设置"选项开启即可。相机的"镜头类型"和"物理设置"与真实相机设置无异，这里就不过多讲解了。

"景深设置"：V-Ray 中支持景深效果，在渲染中需要景深效果，只需在"景深设置"中勾选"开启"选项即可，如图 7-50 所示。

景深设置选项组各参数含义如下。

图 7-50　"景深设置"选项

- 光圈：光圈值越小，景深模糊效果越弱；光圈值越大，景深模糊效果越强。

- 细分：用于控制景深效果的质量。数值越大，得到的效果越好，同时渲染时间将增加。

- 开启叶片：设置多边形光圈的边数。

- 旋转：用于指定光圈形状的方位。

- 中心偏移：用于决定景深效果的一致性。正值表示光线向光圈边缘集中；0 表示光线均匀通过光圈；负值表示光线向光圈中心集中。

- 各向异性：用于设置焦外成像效果各向异性的数值。

> **提示：** 物理相机有 3 种类型，分别是静止相机、电影摄像机和视频摄像机，通常在制作静帧效果图时都使用静止相机，另外两种相机主要用于动画渲染中。若需设置相机的焦距，则需在"物理设置"中勾选"焦距覆盖"选项，再在旁边的"数值"输入框中调节即可。在相机焦点上的物体，渲染出来会清晰，焦点以外的物体将会被模糊。

3．图像采样器

V-Ray 的图像采样器主要用于处理渲染图像的抗锯齿效果，主要包括"图像采样器"和"抗锯齿过滤器"两部分参数，如图 7-51 所示。

图 7-51 "图像采样器"卷展栏

图 7-52 "固定比率"采样器

"图像采样器"有 3 种类型，分别是固定比率、自适应确定性纯蒙特卡罗和自适应细分，选择不同的类型，其参数也会发生相应变化。

"固定比率"是 V-Ray 中最简单的采样器，对每个像素它使用一个固定数量的样本，适于用在拥有大量模糊效果或具有高细节纹理贴图的场景中。参数设置面板如图 7-52 所示。

● 细分：用于确定每个像素使用的样本数量，是固定比率采样器的惟一参数。取值为 1 时，表示每个像素使用一个样本；取值大于 1 时，将按照低差异的蒙特卡罗序列来产生样本。数值越高，图像质量越好，渲染速度越慢。

"自适应确定性蒙特卡罗"采样器可根据每个像素和它相邻像素的亮度差异来产生不同数量的样本，如在转角等细分位置会使用较高的样本数，在平坦区域会使用较低的样本数量。适用于具有大量微小细节的场景或物体，所占内存较其余两项都要少。参数设置如图 7-53 所示。

图 7-53 "自适应确定性蒙特罗卡"采样器

● 最少细分 / 最多细分：用于定义每个像素使用的样本的最小 / 大数量。
● 颜色阀值：用颜色的灰度来确定平坦表面的变化。

> **提示：** 一般情况下，最少细分的参数值都不能超过 1，除非场景中有一些细小的线条。

"自适应细分"：是具有负值采样的高级采样器，使用较少的样本就可以得到很好的品质，适用于没有模糊特效的场景。所占内存较其余两项都要多，参数设置如图 7-54 所示。

图 7-54 自适应细分

自适应细分各参数含义如下。

● 最少采样率：定义每个像素使用的样本的最小数量。值为 0 时，表示 1 个像素使用 1 个样本；值为 -1 时，表示两个像素使用 1 个样本；值为 -2 时，表示 4 个像素使用一个样本，以此类推。值越小，渲染质量越差，但渲染速度更快。
● 最大采样率：定义每个像素使用的样本的最大数量。值为 0 时，表示 1 个像素使用 1 个样本；值为 1 时，表示每个像素使用 4 个样本；值为 2 时，表示每个像素使用 8 个样本，以此类推。值越大，渲染质量越好，但渲染速度越慢。
● 阀值：用于确定采样器在像素亮度改变方向的灵敏度。较低的值可产生较好的效果，但会耗费更多的渲染时间。

- 显示采样：勾选后，将显示样本分布情况。
- 法线：勾选后，法线阀值方可使用，当采样达到这个设定值后将会停止对物体表面的判断。

"抗锯齿过滤器"用于选择不同的抗锯齿过滤器。V-Ray for SketchUp 提供了 Sinc、Lanczos、Catmull Rom、三角形、盒子和区域 6 种抗锯齿过滤器，一般都采用 Catmull Rom 过滤器，因为它可得到锐利的图像边缘。

4. DMC（确定性蒙特卡罗）采样器

DMC 是 Deterministic Monte-Carlo 的缩写，即确定性蒙特卡罗。"确定性蒙特罗卡采样器"是 V-Ray 的核心部分，用于控制场景中的抗锯齿、景深、间接照明、面光源、模糊反射／折射、半透明、运动模糊等，其参数设置面板如图 7-55 所示。

DMC（确定性蒙特卡罗）采样器			
自适应量	0.85	最少采样	8
噪点阀值	0.01	细分倍增	1.0

图 7-55 "DMC 采样器"卷展栏

> **提示：** 样本的实际数量由 3 个因素来决定：用户指定模糊效果的细分值；评估效果的最终图像采样，例如，暗部平滑区域的反射需要的样本数就比亮部区域的要少，原因在于最终的效果中反射效果相对较；从一个特定的值获取的样本的差异，如果这些样本彼此之间有些差异，那么可以使用较少的样本来评估；如果是完全不同的，为了得到更好的效果，就必须使用较多的样本来计算，在每一次进行新的采样后，V-Ray 会对每个样本进行计算，然后决定是否继续采样。如果系统认为已经达到了用户设定的效果，会自动停止采样，这种技术被称为"早期性终止"。

5. 颜色映射

V-Ray for SketchUp 中提供了"线性相乘"、"指数"、"指数（HSV）"、"指数（亮度）"、"伽马校正"、"亮度伽马"和"莱因哈特（Reinhard）"7 种颜色映射方式，不同的色彩映射方式最终所表现出来的图像色彩也有所不同。颜色映射也可以看作是曝光控制方式，其参数设置如图 7-56 所示，各项说明如下。

图 7-56 "颜色映射"卷展栏

- 线性相乘：是还原色彩最好的一种曝光控制方法，将基于最终图像色彩的亮度来进行简单的倍增，但同时可能导致靠近光源的点曝光过度。
- 指数：将基于亮度来使图像更加饱和，适用于预防非常明亮的区域的曝光控制。
- 指数（HSV）：类似于"指数"颜色映射，不同的是"指数（HSV）"会保护色彩的色调和饱和度。
- 莱因哈特（Reinhard）：是介于"线性相乘"颜色映射和"指数"颜色映射之间的一种方式，其效果由亮色倍增参数来控制。亮色倍增值为 1 时，相当于"线性相乘"颜色映射；当亮色倍增值为 0 时，相当于"指数"颜色映射。

7.2 室内渲染实例

在了解了 V-Ray for SketchUp 的材质、灯光和渲染的基本知识之后，本节将通过实例介绍 V-Ray 渲染器在室内空间的渲染流程和方法。

7.2.1 测试渲染

在进行正式渲染之前，需要对场景灯光效果进行测试以达到最好的光照效果。

1. 添加光源并设置灯光参数

01 打开光盘"V-Ray 室内渲染应用 .skp"文件，这是一个现代室内模型，场景模型客厅中拥有顶灯 4 盏和吊灯 1 盏、台灯 1 盏，餐厅中拥有吊灯 1 盏和顶灯 4 盏，如图 7-57 所示。

02 调整场景。单击"阴影设置"按钮 ，在弹出的"阴影设置"面板中设置参数，将时间设为"08：27"，并单击"显示 / 隐藏阴影"按钮 ，开启阴影效果，如图 7-58 所示。

图 7-57 打开模型

图 7-58 设置阴影图

03 将场景调整至合适的位置，并执行"视图"|"动画"|"添加场景"菜单命令，保存当前场景，如图 7-59 所示。

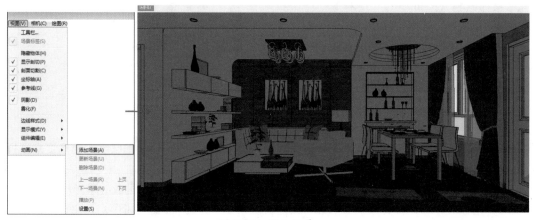

图 7-59 添加场景

04 在餐厅每个吊灯球灯中添加点光源 ，并在点光源上单击鼠标右键，在关联菜单中执行"V-Ray for SketchUp"|"编辑光源"命令，打开"V-Ray 光源编辑器"，设置相关参数，如图 7-60 所示。灯光颜色的 RGB 值为"255、255、255"。

图 7-60　为餐厅吊灯添加点光源

05 用同样的方法，在客厅、餐厅每个顶灯组件中添加点光源 ⊙，并设置相关参数，如图 7-61 所示，灯光颜色的 RGB 值为 "255、255、255"。

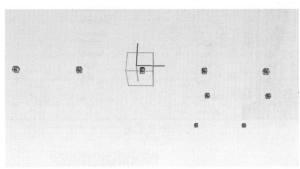

图 7-61　为顶灯添加点光源

06 在客厅台灯中放置一个点光源 ⊙，并设置相关参数，如图 7-62 所示，灯光颜色的 RGB 值为 "255、255、202"。

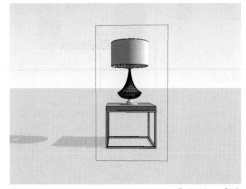

图 7-62　为客厅台灯添加点光源

07 由于场景中亮度不够，需要添加光域网光源以提亮场景，提升室内空间的品质感。首先，在客厅、餐厅吊灯上方分别添加 4 个光域网光源 ⊙，如图 7-63 所示。

08 在光域网光源上单击鼠标右键，通过执行 "V-Ray for SketchUp" | "编辑光源" 命令，打开 "V-Ray 光源编辑器"，并设置相关参数，如图 7-64 所示。滤镜颜色的 RGB 值为 "255、249、125"。

09 用同样的方法，在客厅沙发、座椅、过道等分别添加光域网光源，并设置相关参数，以提亮客厅、餐厅空间，如图 7-65 与图 7-66 所示。

图 7-63 添加吊灯上方光域网光源

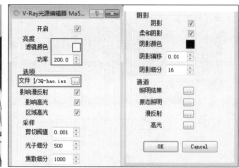

图 7-64 设置吊灯上方光域网光源参数

图 7-65 添加光域网光源

图 7-66 设置光域网光源参数

10 在餐厅窗户、厨房门上添加一个面光源 ，如图 7-67 所示。

11 在面光源上单击鼠标右键，通过执行"V-Ray for SketchUp" | "编辑光源"命令，打开"V-Ray 光源编辑器"，并设置相关参数，如图 7-68 所示。

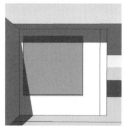

图 7-67 添加面光源

2. 设置测试渲染参数

光源设置完毕后，便可以开始测试渲染，看室内空间中亮度是否适宜。在 V-Ray for SketchUp 工具栏中单击"打开V-Ray渲染设置面板"按钮 ，设置测试渲染参数。

01 在"全局开关"卷展栏中勾选"材质覆盖"选项，并将"覆盖材质颜

图 7-68 设置面光源参数

色"RGB值设置为"200、200、200",如图7-69所示。

02 在"图样采样器(抗锯齿)"卷展栏下,设置图像采样器类型为"自适应确定性蒙特卡罗","最多细分"为16,"抗锯齿过滤"选择"Catmull Rom",如图7-70所示。

图7-69　设置全局开关测试渲染参数

图7-70　图样采样测试渲染参数

03 打开"输出"卷展栏,勾选"覆盖视口"复选框,设置"长度"为600,"宽度"为375,并设置渲染文件保存的路径,如图7-71所示。

04 在"颜色映射"卷展栏中设置"伽玛"为1,如图7-72所示。

图7-71　设置输出测试渲染参数

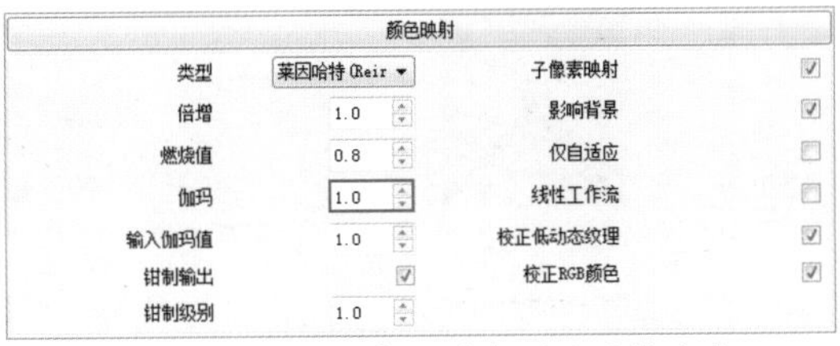

图7-72　设置颜色映射测试渲染参数

05 在"灯光缓存"卷展栏中设置"细分"为200,如图7-73所示。

06 测试渲染参数设置完成后,单击"开始渲染"按钮 ⓡ ,开始渲染场景,渲染完成后如图7-74所示。

图7-73　设置灯光缓存测试渲染参数

图7-74　测试渲染效果图

提示： 很多情况下，一次的测试渲染是不够的，需要多次测试渲染以达到最好的效果。

7.2.2 设置材质参数

灯光效果设置完成后，便可以设置场景中材质参数，营造空间的真实感。

01 在 V-Ray for SketchUp 工具栏中单击"打开 V-Ray 材质编辑器"按钮 ⓜ，用材质面板上的吸管单击吸取餐厅吊灯材质，此时可以快速地在"材质"面板中的"材质"列表下方找到相应的材质，如图 7-75 所示。

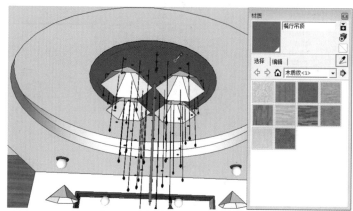

图 7-75　创建餐厅吊顶反射材质

02 找到材质后单击鼠标右键，创建反射材质，单击"反射"选项后的"设置贴图"按钮 ⓜ，在弹出的"贴图编辑器"面板中将"纹理贴图"设置为"菲涅耳"，并设置相应参数，如图 7-76 所示。

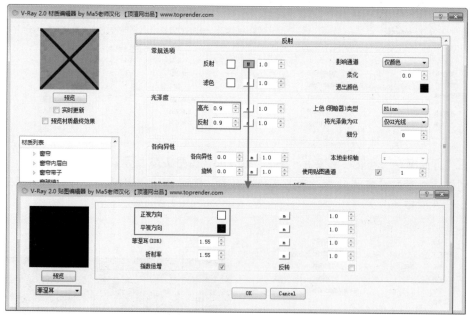

图 7-76　设置餐厅吊顶反射材质参数

03 用同样的方法设置客厅吊顶材质参数。用"吸取管" ✐ 吸取材质，如图7-77所示。在"材质"面板中的"材质"列表下方找到材质后单击鼠标右键，创建反射材质，将反射颜色 RGB 值设置为"139、139、139"，其余参数设置如图 7-78 所示。

04 用同样的方法设置地板材质参数。用"吸取管" ✐ 吸取材质，并在"材质"面板中的"材质"列表下方找到材质后单击鼠标右键，创建反射材质，单击"反射"选项后的"设置贴图"

按钮 m，在弹出的"贴图编辑器"面板中将"纹理贴图"设置为"菲涅耳"并设置参数，如图 7-79 所示。

图 7-77　创建客厅吊顶反射材质

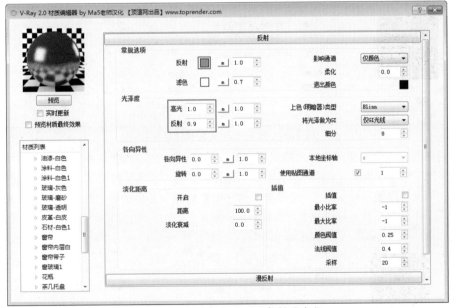

图 7-78　设置客厅吊顶反射材质参数

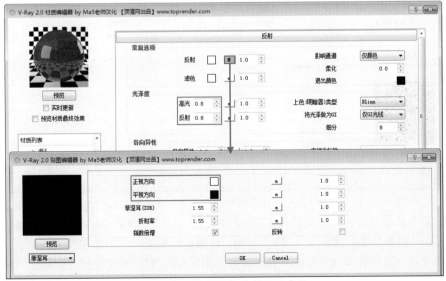

图 7-79　设置地板反射材质参数

05 再设置漫反射材质，将漫反射颜色 RGB 值设置为"68、49、31"，然后单击"颜色"选项后的"设置贴图"按钮 ⎿m⏌，将"贴图"设置为"位图"，如图 7-80 所示。

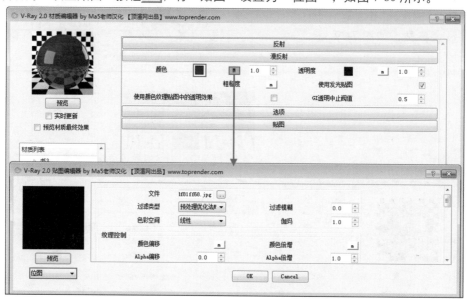

图 7-80　设置地板漫反射材质参数

06 用同样的方法设置客厅墙面木纹材质参数。用"吸取管" ✍ 吸取材质，并在"材质"面板中的"材质"列表下方找到材质后单击鼠标右键，创建反射材质，单击"反射"选项后的"设置贴图"按钮 ⎿m⏌，在弹出的"贴图编辑器"面板中将"纹理贴图"设置为"菲涅耳"并设置参数，其正视方向 RGB 值设置为"190、190、190"，如图 7-81 所示。

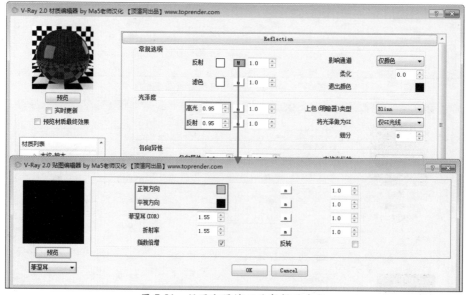

图 7-81　设置客厅墙面反射材质参数

07 再设置漫反射材质，将漫反射颜色 RGB 值设置为"127、87、58"，然后单击"颜色"选项后"设置贴图"按钮 ⎿m⏌，将"贴图"设置为"位图"，如图 7-82 所示。

08 用同样的方法设置客厅沙发皮革材质参数。用"吸取管" ✍ 吸取材质，并在"材质"面板中的"材质"列表下方找到材质后单击鼠标右键，创建反射材质，单击"反射"选项后的"设置贴图"按钮 _m_ ，在弹出的"贴图编辑器"面板中将"纹理贴图"设置为"菲涅耳"并设置参数，如图7-83所示。

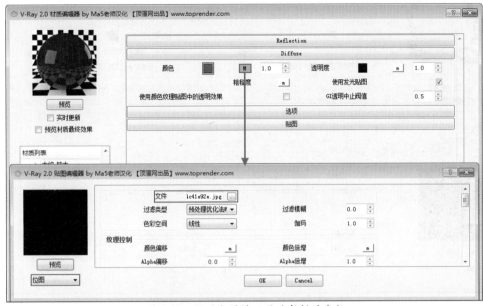

图7-82 设置客厅墙面漫反射材质参数

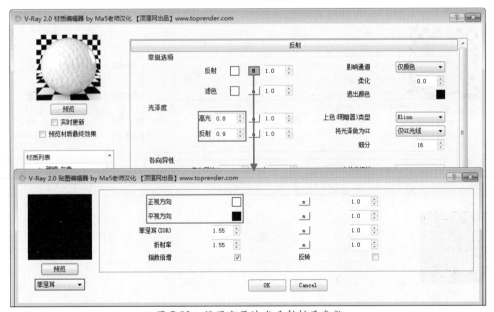

图7-83 设置客厅沙发反射材质参数

09 再设置漫反射材质，将漫反射颜色RGB值设置为"230、230、230"，然后单击"颜色"选项后的"设置贴图"按钮 _m_ ，将"贴图"设置为"位图"，如图7-84所示。

10 用同样的方法设置客厅台灯茶几材质参数。用"吸取管" ✐ 吸取材质，并在"材质"面板中的"材质"列表下方找到材质后单击鼠标右键，创建反射材质，单击"反射"选项后的"设置贴图"按钮 _m_ ，在弹出的"贴图编辑器"面板中将"纹理贴图"设置为"菲涅耳"并设置参数，如图7-85所示。

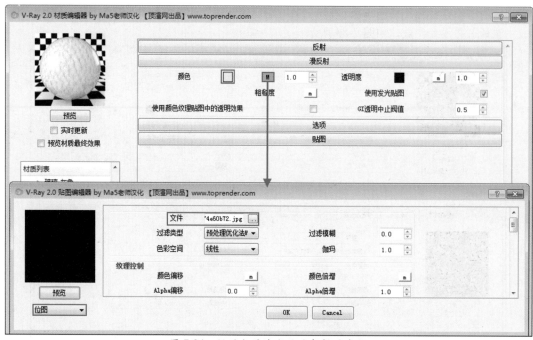

图 7-84　设置客厅沙发漫反射材质参数

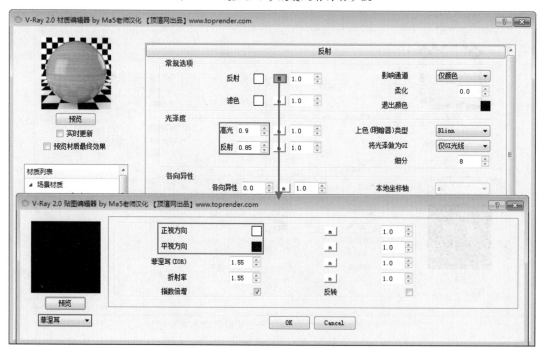

图 7-85　设置客厅台灯茶几反射材质参数

11 再设置漫反射材质，将漫反射颜色 RGB 值设置为"206、166、104"，然后单击"颜色"选项后的"设置贴图"按钮 m ，将"贴图"设置为"位图"，如图 7-86 所示。

> **提示：** 如果营造更为逼真的效果，需对场景材质进行更为细化的设置，但这样对渲染速度有一定的影响。

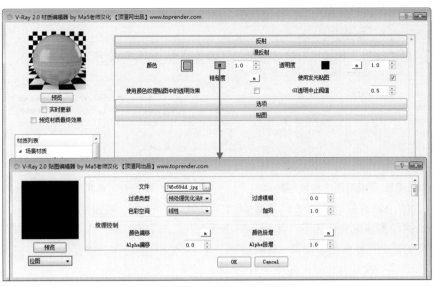

图 7-86　设置客厅台灯茶几漫反射材质参数

7.2.3　设置最终渲染参数

在调整好场景中主要的材质参数后，便可以开始设置最终渲染参数，并执行渲染命令进行最终效果的渲染。为了得到高质量的渲染图，参数的设置都尽量求得精准，所以渲染时间也会较长。

01 在 V-Ray for SketchUp 工具栏中单击"打开 V-Ray 渲染设置面板"按钮，在"系统"卷展栏下设置"最大树深度"为 60，"面的级别"为 2，"动态内存限制"为 500，"宽度"为 48，"高度"为 48，如图 7-87 所示。

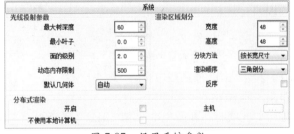

图 7-87　设置系统参数

02 在"环境"卷展栏下单击"全局照明"选项后的"设置贴图"按钮 m，在弹出的"贴图编辑器"面板中将纹理贴图设置为"天空"并设置参数，如图 7-88 所示。

图 7-88　设置环境参数

03 在"图像采样器"卷展栏下，设置图像采样器的类型为"自适应确定性蒙特卡罗"，"最多细分"为 8，如图 7-89 所示。

04 打开"颜色映射"卷展栏，将"燃烧值"设为 0.8，如图 7-90 所示。

图 7-89　设置图像采样器参数　　　　　图 7-90　设置颜色映射参数

05 打开"输出"卷展栏，勾选"覆盖视口"复选框，设置"长度"为 3000，"宽度"为 1875，并设置渲染文件路径，如图 7-91 所示。

06 在"间接照明"卷展栏中设置"首次反弹"为"发光贴图"，"二次反弹"为"灯光缓存"，"二次倍增"数值为 0.85，如图 7-92 所示。

图 7-91　设置输出参数　　　　　　　　图 7-92　设置间接照明参数

07 在"发光贴图"卷展栏中设置"最小比率"为 -4，"最大比率"为 -1，"颜色阀值"为 0.3，如图 7-93 所示。

08 在"灯光缓存"卷展栏中设置"细分"为 500，"过程数"为 4，"过滤采样"为 5，如图 7-94 所示。

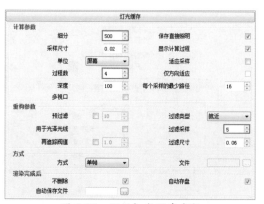

图 7-93　设置发光贴图参数　　　　　　图 7-94　设置灯光缓存参数

09 设置完成后，单击"关闭"按钮，关闭
参设置数面板，单击"开始渲染"按钮
⚙，开始渲染场景，最终渲染效果如
图7-95所示。

图7-95　最终渲染效果

7.3　SketchUp 导入功能

SketchUp 通过导入功能，可以很好地与 AutoCAD、3ds Max、Photoshop 等常用图形图像
软件进行紧密协作。本章将详细介绍 SketchUp 与几种常用软件的链接，以及不同格式文件的
导入操作。

7.3.1　导入 AutoCAD 文件

作为真正的方案推敲工具，SketchUp 必须支持方案设计的全过程。粗略抽象的概念设
计是重要的，但精确的图纸也同样重要。因此，SketchUp 一开始就支持 AutoCAD 的 DWG/
DXF 格式文件的导入和导出。如图7-96与图7-97所示为通过导入 AutoCAD 制作出的高精确、
高细节的三维模型。

图7-96　导入 AutoCAD 图纸

图7-97　在 SketchUp 中制作细节模型

7.3.2　实例——导入 AutoCAD 文件

下面通过实例介绍导入 AutoCAD 文件的方法。

01 执行"文件"｜"导入"菜单命令，如图7-98所示。在弹出的"打开"面板中，选择文
件类型为"AutoCAD 文件（*.dwg、*.dxf）"，如图7-99所示。

02 单击"打开"面板右侧"选项"按钮，打开"导入 AutoCAD DWG/DXF 选项"面板，
如图7-100所示。

03 根据要求设置好"导入 AutoCAD DWG/DXF 选项"面板参数后，单击"确定"按钮，返回"打
开"面板，双击目标文件或单击"打开"按钮即可进行导入，如图7-101与图7-102所示。

图 7-98 执行"文件"|"导入"命令

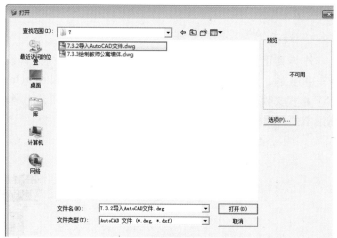

图 7-99 选择文件类型

图 7-100 "导入 AutoCAD DWG/
DXF 选项"面板

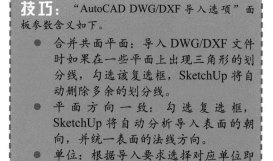

图 7-101 选择目标打开文件

图 7-102 导入进度

技巧："AutoCAD DWG/DXF 导入选项"面板参数含义如下。

- 合并共面平面：导入 DWG/DXF 文件时如果在一些平面上出现三角形的划分线，勾选该复选框，SketchUp 将自动删除多余的划分线。

- 平面方向一致：勾选复选框，SketchUp 将自动分析导入表面的朝向，并统一表面的法线方向。

- 单位：根据导入要求选择对应单位即可，通常为"毫米"。

04 文件成功导入后，将弹出"导入结果"面板，显示导入与简化的图元，如图 7-103 所示。

05 单击"导入结果"面板中的"关闭"按钮，即可利用鼠标放置导入的文件，如图 7-104 所示。对比 AutoCAD 中的图形效果，可以发现两者并无区别，如图 7-105 所示。

图 7-103 "导入结果"面板

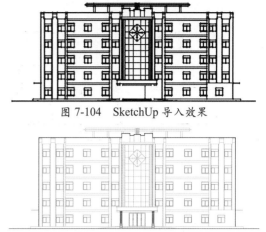

图 7-104 SketchUp 导入效果

图 7-105 AutoCAD 中的效果

7.3.3 实例——绘制教师公寓墙体

下面通过实例介绍将 AutoCAD 图纸导入到 SketchUp 场景中并创建教师公寓的方法。

01 执行"文件"|"导入"命令，在弹出的"打开"对话框中，将"文件类型"设置为"AutoCAD 文件（*.dwg、*.dxf）"，并选择配套光盘"第 07 章 \7.3.2 绘制教师公寓墙体 .dwg"文件，然后单击"打开"面板中的"选项"按钮，设置其单位为毫米，如图 7-106 所示。

02 根据要求设置完参数后，单击"打开"按钮即可进行文件导入，文件成功导入后，将弹出"导入结果"面板，如图 7-107 所示，显示了导入与简化的图元。

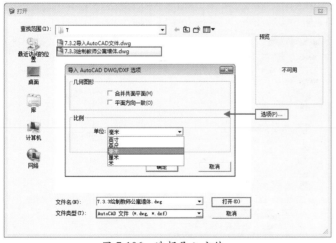

图 7-106 选择导入文件

图 7-107 导入结果

03 单击"导入结果"面板中的"关闭"按钮，即可将教师公寓墙体 .dwg 文件导入到 SketchUp 中，结果如图 7-108 所示。

04 框选导入的 CAD 图像文件，单击"生成面域"插件 ▱ 按钮，即可将线段封成面域，并激活"矩形" ▱ 工具绘制辅助地面，结果如图 7-109 所示。

05 封面完成后，激活"推 / 拉"工具 ◆，将教师公寓的墙体向上推拉 3 000㎜，如图 7-110 所示。

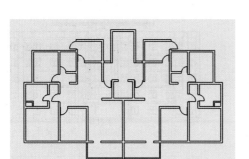

图 7-108　SketchUp 导入效果

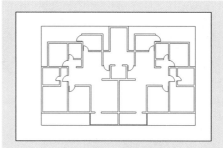

图 7-109　生成面域

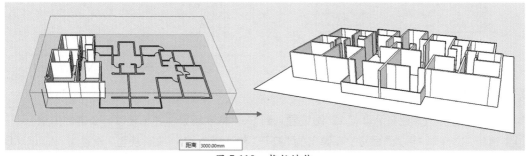

图 7-110　推拉墙体

7.3.4　实例——导入 3ds 文件

SketchUp 支持 3ds 格式的三维文件导入，下面通过实例介绍导入 3ds 文件的方法。

01 执行"文件"|"导入"菜单命令，在弹出的"打开"面板中选择"7.3.4 导入 3DS 文件（*.3ds）"文件类型，如图 7-111 与图 7-112 所示。

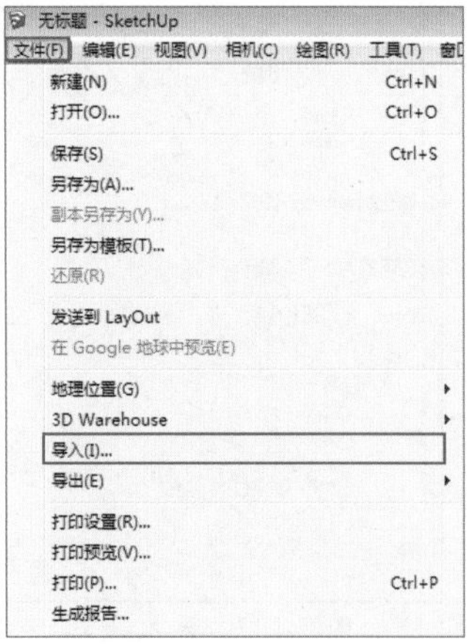

图 7-111　执行"文件"|"导入"命令 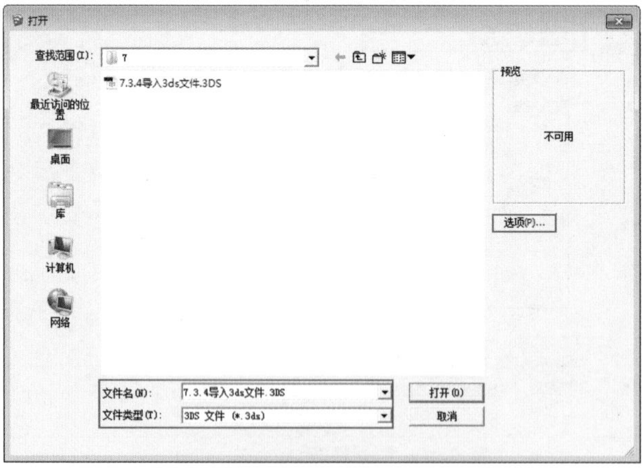　　图 7-112　选择 3DS 文件类型

02 单击"打开"面板中的"选项"按钮，打开对应的"3DS 导入选项"面板，如图 7-113 所示。

03 根据要求设置"3DS 导入选项"面板参数，单击"确定"按钮，返回"打开"面板，然后双击目标打开文件，即可进行导入，如图 7-114 与图 7-115 所示。

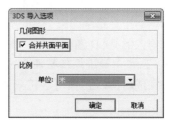

图 7-113　"3DS 导入选项"面板

图 7-114 打开导入文件

图 7-115 导入 3DS 文件进度

04 文件成功导入后的效果如图7-116所示。

> **提示**：3D Max 中的模型线条导入至 SketchUp 中之后会十分粗糙，需要进行"软化/平滑边线"操作。

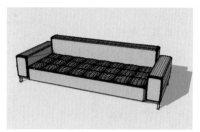

图 7-116 导入完成

7.3.5 实例—导入二维图像

在 SketchUp 中，常常需要将二维图像导入场景中作为场景底图，再在底图上进行描绘，将其还原为三维模型。SketchUp 允许导入的二维图像文件包括 JPG、PNG、TGA、BMP 和 TIF 格式。

下面通过实例介绍导入二维图像的方法。

01 执行"文件"|"导入"菜单命令，如图 7-117 所示。在弹出的"打开"面板中，在文件类型下拉列表中可以选择多种二维图像格式，通常直接选择"所有支持的图片类型"，如图 7-118 所示。

图 7-117 执行"文件"|"导入"命令

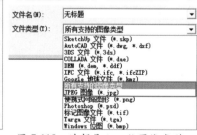

图 7-118 选择导入二维图像类型

02 选择图片导入类型后，可以在"打开"面板右侧选择图片导入功能，如图 7-119 所示，这里保持默认的"用作图像"选项。

03 双击目标图片文件，或单击"打开"按钮，如图 7-120 所示，然后将图像文件放置于原点附近并单击鼠标左键，如图 7-121 所示。

04 此时拖动鼠标可以调整导入图像文件的宽高度，或在"数值"输入框中输入精确的数值，按 Enter 键确定，如图 7-122 所示。

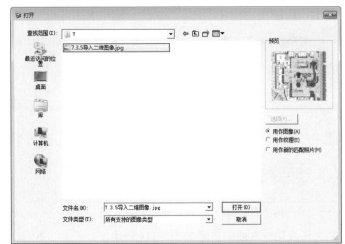

图 7-119　选择二维图片导入作用　　　　　　图 7-120　双击目标导入文件

05 二维图像放置好后，即可作为参考底图，用于 SketchUp 辅助建模，如图 7-123 所示。

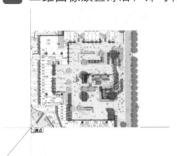　　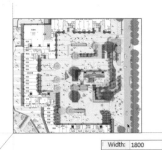　　

图 7-121　放置图像文件　　　图 7-122　确定宽度　　　图 7-123　利用导入图片进行捕捉

提示： ①导入二维图像后将自动成组，如需进行编辑，需单击鼠标右键，在弹出的快捷菜单中选择"分解"命令。

②导入图像文件的宽高比在默认情况下将保持原有比例，如图 7-124 所示。在对宽高比进行调整时，可以通过借助辅助键 Shift 键对图像文件进行等比调整，如图 7-125 所示。如果按 Ctrl 键，则平面中心将与放置点自动对齐，如图 7-126 所示。

图 7-124　生成平面

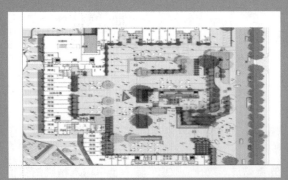　　　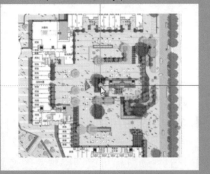

图 7-125　改变平面比例　　　　　　图 7-126　中心对齐放置点

7.4 SketchUp 导出功能

SketchUp 属于初步设计阶段常使用的三维软件，在设计过程中常常需要结合其他软件，对 SketchUp 中的模型进一步完善。同时，将 SketchUp 中创建的模型导入其他软件中也可以为设计创作提供很大的方便，更清晰地展示了设计方案。

7.4.1 导出 AutoCAD 文件

SketchUp 可以将场景内的三维模型以 DWG/DXF 两种格式导出为 AutoCAD 可用文件，

执行"文件"|"导出"|"二维图形"命令，在弹出"输出二维图形"面板中单击"选项"按钮，即可在弹出的"DWG/DXF 消隐选项"对话框中对输出文件进行相关设置，如图 7-127 与图 7-128 所示。

图 7-127 输出二维图形面板　　图 7-128 DWG/DXF 消隐选项

"DWG/DFX 消隐选项"面板包括 5 个设置选项，具体如下。

- AutoCAD 版本：用于设置导出 CAD 图像的软件版本。
- 图纸比例与大小：用于设置绘图区比例与尺寸大小，包含以下 3 个子选项。
  - ➢ 实际尺寸：勾选后将按照真实尺寸大小导出图形。
  - ➢ 在图纸中 / 在模型中的材质：分别表示导出时的拉伸比例。在"透视图"模式下这两项不能定义，即使在"平行投影"模式下，也只有在表面法线垂直视图时才能定义。
  - ➢ 宽度 / 高度：用于定义导出图形的宽高度。
- "轮廓线"：用于设置模型中轮廓线选项，包括以下 5 个子选项。
  - ➢ 无：选择后，将会导出正常的线条，而非在屏幕中显示的特殊效果，一般情况下，SketchUp 的轮廓线导出后都是较粗的线条。
  - ➢ 有宽度的折线：选择后导出的轮廓线将以多段线在 CAD 中显示。
  - ➢ 宽线图元：选择后，导出的剖面线为粗线实体，只有对 AutoCAD 2000 以上版本方有效。
  - ➢ 在图层上分离：用于导出专门的轮廓线图层，以便进行设置和修改。
  - ➢ 宽度：用于设置线段的宽度。

- 剖切线：与"轮廓线"选项类似。
- 延长线：用于设置模型中延长线选项，包括以下两个子选项。
  - ➤ 显示延长线：勾选后，导出的图像中将显示延长线。因为延长线对 CAD 的捕捉参考系统有影响，一般情况下不勾选此项。
  - ➤ 长度：用于设置延长线的长度。

7.4.2 实例——导出 AutoCAD 二维矢量图文件

下面通过实例介绍导出 AutoCAD 二维矢量图文件的方法。

01 打开配套光盘"第 07 章 \7.4.2 导出 AutoCAD 二维矢量图文件 .skp"素材文件，这是一个景观天桥模型，如图 7-130 所示。

02 执行"文件"｜"导出"｜"二维图形"菜单命令，打开"输出二维图形"面板，如图 7-131 所示。

图 7-129　景观天桥模型

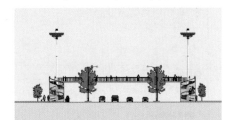

图 7-130　平行投影前视图

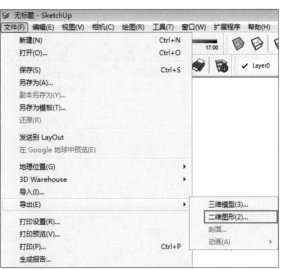

图 7-131　执行"文件"｜"导出"｜"二维图形"命令

03 选择文件类型为"AutoCAD DWG 文件（*.dwg）"，单击"输出二维图形"面板中的"选项"按钮，如图 7-132 所示。

04 打开"DWG/DFX 消隐选项"面板，根据导出要求设置参数，单击"确定"按钮，如图 7-133 所示。

05 在"输出二维图形"面板中单击"导出"按钮，即可导出 DWG 文件，成功导出 DWG 文件后，SketchUp 将弹出如图 7-134 所示的提示。

06 在导出路径中找到导出的 DWG 文件，即可使用 AutoCAD 打开与查看，如图 7-135 所示。

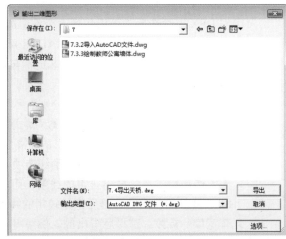

图 7-132　选择 DWG 文件格式

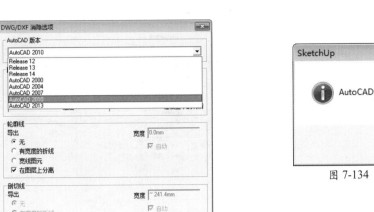

图 7-133 "DWG/DFX 消隐选项"面板

图 7-134 成功导出

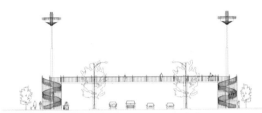

图 7-135 导出 DWG 文件效果

7.4.3 实例——导出 AutoCAD 三维模型文件

下面通过实例介绍导出 AutoCAD 三维模型文件的方法。

01 打开配套光盘"第 07 章 \7.4.3 导出 AutoCAD 三维模型文件 .skp"素材文件,如图 7-136 所示。执行"文件"|"导出"|"二维图形"命令,打开"输出二维图形"面板,如图 7-137 所示。

图 7-136 打开模型

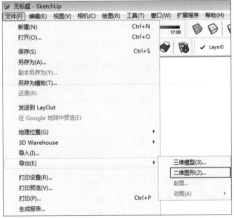

图 7-137 执行"文件"|"导出"|"二维图形"命令

02 选择文件类型为"AutoCAD DWG 文件(*.dwg)",单击"输出二维图形"面板中的"选项"按钮,如图 7-138 所示。

03 打开"DWG/DFX 消隐选项"面板,根据导出要求设置参数,单击"确定"按钮,如图 7-139 所示。

04 在"输出二维图形"面板中单击"导出"按钮,即可导出 DWG 文件,成功导出 DWG 文件后,SketchUp 将弹出如图 7-140 所示的提示。

图 7-138　选择 DWG 文件格式

图 7-139　"DWG/DFX 消隐选项"面板

05 在导出路径中找到导出的 DWG 文件，即可使用 AutoCAD 打开与查看，如图 7-141 所示。

图 7-140　成功导出

图 7-141　导出 DWG 文件效果

7.4.4　导出常用三维文件

SketchUp 除了可以导出 DWG 文件格式外，还可以导出 3DS、OBJ、WRL、XSI 等常用三维格式文件。3DS 格式支持 SketchUp 输出的材质、贴图和照相机，比 DWG 格式更能完美地转换模型。

执行"文件"|"导出"|"三维图形"菜单命令，在弹出的"输出模型"面板中单击"选项"按钮，即可在弹出的"3DS导出选项"对话框中对输出文件进行相关的设置，如图 7-142 与图 7-143 所示。

图 7-142　输出模型面板

图 7-143　3DS 导出选项

"3DS 导出选项"面板包括 4 个设置选项，具体如下。

- "几何图形"：用于设置导出模式。
- 导出：用于设置导出模型的方式。
  - 完整层次结构：用于将 SketchUp 模型文件按照组与组件的层级关系导出。导出时只有最高层次的物体会转化为物体。也就是说，任何嵌套的组或组件只能转换为一个物体。
  - 按图层：用于将 SketchUp 模型文件按同一图层上的物体导出。
  - 按材质：用于将 SketchUp 模型按材质贴图导出。
  - 单个对象：用于将 SketchUp 中模型导出为已命名文件，在大型场景模型中应用较多，例如导出一个城市规划效果图中的某单体建筑物。
  - 仅导出当前选择的内容：勾选该选项将只导出当前选中的实体模型。
  - 导出两边的平面：勾选该选项后将激活下面的"材料"和"几何图形"两个选项。
  - 导出独立的边线：用于创建非常细长的矩形来模拟边线。因为独立边线是大部分 3D 程序所没有的功能，所以无法经由 3DS 格式直接转换。
- "材料"用于激活 3DS 材质定义中的双面标记，"几何图形"用于将 SketchUp 模型中所有面都导出两次，一次导出正面，一次导出背面。不论选择哪个选项，都会使得导出的面的数量增加，导致渲染速度下降。
  - 导出纹理映射：用于导出模型中的贴图材质。
  - 保留纹理坐标：用于在导出 3DS 文件后不改变贴图坐标。
  - 固定顶点：用于保持对齐贴图坐标与平面视图。
- "相机"：勾选从页面生成镜头选项后将保存、创建当前视图为镜头
- "比例"：用于指定导出模型使用的比例单位，一般情况下使用"米"。

7.4.5 实例——导出三维文件

下面通过实例介绍导出三维文件实例

01 打开配套光盘"第 07 章 \7.4.5 导出三维文件 .skp"素材文件，如图 7-144 所示。该场景为一个高层楼梯建筑模型。

02 执行"文件"|"导出"|"三维模型"菜单命令，打开"输出模型"面板，如图 7-145 所示。

图 7-144 打开场景模型

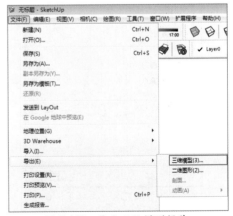

图 7-145 导出三维模型操作

03 选择文件类型为"3DS 文件（*.3ds）"，单击"输出模型"面板中的"选项"按钮，如图 7-146 所示。

04 在弹出的"3DS导出选项"面板中根据要求设置选项并确定,在"导出模型"面板中单击"导出"按钮即可进行导出,如图7-147与图7-148所示。

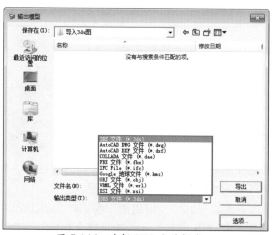

图 7-146　选择 3DS 文件格式

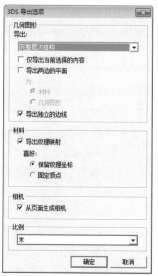

图 7-147　"3DS 导出选项"面板

05 成功导出"3ds"文件后,SketchUp将弹出如图7-149所示的"3ds导出结果"面板,罗列导出的详细信息。

06 在导出路径中找到导出的"3ds"文件,即可使用3ds Max进行打开,如图7-150所示。

07 导出的"3ds"文件不但有完整的模型文件,还创建了对应的"摄影机",调整构图比例进行默认渲染,渲染效果如图7-151所示,可以看到模型相当完好。

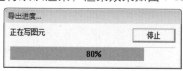

图 7-148　3DS 文件导出进度

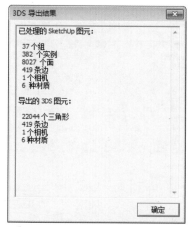

图 7-149　"3DS 导出结果"面板

图 7-150　打开导出的 3ds 文件

图 7-151　3ds 文件默认渲染效果

7.4.6　导出二维图像文件

在进行方案初步设计阶段,设计师与甲方需要进行方案的沟通与交流,把 SketchUp 三

维模型导成 JPG 格式文件为其沟通提供了方便。SketchUp 支持导出的二维图像文件格式有
JPG、BMP、TGA、TIF、PNG 等图像格式。

通过执行"文件"|"导出"|"二维图形"命令，在弹出的"输出二维图形"面板中单击"选项"
按钮，即可在弹出的"导出 JPG 选项"面板中对输出文件进行相关的设置，如图 7-152 与图
7-153 所示。

图 7-152　"输出二维图形"面板

图 7-153　"导出 JPG 选项"面板

"导出 JPG 选项"面板包括 3 个设置选项，具体如下。

- 图像大小：默认状况下该参数为勾选，此时导出的二维图像的尺寸大小等同于当前视
图窗口的大小。取消该项，则可以自定义图像尺寸。
- 渲染：勾选消除锯齿后，SketchUp 将对图像进行平滑处理，从而减少图像中的线条锯齿，
同时需要更多的导出时间。
- "JPEG 压缩"滑块：通过滑块可以控制导出的 JPG 文件的质量，越往右质量越高，
导出时间越多，图像效果越理想。

7.4.7　实例——导出二维图像文件

下面通过实例介绍导出二维图像文件的方法。

01 打开配套光盘"第 07 章 \7.4.7 导出二维
图像文件 .skp"素材文件，如图 7-154
所示为一个室外场景模型。

02 执行"文件"｜"导出"｜"二维图形"
菜单命令，打开"输出二维图形"面板，
如图 7-155 与图 7-156 所示。

图 7-154　打开场景

03 在"输出二维图形"面板中选择文件类型为"JPEG 图像（*.jpg）"，单击"选项"按钮，
弹出"导出 JPG 选项"面板，如图 7-157 所示。

04 根据导出要求设置"导出 JPG 选项"面板图像大小参数，在"输出二维图形"面板中单
击"导出"按钮，即可将 SketchUp 当前视图效果导出为 JPG 文件，如图 7-158 所示。

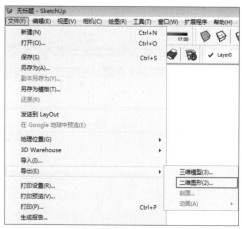

图 7-156 执行"文件"|"导出"|"二维图形"命令

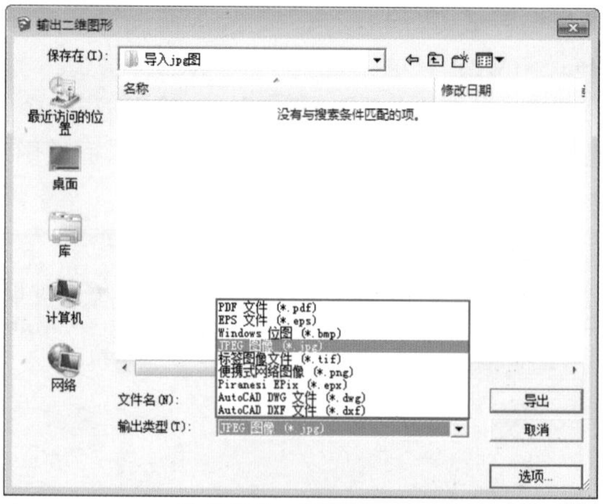

图 7-157 "导出 JPG 选项"面板

图 7-155 设置文件类型

图 7-158 导出的 JPG 文件

7.4.8 导出二维剖面文件

通过"剖面"导出命令，可以将 SketchUp 中截面到的图形导出为 AutoCAD 可用的 DWG/DXF 格式文件，从而在 AutoCAD 中加工成施工图图纸。

在场景中添加一个剖面，并执行"文件"|"导出"|"剖面"命令，在弹出的"输出二维剖面"面板中单击"选项"按钮，即可在弹出的"二维剖面选项"对话框中对输出文件进行相关的设置，如图 7-159 与图 7-160 所示。

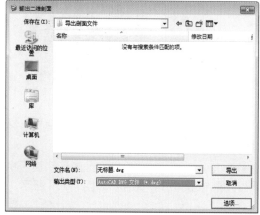

图 7-159 "输出二维剖面"面板

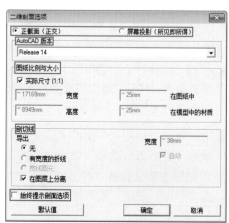

图 7-160 二维剖面选项

"二维剖面选项"面板各项参数含义如下。

- 正截面（正交）：默认该参数为勾选，此时无论视图中模型有多么倾斜，导出的 DWG 图纸均以截面切片的正交视图为参考，该文件在 AutoCAD 中可用于加工出施工图，以及其他精确可测的其他图纸。

- 屏幕投影（所见即所得）：勾选该参数后，导出的 DWG 图纸将以屏幕上看到的剖面视图为参考，该种情况下导出的 DWG 图纸会保留透视的角度，因此其尺寸将失去价值。

- AutoCAD 版本：根据当前使用的 AutoCAD 版本选择对应版本号。

- 图纸比例与大小：用于设置图纸尺寸，包含以下 5 个子命令。
  - 实际比例（1:1）：默认该参数为勾选，导出的 DWG 图纸中尺寸大小与当前模型尺寸一致。取消该项参数勾选，可以通过其下的参数进行比例的缩放以及自定义设置。
  - 在模型中的材质 / 在图纸中："在模型中的材质"与"在图纸中"的比例是图形在导出时的缩放比例。可以指定图形的缩放比例，使之符合建筑"惯例"。
  - 宽 / 高度：用于设置输出图纸的尺寸大小。

- 剖切线：用于设置导出的剖切线，包含以下 4 子命令。
  - 导出：该参数用于选择是否将截面线同时输出在 DWG 图纸内，默认选择为"无"，此时将不导出截面线。
  - 有宽度的折线：选择该选项，截面线将导出为多段线实体，取消其后的"自动"复选框勾选，可自定义线段宽度。
  - 宽线图元：选择该选项，截面线将导出为粗实线实体，此外该选项只有在高于 R14 以上的 AutoCAD 版本中才有效。
  - 在图层上分离：勾选该参数后，截面线与其截面到的图形将分别置于不同的图层。

- 始终提示剖面选项：默认该参数为不勾选，因此每次导出 DWG 文件时需要打开该面板进行设置。如果勾选该项，则 SketchUp 将以上次导出设置进行 DWG 文件的输出。

7.4.9　实例——导出二维剖切文件

下面通过实例介绍导出二维剖切文件的方法。

01 打开配套光盘"第 07 章 \7.4.9 导出二维剖切文件 .skp"素材文件，这是一个小区规划模型，如图 7-161 所示。

02 激活"剖切面"工具，在水平方向对模型进行剖切，如图 7-162 所示。

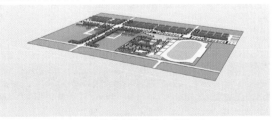

图 7-161　打开模型　　　　　　　　　　图 7-162　添加剖切面

03 执行"文件"｜"导出"｜"剖面"菜单命令，打开"输出二维剖面"面板，将类型设置为"AutoCAD DWG File（*.dwg）"，如图 7-163 与图 7-164 所示。

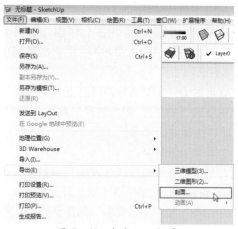

图 7-163　执行剖面操作

图 7-164　选择导出文件类型

04 单击"输出二维剖面"面板中的"选项"按钮，打开"二维剖面选项"面板，如图 7-165 所示。根据导出要求设置相关参数，单击"确定"按钮。

05 单击"输出二维剖面"面板中的"导出"按钮，即可导出"DWG"文件，成功导出"DWG"文件后，SketchUp 将弹出如图 7-166 所示的提示信息。

06 在导出路径中找到导出的 DWG 文件，即可使用 AutoCAD 进行打开与查看，如图 7-167 所示。

图 7-165　"二维剖切选项"面板

图 7-166　导出 DWG
文件成功

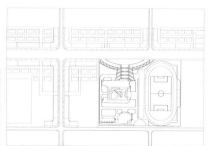

图 7-167　导出 DWG 文件效果

7.5　课后练习

7.5.1　渲染主卧场景

本小节通过渲染如图 7-168 所示主卧场景，加强练习 V-Ray for SketchUp 工具栏中工具的使用。

提示步骤如下。

01 单击"阴影设置"按钮 ，在弹出的"阴影设置"面板中设置参数，如图 7-169 所示。

图 7-168　主卧渲染效果

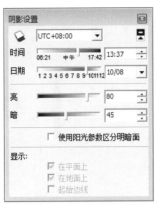

图 7-169　设置阴影

02 执行"视图"｜"动画"｜"添加场景"菜单命令，添加场景，如图 7-170 所示。

03 在主卧红色框表示的地方添加点光源 ⊙，然后在吊顶上方添加光域网光源 ♥，再在窗户添加一个面光源 ☞，并对光源进行编辑，如图 7-171 ～图 7-173 所示。

图 7-170　添加场景

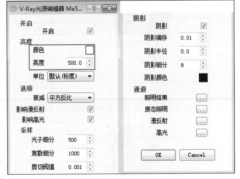

图 7-171　添加点光源

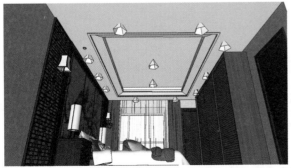

图 7-172　添加光域网光源

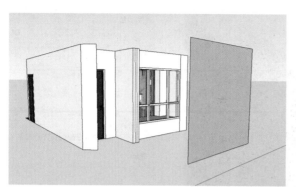
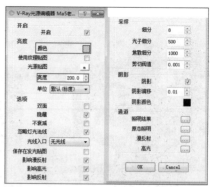

图 7-173　添加面光源

04 在 V-Ray for SketchUp 工具栏中单击"打开 V-Ray 材质编辑器"按钮 ⓜ，设置吊顶、地板、床、柜子等材质参数（在此对地板材质进行详细讲解），如图 7-174 与图 7-175 所示。

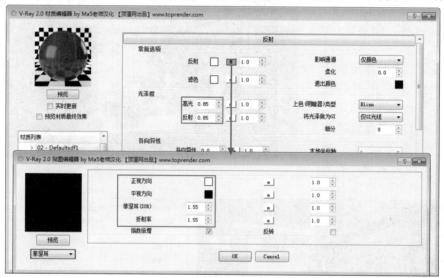

图 7-174　设置地板反射材质参数

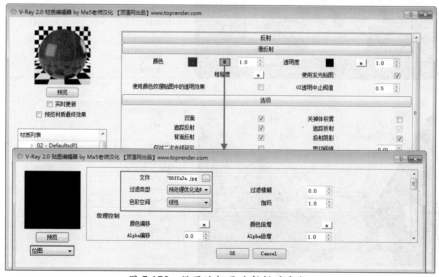

图 7-175　设置地板漫反射材质参数

05 在 V-Ray for SketchUp 工具栏中单击"打开 V-Ray 渲染设置面板"按钮 ◈，设置最终渲染参数，接着单击"开始渲染"按钮 ◉ 进行场景的渲染，渲染结果如图 7-168 所示。

7.5.2　导出夜景图片

本小节通过导出如图 7-176 所示夜景图片，加强练习"文件"|"导出"菜单命令的使用。

图 7-176　夜景图片

提示步骤如下。

01 打开模型，如图 7-177 所示为一个室外夜景模型。

02 执行"文件"|"导出"|"二维图形"菜单命令，导出二维图像，如图 7-178 所示。

图 7-177　打开场景

图 7-178　执行"文件"|"导出"|"二维图形"命令

第8章

创建基本建筑模型练习

本课知识：

- 绘制楼梯施工剖面图。

- 绘制人物组件。

- 绘制特色茶几。

- 绘制室内盆栽组件。

- 制作景观亭子模型。

- 照片匹配绘制岗亭模型。

- 绘制山体坡道。

　　基本的建筑模型是构筑一个大场景的基础，小到一个相框、一扇窗户，大到一个亭子、一个岗亭。作为设计师来说，往往网站下载的模型与设计的理念大相径庭，很难运用到创建的场景中，因此需要自己制作模型。

　　本章将讲解一些基本的建筑模型创建，通过讲解创建模型，使读者更加理解 SketchUp 各项命令的操作方式，并且知道如何使用 SketchUp 创建各类模型。

8.1 绘制楼梯施工剖面图

本实例利用SketchUp制作楼梯剖面施工图，如图8-1所示。SketchUp 2015中新添加了"材质符号"，可以在制作立体模型的同时表达出材质效果。

8.1.1 导入CAD文件

01 打开CAD文件，删除填充图层，将所有图元归到"图层0"，并输入"PU"清理命令，清理图形文件，整理结果如图8-2所示。

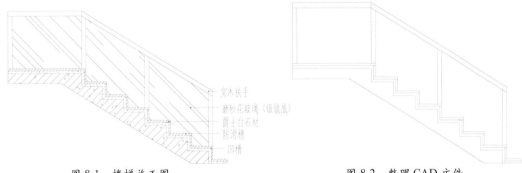

图 8-1 楼梯施工图   图 8-2 整理 CAD 文件

02 打开 SketchUp 2015，执行"文件"|"导入"菜单命令，在弹出的"打开"面板中，选择文件类型为"AutoCAD 文件（*.dwg、*.dxf）"，单击"打开"面板右侧"选项"按钮，将单位改为"毫米"（同CAD中单位一致），然后双击目标文件或单击"打开"按钮即可进行导入，如图8-3所示。

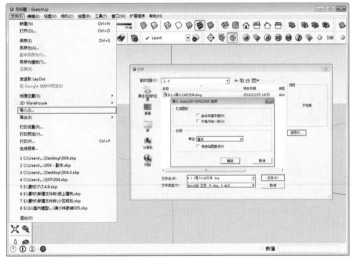

图 8-3 导入 CAD 文件

8.1.2 构建楼梯模型

01 SketchUp 导入 CAD 文件后的结果，如图8-4所示。

02 框选楼梯线框，激活"旋转" ⟳ 工具，待光标变成 时拖动光标确定旋转平面，然后在模型表面确定旋转轴心点与轴心线，将楼梯线框旋转90°，并将楼梯线框移动至原点，如图8-5所示。

03 激活"直线" ✏ 工具，将线框生成面域，并将其创建群组，然后选择物体键入 Ctrl+C 组合键进行复制，如图8-6所示。

04 将原楼梯面隐藏，并执行"编辑"|"原位粘贴"菜单命令，如图8-7所示。

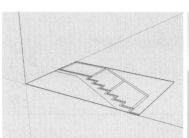

图 8-4　SketchUp 导入效果

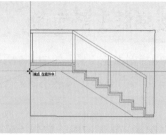

图 8-5　旋转、移动，楼梯线

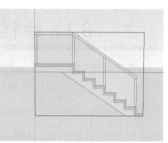

图 8-6　生成面域

05 双击进入楼梯面组件并框选楼梯面，单击鼠标右键，在弹出的快捷菜单中选择"反转平面"命令，将楼梯面进行翻转，如图 8-8 所示。

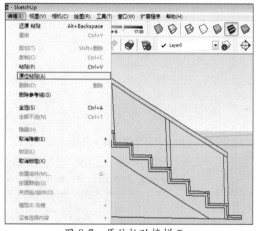

图 8-7　原位粘贴楼梯面

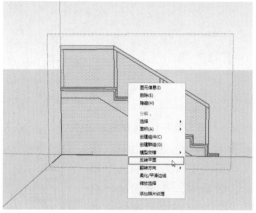

图 8-8　将楼梯面翻转

06 利用"擦除" 🖊️ 工具，将楼梯的细节部分删除，整理楼梯面结果如图 8-9 所示。

07 激活"推 / 拉" 🔷 工具，将楼梯面向两边推出一定距离，如图 8-10 所示。

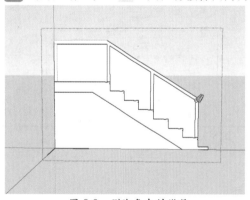

图 8-9　删除多余的线段

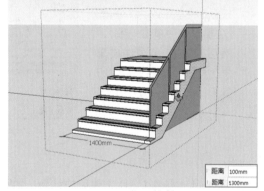

图 8-10　推出楼梯面

08 重复命令操作，按住 Ctrl 键将楼梯栏杆向右推出 50mm 厚度，如图 8-11 所示。

09 选择栏杆，单击鼠标右键选择"反转平面"命令将其反转至正面，然后激活"推 / 拉" 🔷 工具，将玻璃面向内推出 20mm，如图 8-12 所示。

10 重复命令操作，按住 Ctrl 键将另一侧玻璃面向外推拉 10mm 厚度，并删除多余的面，如图 8-13 所示。

图 8-11 推出栏杆厚度

图 8-12 推拉玻璃面

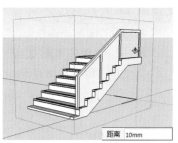

图 8-13 推出另一侧玻璃

11 切换视图为前视图，并激活"剖切面" 工具在如图 8-14 所示位置创建剖面，剖切栏杆。

12 在视图空白处单击退出组件编辑状态，执行"窗口"菜单栏中的"大纲"命令，打开"大纲"对话框，将隐藏的群组取消隐藏，如图 8-15 所示。

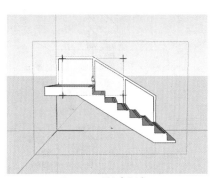

图 8-14 创建栏杆剖面

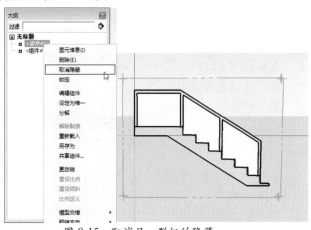

图 8-15 取消另一群组的隐藏

8.1.3 铺贴施工图材质

01 双击进入刚取消隐藏的群组，此时外框显示为虚线状态。激活"材质" 工具，在弹出的"材质"面板中单击"倒三角"按钮 ▼，在弹出的关联菜单中选择"材质符号"选项，即可进入"材质符号"的文件夹，如图 8-16 所示。

02 选择"材质符号"文件夹中的"夯实粘土" 材质，并填充楼梯底板面，并调整其纹理大小为 80mm，如图 8-17 所示。

图 8-16 "材质符号"面板

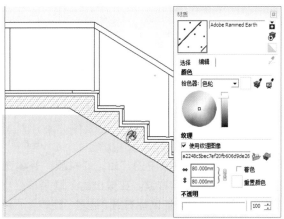

图 8-17 为楼梯底板填充材质

03 选择"材质符号"文件
夹中的"混凝土浇筑"
材质,并填充至砂浆混
凝土层,如图8-18所示。

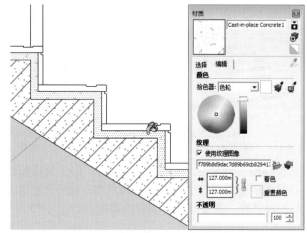

图8-18 为砂浆混凝土层填充材质

04 选择"材质符号"文件
夹中的"钢铁"材
质,并填充至栏杆,如
图8-19所示。

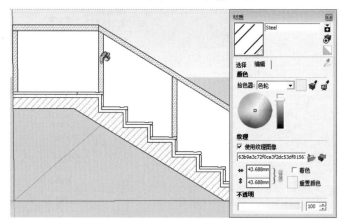

图8-19 为栏杆填充材质

05 选择"材质符号"文件
夹中的"网纹板"材质,
并填充至台阶面,如图
8-20所示。

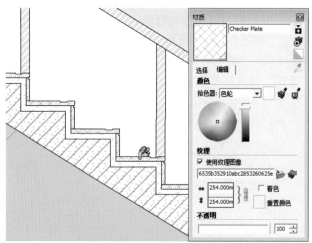

图8-20 为台阶面填充材质

06 选择"材质符号"文件夹中的"吕"材质,并填充至玻璃面,如图8-21所示。

07 选择玻璃面,单击鼠标右键,在弹出的关联菜单栏中选择"纹理"|"位置"命令,进入
纹理编辑状态,再次单击鼠标右键,通过"旋转"子菜单,快速对当前纹理进行90°旋转,
如图8-22所示。

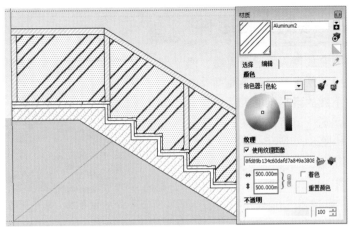

图 8-21 为玻璃面填充材质

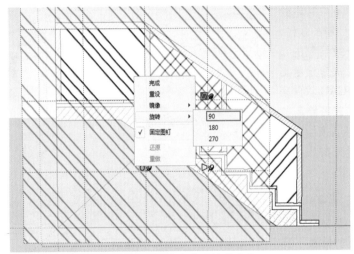

图 8-22 调整玻璃面材质方向

08 使用"材质" 🖌 工具并配合 Alt 键，然后单击刚调整方向的玻璃面，进行材质取样，接着单击其余玻璃材质表面，将取样的材质赋予表面上，如图 8-23 所示。

09 单击视图空白处退出群组，然后单击"显示剖切面" 🔲 按钮，关闭截面显示，并将视图转换成平行投影下的"后视图"，即可得到如图 8-24 所示的楼梯剖面图。

10 双击楼梯模型组件，再次单击"显示剖切面" 🔲 按钮，打开截面显示，在截平面上单击鼠标右键，在弹出的关联菜单中选择"翻转"命令，即可同时观察楼梯模型与施工图剖面，如图 8-25 所示。

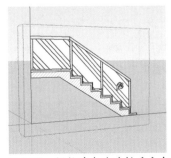

图 8-23 调整其余玻璃材质方向

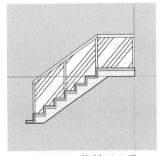

图 8-24 楼梯剖面图

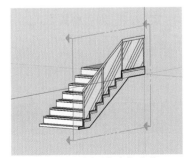

图 8-25 反转模型中的截面

8.2 绘制人物组件

场景中经常需要放置人物进行点缀，添加合适的人物能够活跃场景，为画面增添几分活力，但有时下载的素材不能表达场景的意境需自己创建，这一节将讲述如何快速创建人物组件。以如图 8-26 所示"草坪上的姑娘"绘制成人物组件为例。

图 8-26　草坪上的姑娘

8.2.1　绘制线框并导入 SketchUp 中

由于 SketchUp 中铅笔绘图工具有别于其他制图软件，是由很多小段直线绘制的，因此为了更灵活快速绘制出人物，需用 AutoCAD 软件来绘制人物轮廓，并将绘制的线框导入 SketchUp 模型中，最后再为人物填充材质，并放入合适的场景中。

1. 插入图片到 CAD 中

01 打开 AutoCAD 软件，单击菜单栏上的"插入"|"光栅图像参照"命令，在弹出的"选择参照文件"对话框中找到需要打开的图片，单击"打开"按钮，弹出"附着图像"对话框，如图 8-27 所示。

02 根据要求设置"附着图像"面板参数，单击"确定"按钮，即可将其导入，如图 8-28 与图 8-29 所示。

图 8-27　"选择参照文件"面板

图 8-28　"附着图像"面板

> **提示：** 在描人物图片时，尽量使绘制的线条闭合，避免出现多余的线头，方便在 SketchUp 中生成面域。

03 在命令行中输入"SPL"命令并按 Enter 键，调用"样条曲线"命令绘制人物头部轮廓，如图 8-30 所示。

04 由于手部被草丛遮挡，可以在手部附近绘制草丛，并将草丛底部绘制成水平线，作为放入 SketchUp 模型中的参考水平线，如图 8-31 所示。

图 8-29　导入光栅图像结果

图 8-30　绘制面部轮廓

图 8-31　绘制草丛

05 按住鼠标中键拖移 CAD 图形，可以快速观察已经描绘完成的线框，松掉鼠标中键进行对比，将未绘制完成的线条补全，并将其保存为 dwg 格式文件，如图 8-32 所示。

06 打开 SketchUp 2015 软件，执行"文件"|"导入"菜单命令，打开"打开"面板，选择文件类型为"AutoCAD 文件（*.dwg、*.dxf）"，单击"打开"面板右侧的"选项"按钮，打开"导入 AutoCAD DWG/DXF 选项"面板，如图 8-33 所示。

07 根据要求设置好"导入 AutoCAD DWG/DXF 选项"面板参数后，单击"确定"按钮，返回"打开"面板，双击目标文件或单击"打开"按钮即可进行导入，如图 8-34 所示。

图 8-32　观察完成的
CAD 底图

图 8-33　选择文件类型

图 8-34　"导入 AutoCAD DWG/
DXF 选项"面板

08 文件成功导入后，将弹出"导入结果"面板，显示导入与简化的图元，如图 8-35 所示。

09 单击"导入结果"面板中的"关闭"按钮，即可利用鼠标放置导入的文件，如图 8-36 所示。

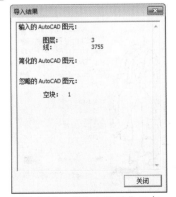

图 8-35　"导入结果"面板

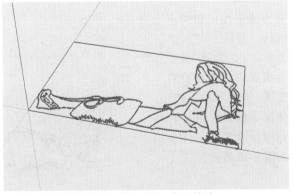

图 8-36　SketchUp 导入结果

8.2.2 制作人物组件

在完成 AutoCAD 文件导入后，需要将线框生成面域，然后再填充材质，将其创建成绕相机旋转的组件。

01 激活"卷尺"工具 ，测量鞋子的长度，此时在"数值"输入框中输入鞋子基准长度 230mm，按 Enter 键确定，如图 8-37 所示。

02 在弹出的"提示"对话框中单击"是"选项，即可完成人物组件的大小更改，如图 8-38 所示。

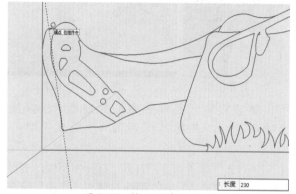

图 8-37　输入调节尺寸

图 8-38　提示对话框

> **提示：** 当某些从外部载入的模型文件，不能更改尺寸大小时，可以尝试打开群组，全选之后，再使用"卷尺"工具更改尺寸。若是仍然出现错误，还可尝试使用"缩放"工具改变模型大小。

03 选择人物组件，激活"旋转" 工具，在原点处捕捉到红色标尺，再选择图形上任意一点后，旋转 90°，使人物组件与地面垂直，如图 8-39 所示。

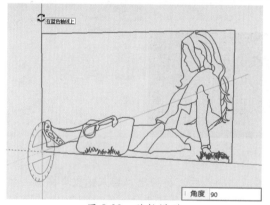

图 8-39　旋转模型

04 为方便查找出错的点，执行"窗口"|"样式"菜单命令，选择"编辑"面板中的"边线设置"选项，勾选"端点"选项，使端点粗显，易于观察到模型中多余的线条，如图 8-40 所示。

图 8-40　显示端点

05 激活"直线"工具 ✐，依次连接每个线框上两点，将线框封面，如图8-41所示。

06 利用"擦除"✐工具，将模型中多余的部分擦除掉，清理模型使其更加整洁，如图8-42所示。

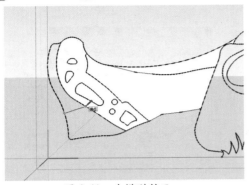

图8-41 为模型封面

图8-42 删除多余线条

07 完成模型的封面后，执行"窗口"|"样式"菜单命令，取消"边线设置"选项中的"端点"勾选，如图8-43所示。

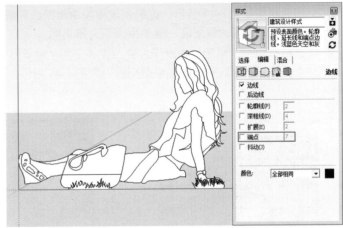

图8-43 修改显示样式

08 执行"文件"|"导入"菜单命令，在弹出的"打开"面板右侧选择图片导入功能，如图8-44所示，这里保持默认的"用作图像"选项。

图8-44 导入人物图片

09 在"边线设置"选项中勾选显示后边线，分别激活"移动"✜、"缩放"🗗工具，对图片进行移动与缩放，使其图片位置、大小与人物组件一致，如图8-45所示。

10 若需要制作一个较为真实风格的人物组件，首先可执行右键菜单栏中的分解命令，如图8-46所示。

图 8-45　移动、缩放图片

图 8-46　分解图片

11 分解后结果如图 8-47 所示，此时发现模型中出现面闪烁现象，说明这个地方有两个面重叠了，为了更好的保留面，需使用模型交错功能。

12 框选所有物体，然后单击鼠标右键，在弹出的关联菜单中选择"模型交错"|"只对选择对象交错"命令，即可完成模型交错，如图 8-48 所示。

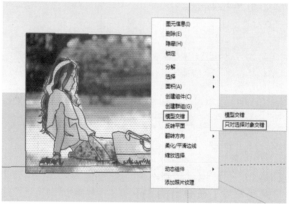

图 8-47　炸开图片后的效果

图 8-48　模型交错

13 激活"材质" 🖌 工具，按住 Alt 键吸取模型图片的材质，并填充模型交错后空白处，如图 8-49 所示。

14 利用"擦除" 🖋 工具，将人物四周多余的边线删除，保留草坪上的姑娘的部分即可，如图 8-50 所示。

图 8-49　为空白处填充材质

图 8-50　删除多余的线

15 框选草坪上姑娘的所有线、面，单击鼠标右键，在快捷菜单中选择"创建组件"命令，弹出"创建组件"对话框，勾选"总是朝向镜头"和"阴影朝向太阳"选项，如图 8-51 所示。

图 8-51　创建组件

16 单击"创建组件"对话框中的"设置组件轴"按钮，将组件轴心设置在人物的中心位置，红绿蓝轴保留原来方向，如图 8-52 所示。

17 完成创建组件后，旋转观察草坪上的人物组件，可以发现，该图片随着相机视角绕组件内的轴心点旋转，如图 8-53 所示。

18 除此之外，还可以参考图片的材质，绘制一个概念性人物组件，并用简单而明快或符合模型风格的颜色填充模型，再同上步骤创建成组件即可。如图 8-54 所示。

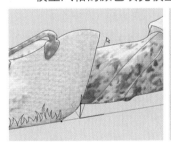 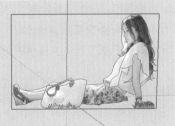 

图 8-52　设置组件轴　　　　图 8-53　旋转人物组件　　　　图 8-54　概念性人物组件

8.3　绘制特色茶几

茶几是室内中经常使用到的模型，接下来，将讲解如图 8-55 所示的木制特色茶几的制作方法。制作茶几模型分创建模型以及填充材质两个阶段。

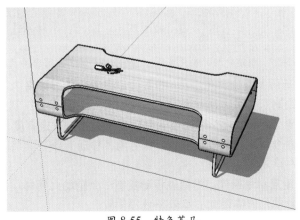

图 8-55　特色茶几

8.3.1 创建茶几模型

通过简单的分析，可以将茶几模型分为茶几桌面与茶几支架两大块，因此创建模型分两步进行。

1. 绘制茶几桌面

01 打开 SketchUp 软件后，激活"矩形"工具 ，绘制一个尺寸为 1180mm×600mm 的矩形。并用"推/拉"工具 推拉出 200mm 的高度，如图 8-56 所示。

02 利用"圆弧"工具 ，在矩形的四个角，绘制出桌面的圆角的轮廓形状，圆弧半径为 55mm，如图 8-57 所示。

03 激活"推/拉"工具 ，推空立方体的四个直角，使得桌角边缘呈圆滑状态，如图 8-58 所示。

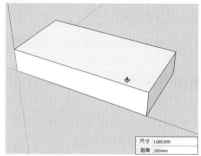 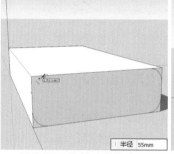 

图 8-56　创建立方体　　　　图 8-57　绘制弧形轮廓　　　　图 8-58　推除边角

04 创建组件，并柔化表面。按 Ctrl+A 组合键选择所有物体，执行右键关联菜单中"创建群组"命令。再双击打开群组，用"擦除" 工具，并按住 Ctrl 键，将其多余线条进行柔化，如图 8-59 所示。

05 利用"偏移"工具 ，向内偏移 12mm 厚度的茶几木板，如图 8-60 所示。

06 激活"推/拉"工具 ，推空茶几内部，如图 8-61 所示。

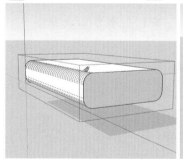 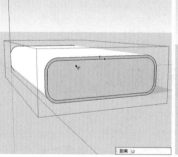 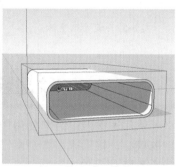

图 8-59　创建群组并柔化边线　　图 8-60　偏移复制出茶几厚度　　图 8-61　推空茶几内部空间

07 运用"擦除" 工具，并按住 Ctrl 键选择线条将内表面柔化，然后分别激活"矩形" 绘制 830mm×300mm 辅助矩形，"圆弧" 工具绘制半径为 55mm 的圆弧，如图 8-62 所示。

08 激活"推/拉"工具 ，将辅助平面推出一定高度，并执行右键关联菜单中"创建群组"命令，将其创建为群组，然后用"移动" 工具将其对齐至茶几桌面一边的中心，如图 8-63 所示。

09 重复命令操作，沿绿轴移动复制一个辅助几何体，激活"缩放" 工具，选择中心面将辅助几何体镜像，如图 8-64 所示。

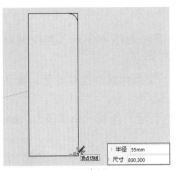
图 8-62 创建辅助面

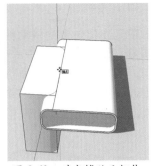
图 8-63 对齐辅助几何体

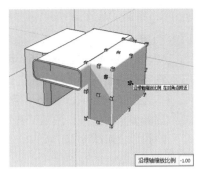
图 8-64 复制几何体

10 单击实体工具栏中的"减去"命令 ⬚，减去多余物体。分别以两个辅助几何体为第一
个实体，茶几桌面为第二个实体，结果如图 8-65 所示。

11 激活"直线"╱工具、"圆"⬭工具，在桌面一角绘制桌面分界线，并绘制 4 个对称
半径为 8mm 的铆钉，如图 8-66 所示。

12 绘制固定铆钉的钉架。使用"矩形"▨工具绘制 120mm×13mm 的矩形、"直线"╱
工具绘制中心线、"圆"⬭工具绘制半径为 3mm 的圆。并用"推/拉"◆工具推出 1.5mm
厚度，如图 8-67 所示。

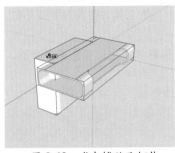
图 8-65 减去辅助几何体

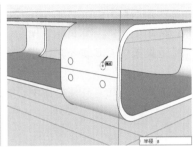
图 8-66 绘制铆钉

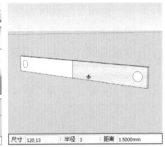
图 8-67 绘制钉架

13 利用"旋转"🔃工具，按住 Ctrl 键，将钉架旋转复制，旋转十字钉架至水平状态，如图
8-68 所示。

14 激活"直线"╱工具绘制一条茶几内面切割线，再用"移动"❖工具，移动十字钉架中
心到切割线的中点，并选择十字钉架与铆钉，如图 8-69 所示。

15 在茶几面上做一条中心辅助线，激活"旋转"🔃工具，按住 Ctrl 键将选中物体旋转
180°，即可完成铆钉和十字钉架的复制，如图 8-70 所示。

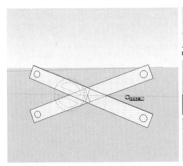
图 8-68 旋转复制钉架

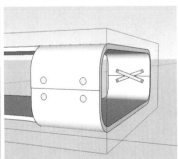
图 8-69 移动至相应位置

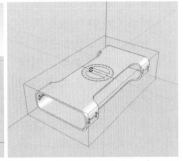
图 8-70 旋转复制铆钉和十字钉架

2. 绘制茶几支架

01 利用"卷尺"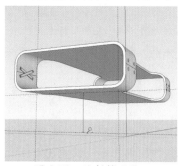工具，绘制出茶几支架位置的辅助线，横向偏移460mm，竖向偏移60mm，整体向内移动96mm，并移动至中心位置，如图8-71所示。

02 将茶几桌面向上移动7mm，并用"矩形"工具以辅助线的交点为端点绘制矩形，激活"圆弧"工具，绘制半径为58mm的圆角，如图8-72所示。

03 删除多余的线条，激活"圆"工具，并捕捉垂直于矩形的面后，绘制一个半径为7mm的圆形，如图8-73所示。

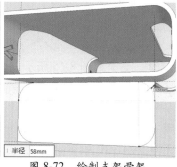
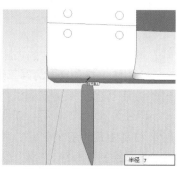

图 8-71　绘制辅助线　　　　　图 8-72　绘制支架骨架　　　　　图 8-73　绘制圆形截面

04 用"选择"工具选择矩形边线为放样路径，激活"路径跟随"工具，在圆形截面单击，圆形面则会沿矩形边线路径跟随出支架，如图8-74所示。

05 框选支架，利用"擦除"工具按住Ctrl键不放，选择线条将其柔化，并删除多余面，如图8-75所示。

06 选择支架，激活"旋转"工具，将其沿茶几桌面中心旋转复制，如图8-76所示。

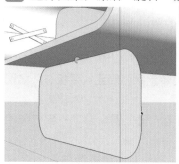
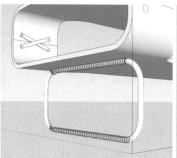
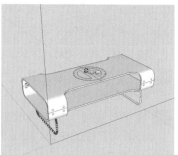

图 8-74　选择跟随路径　　　　　图 8-75　柔化支架　　　　　图 8-76　旋转复制支架

07 激活"选择"工具，按住Ctrl键分别在两个支架上面三击，并执行右键关联菜单中"创建群组"命令，如图8-77所示。

08 单击"X光透视"按钮，切换视图模式，删除多余的线条，完善模型，如图8-78所示。

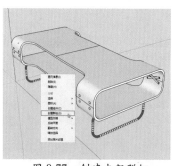
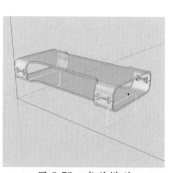

图 8-77　创建支架群组　　　　　图 8-78　完善模型

8.3.2 铺贴材质

由前面创建茶几模型可以分析，茶几有桌面、铆钉以及支架共三类材质，其中桌面的木纹材质不属于SketchUp中自带的材质。为方便填充材质，应先关闭"X光透视"模式。

01 双击进入茶几桌面群组，执行"文件"|"导入"命令，在弹出的"打开"面板右侧选择图片导入功能，在此选择"用作纹理"，选择需要的木纹材质，设置完参数后单击打开按钮，即可导入，如图8-79所示。

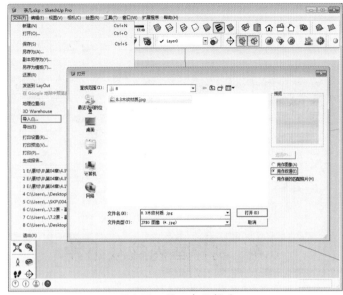

图8-79 导入木纹材质

02 此时光标呈"材质" 图标样式，木纹材质图片出现在光标处，点选材质的放置位置，再拖出材质的大小，如图8-80所示。

03 铺贴完成后，可以发现当前填充的面已经铺贴上该材质，激活"材质"工具，按住Alt键吸取木纹材质，然后按住Ctrl键，单击填充茶几桌面其他部分，如图8-81所示。

04 单击"X光透视"按钮，切换视图模式。选择铆钉与十字钉架，激活"材质"工具，在弹出的"材质"面板中通过下拉按钮进入"颜色"文件夹，并选择该文件夹下浅灰色材质（颜色001），单击选中区域，完成铆钉与十字钉架的材质填充，如图8-82所示。

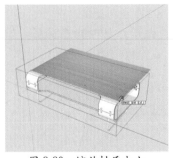

图8-80 缩放材质大小

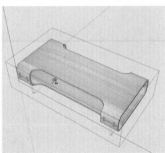

图8-81 填充茶几其余桌面

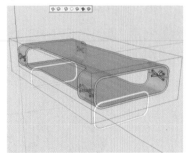

图8-82 填充铆钉、十字钉架

05 重复命令操作，在弹出的"材质"面板中通过下拉按钮进入"颜色"文件夹，并选择该文件夹下银灰色材质（颜色002），单击支架群组，即可完成填充支架材质，如图8-83所示。

06 最后对材质的颜色进行微调，完成材质的填充，结果如图8-84所示。

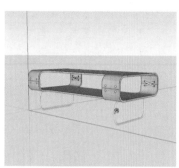

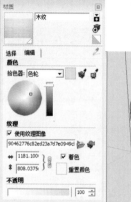

图 8-83　填充支架

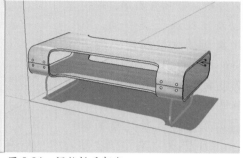

图 8-84　调整材质颜色

8.4　制作室内盆栽组件

制作如图 8-85 所示室内盆栽组件，通过观察可以发现，该盆栽主要可以分为五角花盆与球形植物两个部分。

8.4.1　制作模型

1. 制作五角花盆

01 激活"多边形" 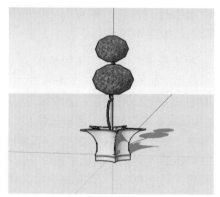工具，在"数值"输入框中输入边数为"5s"，并按 Enter 键，在原点处绘制一个半径为 400mm 的多边形，如图 8-86 所示。

图 8-85　室内盆栽

02 利用"圆弧" 工具，以多边形端点为起点和终点，绘制弧高为 100mm 的圆弧，如图 8-87 所示。

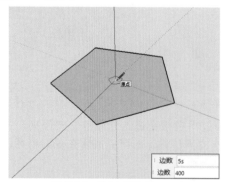

图 8-86　绘制五边形

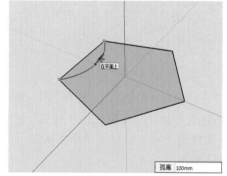

图 8-87　绘制圆弧

03 选择圆弧，激活"旋转" 工具，确定轴线后按住 Ctrl 键，在"数值"输入框中输入旋转角度"72°"，按 Enter 键确认，然后在"数值"输入框中输入复制份数"4x"，按 Enter 键确定，如图 8-88 与图 8-89 所示。

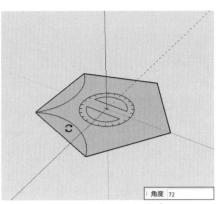

图 8-88 确定旋转角度

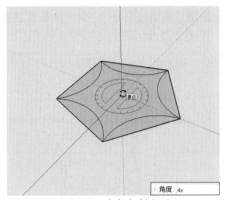

图 8-89 确定复制数量

04 激活"擦除"![]工具删除五边形边线。用"旋转矩形"![]工具，绘制一个尺寸为 658mm×600mm 并垂直于五边形的辅助矩形，如图 8-90 所示。

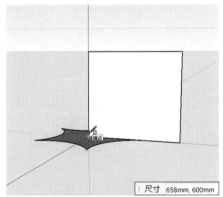

图 8-90 绘制辅助矩形

05 利用"圆弧"![]工具，以多边形端点为起点，辅助矩形端点为终点，绘制弧高为 150mm 花盆弧形边，如图 8-91 所示。

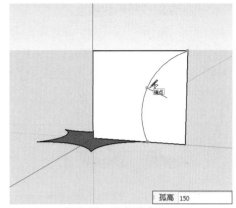

图 8-91 绘制花盆边线

06 激活"偏移"![]工具，将花盆弧形边向内偏移出 26mm 厚度，如图 8-92 所示。

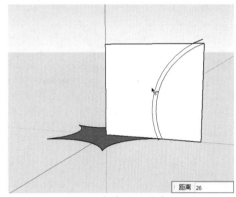

图 8-92 向内偏移花盆边线

07 激活"擦除"![]工具，擦除多余的边线，如图 8-93 所示。

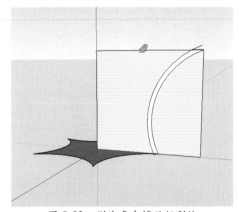

图 8-93 删除多余辅助矩形边

08 以五边形边线为放样路径，激活"路径跟随"![]工具，在花盆截面上单击，花盆截面则将会沿五边形路径跟随，如图

8-94 与图 8-95 所示的模型。

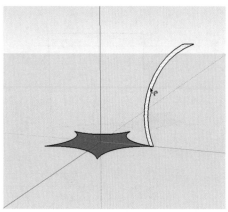

图 8-94 放样路径

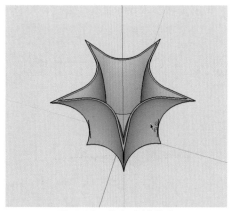

图 8-95 花盆放样效果

09 按 Ctrl+A 组合键选择所有模型，执行右键快捷菜单中的"反转平面"，将花盆平面翻转至正面，如图 8-96 所示。

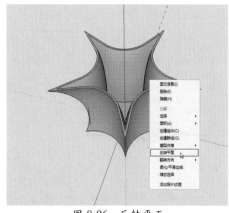

图 8-96 反转平面

10 激活"直线" ✏ 工具，将花盆底面封面，如图 8-97 所示，同时删除多余线条。

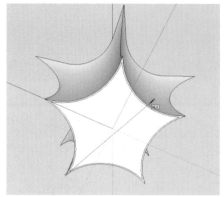

图 8-97 将花盆底面封面

11 激活"推／拉" ◆ 工具，将花盆底面向下推拉 25mm 高度，如图 8-98 所示。

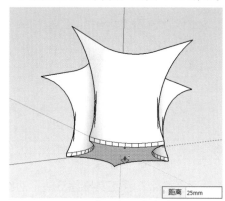

图 8-98 向下推拉花盆底面

12 利用"缩放" 🔲 工具，将底面中心缩放至 0.97 倍，如图 8-99 所示。

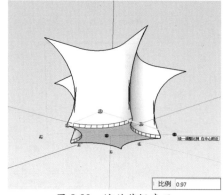

图 8-99 缩放花坛底面

13 激活"推／拉" ◆ 工具，将花盆底面向下推拉 100mm 高度，如图 8-100 所示。

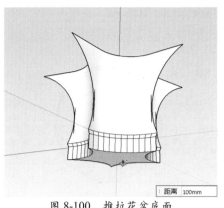

图 8-100 推拉花盆底面

14 利用"缩放" 🔲工具，选择花盆顶面，将其中心缩放至 1.1 倍，如图 8-101 所示。

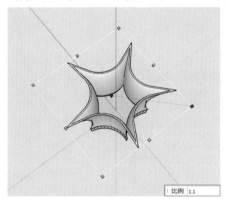

图 8-101 缩放花盆顶面

15 激活"推/拉" 🔷 工具，将花盆顶面向上推拉 20mm 高度，如图 8-102 所示。

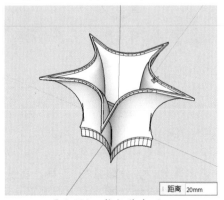

图 8-102 推拉花盆顶面

16 框选花盆，执行右键快捷菜单中"创建群组"命令，再次单击鼠标右键，执行快捷菜单中的"柔化/平滑边线"命令，将花盆面进行柔化，如图 8-103 所示。

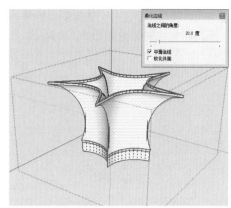

图 8-103 柔化花盆边线

17 绘制土壤平面。激活"矩形"工具 ◪，在花盆上方绘制一个辅助矩形，同时将矩形移至花盆合适位置，如图 8-104 所示。

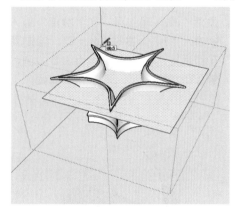

图 8-104 绘制辅助矩形

18 选择矩形面与花盆边的内面，执行右键快捷菜单中的"模型交错"|"只对选择对象交错"命令，即可绘制出花盆的土壤平面，如图 8-105 所示。

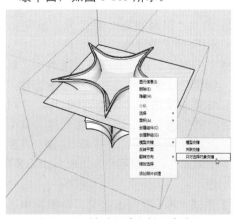

图 8-105 模型交错绘制土壤平面

19 激活"擦除" 🖊 工具，删除多余的线、面，五角花盆绘制结果如图8-106所示。

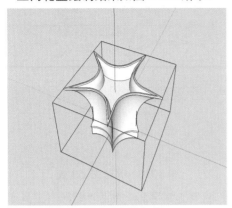

图 8-106　删除多余线、面

2. 绘制球形植物

01 激活"圆" ⊘ 工具，在"数值"输入框中输入"10s"并按 Enter 键，绘制两个互相垂直、大小半径同为 380 的圆，如图 8-107 所示。

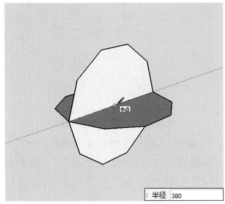

图 8-107　绘制两个互相垂直的圆形

02 利用"路径跟随" 🔄 工具，绘制如图 8-108 所示的球体。

03 选择球体，执行右键快捷菜单中"创建群组"命令。激活"移动" ✥ 工具，将球体沿蓝轴方向移动 1800mm，并利用"圆" ⊘ 工具，在"数值"输入框中输入边数为"8s"，并按 Enter 键，在底面的圆形上，绘制两个多边形，如图 8-109 所示。

04 激活"推/拉" ◆ 工具，将圆形中心的多边形向上推拉 2000mm，支架绘制结

果如图 8-110 所示。

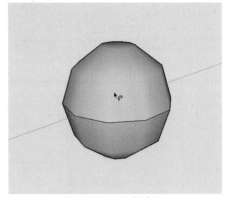

图 8-108　绘制球体

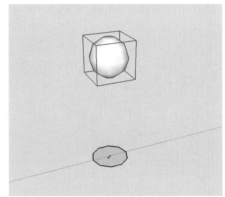

图 8-109　绘制两个多边形

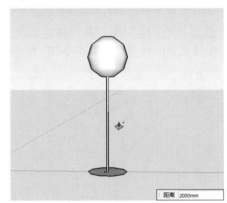

图 8-110　推拉多边形

05 绘制藤蔓。利用"圆弧" 🖊 工具、"直线" ✏ 工具、"缩放" 🔲 工具，以圆形上另一多边形为起点绘制藤蔓弧线，如图 8-111 所示。

06 用"擦除"工具，将多余的线条删除。选择藤蔓弧线，激活"路径跟随" 🔄 工具，在底面多边形上单击，多边形截面

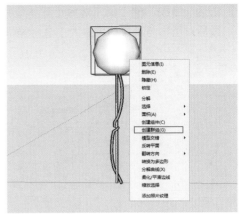

则将会沿藤蔓弧线路径跟随出如图 8-112 所示的模型。

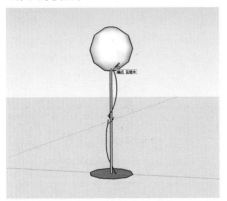

图 8-111　绘制藤蔓弧线

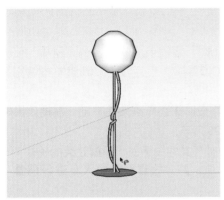

图 8-112　跟随路径

07 选择藤蔓，执行右键快捷菜单中的"柔化 / 平滑边线"命令，并删除多余的面，如图 8-113 所示。

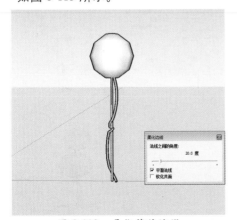

图 8-113　柔化藤蔓边线

08 选择球形植物、藤蔓与支架，执行右键快捷菜单中的"创建群组"命令，如图 8-114 所示。

图 8-114　创建群组

09 激活"移动" ✛ 工具，将植物群组移至花盆上端合适位置，如图 8-115 所示。

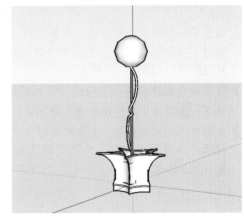

图 8-115　移动植物组件至花盆上

10 双击进入植物组件，用"选择"工具 ▶ 选中植物球体，利用"移动" ✛ 工具，按住 Ctrl 键，向下拖动鼠标进行移动复制植物球体模型，如图 8-116 所示。

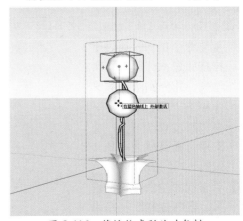

图 8-116　将植物球形移动复制

11 激活"缩放" 工具，对两个球体植物的大小进行调整，如图 8-117 所示。

12 最后对植物与花盆的位置大小进行微调，完成后如图 8-118 所示。

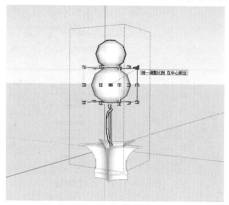

图 8-117　缩放球体植物

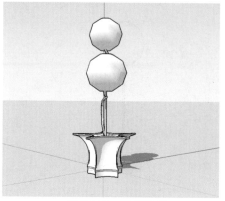

图 8-118　微调模型

8.4.2　铺贴材质

01 为花盆铺贴材质，双击进入花盆群组，激活"材质" 工具，在弹出的"材质"面板中通过下拉按钮进入颜色文件夹，并选择"颜色 C02" ，然后按住 Ctrl 键单击填充花盆其他部分，如图 8-119 所示。

02 重复命令操作，通过下拉按钮进入"植被"文件夹，并选择该文件夹下"模糊效果的植被 5" 材质，填充花盆内土壤表面，如图 8-120 所示。

03 为球体植物填充材质，重复命令操作，选择"植被"文件夹下的"模糊效果的植被 7" 材质，单击两个球体，为两个球体植物填充材质，并对纹理图像的大小进行调整，如图 8-121 所示。

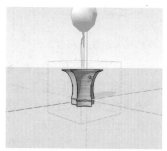

图 8-119　为花盆填充材质

图 8-120　为土壤平面填充材质

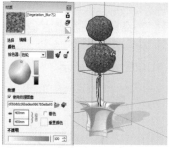

图 8-121　为球形植物填充材质

04 重复命令操作，通过下拉按钮进入"颜色"文件夹，并分别选择该文件夹下"颜色 D10" 与"颜色 C17" ，为支架与藤蔓填充材质，如图 8-122 所示。

05 单击视图空白处退出群组，室内盆栽绘制结果如图 8-123 所示。

图 8-122　为支架、藤蔓填充材质

图 8-123　完成效果

8.5　制作景观亭子模型

制作如图 8-124 所示景观亭子模型将从创建亭子模型以及为亭子填充材质两步由浅入深进行讲述。创建亭子模型部分又划分为基座，梁柱及屋顶的制作。

图 8-124　景观亭子

8.5.1　创建亭子模型

1.　制作亭子基座

01 激活"矩形"工具 ▨，绘制一个尺寸为 3000mm×3000mm 的正方形，如图 8-125 所示。

02 利用"偏移"工具 ▨，将正方形边线向内偏移 300mm，如图 8-126 所示。

03 绘制辅助线，激活"直线"工具 ✎，连接两个正方形的两边中点，并选择，如图 8-127 所示。

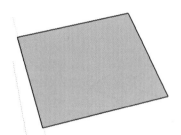

图 8-125　绘制正方形

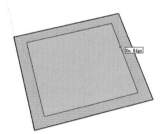

图 8-126　向内偏移正方形边线

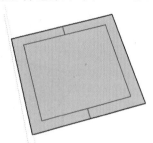

图 8-127　绘制辅助线

04 激活"移动"工具 ✥，按住 Ctrl 键，将两条辅助线往左右两侧复制偏移 800mm 作为阶梯分界线，删除辅助中线，并双击选择阶梯平面，如图 8-128 所示。

05 激活"移动"工具 ✥，同时按住 Ctrl 键将阶梯面往外复制，如图 8-129 所示。

06 用"推/拉"工具 ✦，将阶梯依次提升 150mm，亭子基座面提升至 450mm，即亭子基座绘制结果如图 8-130 所示。

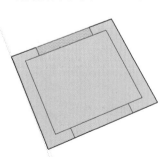

图 8-128　绘制阶梯分界线

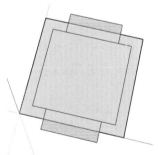

图 8-129　复制阶梯面

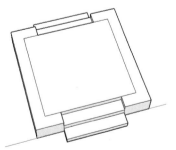

图 8-130　推出亭子基座高度

2.　制作亭子梁柱

01 绘制柱基，激活"矩形"工具 ▨，绘制 4 个尺寸为 200mm×200mm 的柱基，如图 8-131 所示。

02 将多余线条删除，利用"推/拉"工具 ✦，将柱子向上推拉 2200mm 高度，如图 8-132 所示。

03 激活"卷尺"工具 , 于两根对角的柱子上延轴作出横梁位置的辅助线, 每根辅助线长度为400mm, 如图8-133所示。

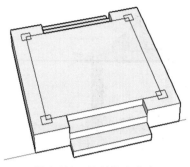

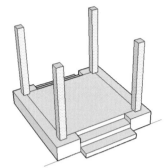

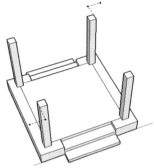

图8-131　绘制柱子基础面　　　　图8-132　推出柱子高度　　　　图8-133　绘制辅助线

04 激活"矩形"工具 ![], 以辅助线端点为起点绘制矩形, 并用"偏移"工具 ![] 将矩形向内偏移700mm, 如图8-134所示。

05 删除辅助线以及中心的小矩形, 激活"推/拉" ![] 工具, 将外围向上推拉20mm的高度, 再将柱子向上推拉100mm高度, 即梁柱基本轮廓绘制结果如图8-135所示。

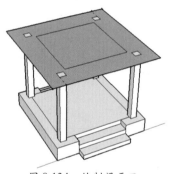

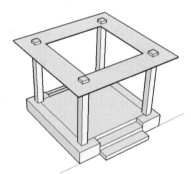

图8-134　绘制梁平面　　　　　　图8-135　推出梁高度

3. 制作亭子屋顶

01 激活"矩形" ![] 工具, 根据图8-134中梁板的外轮廓大小创建尺寸为3400mm×3400mm的矩形, 并用"直线" ![] 工具, 连接矩形对角点, 以对角线中心为起点绘制一条竖直向上1200mm的直线, 如图8-136所示。

02 激活"圆弧" ![] 工具, 以直线的端点为起点, 以正方形的一角为终点绘制圆弧, 如图8-137所示。

03 激活"直线" ![] 工具、"圆弧" ![] 工具绘制亭子屋顶的翘角辅助线。选择屋脊基础线, 并用"旋转" ![] 工具, 按住 Ctrl 键, 以正方形中心到屋脊翘角为旋转轴, 旋转90°复制屋脊线, 在"数值"输入框中输入复制份数"3x"。如图8-138所示。

04 激活"圆弧" ![] 工具, 绘制翘角之间的屋檐辅助线, 然后激活"旋转" ![] 工具, 同上方法复制出所有屋檐辅助线, 并选择蓝色部分线条, 如图8-139所示。

05 激活"根据等高线创建" ![] 工具, 生成弧形面。再用"旋转" ![] 工具, 同上方法将生成的弧形面旋转复制3份, 如图8-140所示。

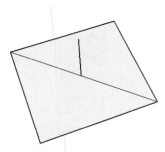
图 8-136　绘制屋顶辅助线、面

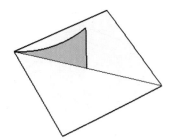
图 8-137　绘制屋脊基础线

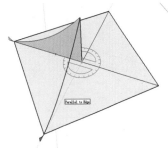
图 8-138　旋转复制屋脊基础线

06 选择所有生成的亭顶面，执行右键关联菜单中的"隐藏"命令。并用"旋转矩形" 🔲 工具，在亭角上绘制辅助垂直面，双击选择矩形，执行右键关联菜单中的"创建群组"命令，如图 8-141 所示。

图 8-139　绘制屋顶面的边线

图 8-140　生成弧形面

图 8-141　绘制辅助面

07 激活"圆形" ⊘ 工具，在垂直辅助面上绘制半径为 30mm 的圆，如图 8-142 所示。

08 选择屋脊线与屋脊翘角线，激活"路径跟随" 🔮 工具，再单击圆形截面，即可放样出屋脊，删除辅助面。执行"编辑"|"取消隐藏"|"最后"菜单命令，移动调整好屋脊的位置，并执行右键关联菜单"创建群组"命令，如图 8-143 所示。

09 对屋脊进行调整。双击打开屋脊群组，选择屋脊角的圆形面，激活"推 / 拉" 🔷 工具，将其推出 100mm，再激活"缩放" 🔳 工具，选择斜对角，将面缩小，如图 8-144 所示。

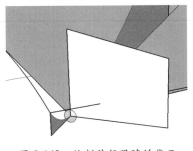
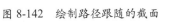
图 8-142　绘制路径跟随的截面

图 8-143　路径跟随成屋脊

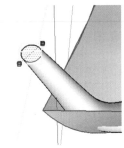
图 8-144　将屋脊翘角收口

10 选择屋脊群组，激活"缩放" 🔳 工具，选择斜对角，按住 Ctrl 键中心缩放至"1.02"，使屋脊与屋顶面贴合，如图 8-145 所示。

11 将屋顶面与屋脊隐藏，删除多余面及线条，激活"圆形" ⊘ 于屋脊顶端绘制一个水平且半径为 120mm 的圆，在圆上用"旋转矩形" 🔲 工具绘制一个垂直于圆的辅助面，如图 8-146 所示。

12 在垂直辅助面上，用"直线" ✏ 工具绘制宝顶的外侧轮廓线，如图 8-147 所示。

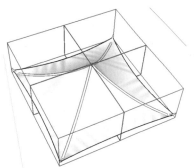

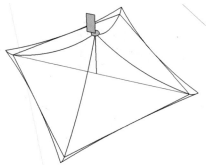

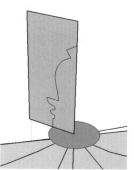

图 8-145　缩放屋脊使其与屋面　　　图 8-146　创建宝顶辅助面　　　图 8-147　绘制宝顶
　　　　　 更加贴合　　　　　　　　　　　　　　　　　　　　　　　　　　　 截面轮廓

13 选择圆形的边线，激活"路径跟随" 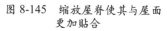 工具，单击绘制的宝顶截面，删除多余面、线，
　　完成宝顶的绘制，并执行右键快捷菜单中的"反转平面"命令，将面翻转成正面，如
　　图 8-148 所示。

14 执行"编辑"|"取消隐藏"|"全部"菜单命令，将所有隐藏项目打开，如
　　图 8-149 所示。

15 将屋顶的元素全部选择，单击鼠标右键，执行"创建组件"命令，如图 8-150 所示。

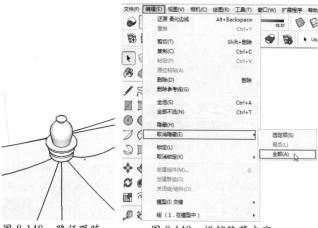

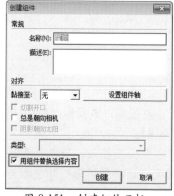

图 8-148　路径跟随　　　　图 8-149　撤销隐藏内容　　　　　图 8-150　创建组件
　　　　　 制作宝顶

16 在"创建组件"面板中，
　　将其命名为屋顶，勾选
　　"用组件替换选择内容"，
　　如图 8-151 所示。

17 至此，屋顶绘制完成，
　　如图 8-152 所示。

图 8-151　创建组件面板　　　　图 8-152　完成亭子基础模型

8.5.2 铺贴材质

1. 添加材质前的准备

`01` 对亭子的模型进行整理，清理多余线面，确保所有面都是正面朝外。

`02` 进行模式更改，选择"样式"菜单栏中的"材质贴图"模式 ![icon]。

`03` 挑选合适的材质作为备用，可于网上搜索下载，也可以用软件本身所带的材质库。

2. 为亭子添加材质

`01` 首先为亭子顶部添加材质。双击打开屋顶组件，激活"材质" ![icon] 工具，在弹出的"材质"面板中通过下拉按钮进入"屋顶"文件夹，选择该文件夹下的"西班牙式瓦片屋顶" ![icon] 材质，按住 Ctrl 键，对亭顶面进行材质填充，如图 8-153 所示。

`02` 此时发现纹理图像出现明显的错位情况，执行"视图"|"隐藏物体"菜单命令，将物体的网格线显示出来，如图 8-154 所示。

`03` 在顶面其中一个分面上单击鼠标右键，然后在弹出的关联菜单中执行"纹理" | "位置"命令，对其进行重设贴图坐标操作，再次单击鼠标右键，在弹出的菜单中执行"完成"命令，按住 Alt 键，此时鼠标光标变为吸管状态 ![icon]，然后在刚编辑的分面上单击，进行材质取样，接着为顶面的其他分面重新赋予材质，此时贴图没有出现错位现象，如图 8-155 所示。

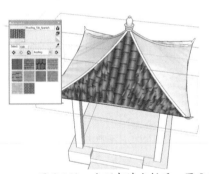

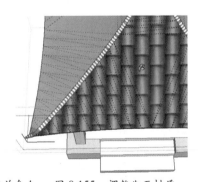

图 8-153　为顶部填充材质　　图 8-154　打开"隐藏物体"菜单命令　　图 8-155　调整曲面材质

`04` 取消勾选"隐藏物体"菜单命令，选择合适的材质或颜色为亭子其他部分填充材质，并且补充细节，如图 8-156 所示。

`05` 对其中大小、颜色不太合适的材质进行微调。以灰色地面砖为例，选择"材质"面板中的"编辑"选项卡，将长宽改为300mm 以调整材质大小；再勾选"着色"，将颜色调整到最佳状态，即完成对灰色地面砖的微调，如图 8-157 所示。

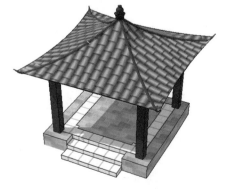

图 8-156　为亭子铺贴材质

06 最后将所有材质调整好，导入软件自带的人的组件及从 Google 上下载的桌凳、树木等模型组件，即完成整个景观亭模型的建立过程，如图 8-158 所示。

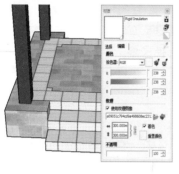

图 8-157　调整材质大小

图 8-158　完成亭子创建

8.6　照片匹配绘制岗亭模型

创建如图 8-159 所示的岗亭模型，通过观察发现该岗亭形状为四边形，有比较明显的透视关系，可以使用照片匹配模式来绘制模型。

8.6.1　创建岗亭模型

照片匹配是 SketchUp 中依据导入图片的透视效果，通过匹配透视角度，来创建与建筑物或构筑物的一张或多张照片相匹配的 3D 模型。此过程最适于制作构筑物（包含表示平行线的部分）图像模型，如方形窗户的顶部和底部。

图 8-159　岗亭照片

提示： 当一个模型中有多张匹配的照片时，此时即可激活"相机"菜单栏中的"预览匹配照片"命令，转换到可以同时观察浏览所有匹配图片的模式，而此时当前的操作命令自动转换为"环绕观察"，按住鼠标左键或中键，拖曳鼠标可以旋转冰屋图片；在某张图片上双击鼠标左键，即可转换到某张图片的角度，图片的大小依据模型中物体的大小而定。该图片边框显示为"洋紫色"，键入 Enter 键，即可进入照片匹配模式修改模型。

1. 将照片添加至模型中

01 打开 SketchUp 2015，执行"文件"|"导入"菜单命令，选择照片并在"打开"面板右侧选择"用作新的匹配照片"导入功能，如图 8-160 所示。

02 单击"打开"按钮，照片添加，如图 8-161 所示，可以观察到其中分别有两条红色线条、绿色线条以及一个坐标系。其中，红色和绿色线条是以透视线的原理来匹配模型中红轴绿轴方向的线条，而且可以移动坐标系来改变并确定坐标位置。

03 首先将坐标轴位置放置在亭子左下角处，如图 8-162 所示。

04 移动一条红绳线条两端匹配至岗亭左下边线，如图 8-163 所示。

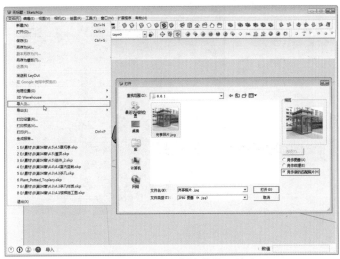

图 8-160　匹配照片模式导入照片

图 8-161　照片导入模型中

图 8-162　固定坐标轴位置

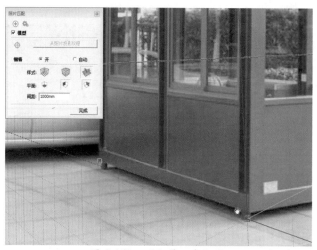

图 8-163 匹配第一条红线

05 移动第二条线与岗亭玻璃顶棚边线匹配,如图 8-164 所示。

图 8-164 匹配第二条红线

06 两条绿轴分别匹配至岗亭右侧两条边线的位置,如图 8-165 所示。

图 8-165 匹配两条绿线

07 执行"照片匹配"面板栏中的"完成"命令，如图8-166所示。注意其中栅格大小可以更改用来确定模型大小。

08 完成后，如图8-167所示。注意在照片匹配模式下可以平移，可以缩放，但是不要轻易环绕观察，即不要按住鼠标中键后拖动鼠标，否则会出现如图8-168所示照片消失，且换成普通模式的情况。若要还原照片匹配模式，在绘图区左上角单击"岗亭照片"，页面即可切换回来。

图 8-166 "照片匹配"面板

图 8-167 完成照片匹配

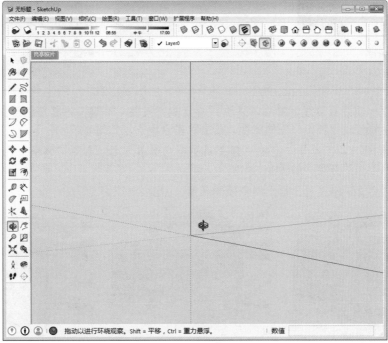

图 8-168 切换普通模式

2. 构建模型

01 激活"矩形" ▨ 工具，绘制岗亭的底平面，如图8-169所示。

02 利用"推/拉" ◆ 工具，推出岗亭的基本高度，如图8-170所示。

03 单击"视图样式" ▣ 按钮，显示模型后边线，选择底面边线，激活"移动" ◆ 工具，按住 Ctrl 键将其向上移动复制至玻璃顶处，如图8-171所示。

图 8-169　绘制岗亭底面　　　　图 8-170　推出岗亭高度　　　　图 8-171　复制出玻璃顶位置

04 激活"偏移" ⬗ 工具，以上步移动复制的边线为偏移边线，将其向外偏移至玻璃顶外侧位置，如图8-172所示。

05 重复上一步骤的方法，偏移复制出左侧面上玻璃门门框位置，并将门框底边移动到相应位置，如图8-173所示。

06 复命令操作，再偏移复制出另一侧的门框位置，如图8-174所示。

  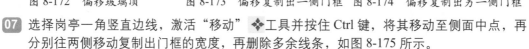

图 8-172　偏移玻璃顶　　　图 8-173　偏移复制出一侧门框　图 8-174　偏移复制出另一侧门框

07 选择岗亭一角竖直边线，激活"移动" ◆ 工具并按住 Ctrl 键，将其移动至侧面中点，再分别往两侧移动复制出门框的宽度，再删除多余线条，如图8-175所示。

08 通过"选择" ▸ 工具与"旋转" ↻ 工具的配合选取顶面，激活"偏移" ⬗ 工具，偏移复制出岗亭顶的宽度，如图8-176所示。

09 利用"推/拉" ◆ 工具，推出岗亭顶的高度，如图8-177所示。

图 8-175　移动复制出门框　　　图 8-176　偏移复制出岗亭顶宽　　图 8-177　推出岗亭顶的高度

10 通过多次类似以上的操作步骤，完善模型中可见面上的基本形状，并推出相应距离，如图 8-178 所示。

11 按住鼠标中键，移动鼠标，转换成普通模式，如图 8-179 所示。

12 在岗亭顶绘制两个矩形尺寸为 200mm×40mm 截面，并选择岗亭顶处的顶面边线为放样路径，激活"路径跟随" 工具，单击顶上绘制的两个矩形截面，路径跟随以消减体积，创建顶部凹凸效果，如图 8-180 所示。

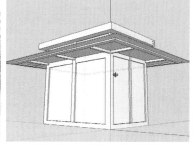

图 8-178 完善基本模型绘制　　图 8-179 转换成普通模式　　图 8-180 路径跟随创建顶部
　　　　　　　　　　　　　　　　　　　　　　　　　　　　　　　　　　凹凸效果

13 激活"移动" 工具，选择并将玻璃顶支架的矩形一边沿轴线往内移动，创建坡面效果，如图 8-181 所示。

14 利用"擦除" 工具，删除模型后面两侧的面，如图 8-182 所示。

15 选择已经绘制好的前面两侧的面，激活"移动" 工具并按住 Ctrl 键，将其移动复制出来，如图 8-183 所示。

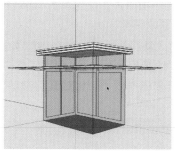
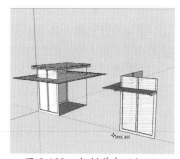

图 8-181 优化玻璃顶支架　　图 8-182 删除后部两侧面　　图 8-183 复制前部两侧面

16 激活"缩放" 工具，选择对边中点控制点，在数值输入框中输入缩放倍数"-1，-1"，完成镜像，如图 8-184 所示。

17 激活"移动" 工具，将镜像完成的面移动到岗亭中去，如图 8-185 所示。

18 绘制岗亭 4 个脚。利用"偏移" 工具在底面偏移 100mm，复制出岗亭脚的外边线位置。并用"矩形" 工具绘制尺寸为 200mm×200mm 的矩形，同时用"推 / 拉" 工具向下推拉 100mm 高度，如图 8-186 所示。

19 单击视图左上角的"岗亭照片"页面按钮，打开照片匹配模式，再绘制出照片上的地面以及植物绿篱，如图 8-187 所示。

20 单击鼠标中键转换成普通模式，并单击"视图样式" 按钮，取消显示后边线。然后选择除岗亭外的所有物体，执行右键菜单栏中的"隐藏"命令，将周边环境隐藏，如图 8-188 所示。

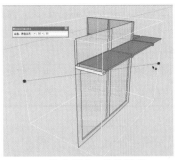

图 8-184　镜像模型

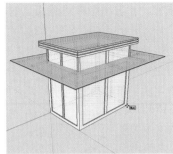

图 8-185　合成岗亭

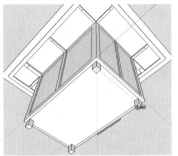

图 8-186　绘制岗亭脚

图 8-187　绘制周边环境

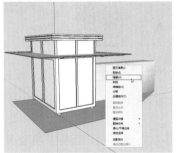

图 8-188　隐藏周边环境

8.6.2　铺贴材质

01 在"岗亭照片"页面标签上单击鼠标右键，执行右键菜单栏中的"编辑照片匹配"，如图 8-189 所示。此时进入最初添加照片匹配的模式，若透视出现错误，或坐标点出现错误，坐标轴位置透视角度都可以再次调整。

02 在弹出的"照片匹配"中单击"从照片投影纹理"按钮，如图 8-190 所示。此时弹出提示"是否覆盖现有材质"的对话框与"要部分剪辑可见平面"的对话框，一般情况下都选择"是"。

03 完成投影后转动视角切换至普通模式，可以观察到模型如图 8-191 所示，自动为可以看见的面覆盖了相应的材质。

图 8-189　在"岗亭照片"
页面上单击右键

图 8-190　单击"从照片投影
纹理"按钮

图 8-191　切换至普通模式

04 由于是依据照片自动匹配材质，所以看不见的面，将不能被填充，出现材质错乱，如图 8-192 所示。

05 激活"材质" 🎨 工具，选择灰色材质并设置一定透明度，填充岗亭中未填充和填充错乱的玻璃面，如图 8-193 所示。

06 复命令操作，选择蓝灰色材质，为岗亭中边框、支架中错乱的材质与未填充的区域填充材质，如图 8-194 所示。

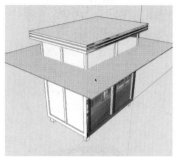

图 8-192　照片匹配的错面

图 8-193　填充玻璃面

图 8-194　填充边框面

07 执行"编辑"|"取消隐藏"|"最后"菜单命令，再还原到匹配照片模式，选择周边环境，执行右键菜单栏中的"投影照片"命令，如图 8-195 所示。

图 8-195　将照片投影至模型

08 将模型中未填充的区域通过吸取周边的材质并覆盖该区域后，在出现错乱的材质上单击右键，执行"纹理"|"位置"命令，如图 8-196 所示。

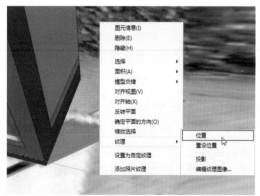

图 8-196　执行"纹理"|"位置"命令

09 将材质移动到合适位置，按 Enter 键后，完成材质更改，如图 8-197 与图 8-198 所示。

10 同样，对于旁边的绿篱也可以吸取正面的材质，再铺贴至背面，并激活"擦除" 🖋 工具，同时按住 Ctrl 键将绿篱边线柔化，如图 8-199 与图 8-200 所示。

11 重复执行"纹理"|"位置"命令，来更改模型中错乱的材质，完善材质铺贴。打开阴影效果 🝆，最终得到如图 8-201 与图 8-202 所示的岗亭前面和后面的效果图。

图 8-197　修改材质贴图

图 8-198　完成材质更改

图 8-199　吸取前面材质

图 8-200　铺贴后面材质

图 8-201　岗亭前侧效果

图 8-202　岗亭后侧效果

8.7　绘制山体坡道

在使用SketchUp制作景观、建筑、规划场景时往往会出现大型山体，而山体上就会有坡道、有路面，那么应该怎样制作山体上的坡道呢？这是一个困扰很多SketchUp新学者的问题。其实，制作山体上坡道的方式有很多，很多方法需要借助于插件制作而成，但由于插件五花八门，并且较为难以寻找，因此这里将讲述SketchUp中不使用插件的最基础创建山体坡道的方法。

依据坡道创建山体，即首先创建出坡道的轮廓，再依据坡道的轮廓与将坡道周边的山体边线创建曲面，从而绘制出来。而创建坡道的基本方法有使用"移动"工具和使用模型交错两种方式。

1．"移动"工具绘制坡道

01　首先使用"圆弧" 工具和"直线" 工具绘制出一个道路平面，如图 8-203 所示。选择后端的四段曲线与直线线段，激活"移动" 工具，按↑方向键将其束缚在蓝轴上向上移动。再选择更后端的两段曲线与最后一条直线，重复此操作，如图 8-204 所示。

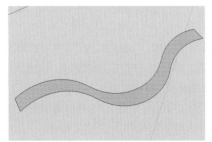

图 8-203　绘制坡道平面

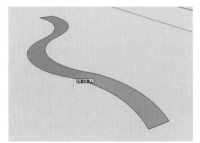

图 8-204　拉伸坡道高度

02 选择后端的线段，并用"移动" ✛工具以及↑方向键，将直线向上提升，完成绘制坡道的坡度，如图 8-205 所示。

03 激活"直线" ✏工具，在坡道的一端绘制出两个路牙石矩形面，如图 8-206 所示。

04 选择道路边线为放样路径，激活"路径跟随" 🍥工具，单击矩形截面，矩形截面将按放样路径放样出如图 8-207 所示的模型。

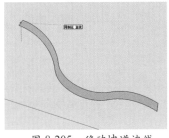
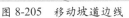

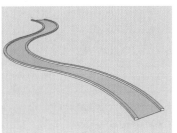

图 8-205　移动坡道边线　　　图 8-206　绘制坡道路牙　　　图 8-207　路径跟随出路牙石

05 激活"直线" ✏工具，使用直线自动捕捉功能，在道路两侧绘制坡道地形轮廓，并用"擦除" 🧽工具擦除多余的线条，如图 8-208 所示。

06 为了生成坡面的地形，首先，选择坡道的边线，再单击"根据等高线创建"的图标 🗐，如图 8-209 所示。

07 完成两侧地形坡地曲面生成后，即创建了两个坡面群组，如图 8-210 所示。

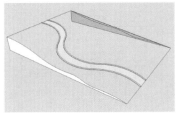
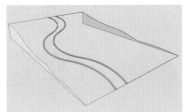
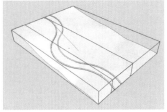

图 8-208　绘制道路旁地形轮廓　　图 8-209　选择地形边线创建曲面　　图 8-210　完成坡面生成

08 打开坡面群组，执行"视图"|"隐藏物体"菜单命令，可以观察到坡面多余的边线，并用"擦除" 🧽工具，删除多余的边线和面，如图 8-211 所示。

09 删除两个坡面的多余边线和面之后即可完成坡道的绘制，如图 8-212 所示。

10 激活"材质" 🎨工具，选择合适的材质填充坡道的草地面、路面和路牙石面，如图 8-213 所示。

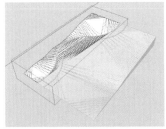
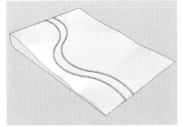
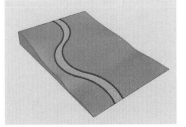

图 8-211　删除多余边线　　　图 8-212　完成坡道绘制　　　图 8-213　填充材质

2. 模型交错工具

01 激活"旋转矩形" ▨工具和"圆弧" ◁工具，在道路的一侧绘制出道路的侧面轮廓，如

图 8-214 所示。

02 利用"偏移" 工具，偏移复制出道路路牙的高度，并将偏移的曲线使用"直线" ✏ 工具与"擦除" 🧽 工具将其优化，如图 8-215 所示。

03 激活"推／拉" ◈ 工具，推出路面高度，如图 8-216 所示。

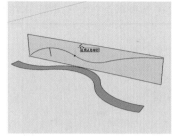 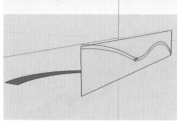 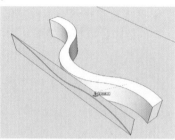

图 8-214　绘制坡体斜面轮廓　　　图 8-215　偏移出路牙石高度　　　图 8-216　推出道路高度

04 重复命令操作，向外推出坡面，如图 8-217 所示。

05 删除多余边线，并选择所有物体，执行"模型交错"|"只对选择对象交错"命令，完成模型交错，如图 8-218所示。

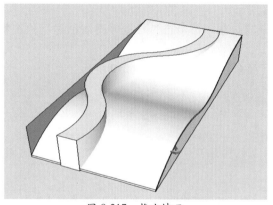 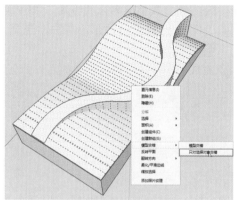

图 8-217　推出坡面　　　　　　　　　图 8-218　模型交错

06 择多余的物体，键入 Delete 键，将模型中多余的边线删除清理，留出模型中的坡道面，如图 8-219 所示。

07 激活"直线" ✏ 工具，绘制出模型的坡体边线，如图 8-220 所示。

08 选择坡道边线与坡体边线，单击"根据等高线创建"的图标 🔲 创建曲面，如图 8-221 所示。

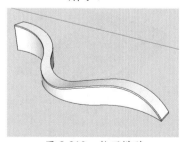 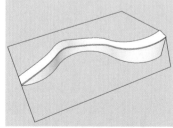 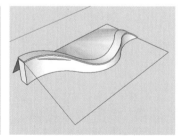

图 8-219　整理模型　　　　　图 8-220　绘制坡地边线　　　　　图 8-221　创建坡面

09 执行"视图"|"隐藏物体"菜单命令，显示网格线，并删除坡面上的多余边线。再转换视角到模型底部。激活"偏移" 工具将道路边线向内偏移，并用"直线" ✏ 工

具完善，将内侧偏移出的面创建群组，如图 8-222 所示。

10 将两个坡面群组隐藏，双击进入坡道底面群组，激活"推 / 拉" ⬧ 工具将底面向上推拉，超过地面，再按 Ctrl+A 组合键全选所有物体，并执行右键菜单栏中的"柔化 / 平滑边线"命令，柔化曲面上的边线，如图 8-223 所示。

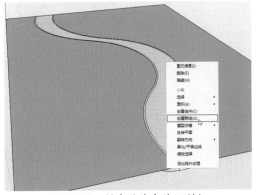

图 8-222　创建道路内路面群组

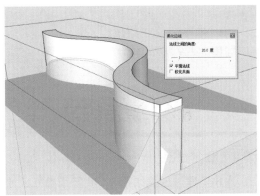

图 8-223　推出路面高度并柔化

11 全选坡道底面群组，并执行右键菜单栏"模型交错"中的"模型交错"命令，从而得到与坡道面的交错的线条，如图 8-224 所示。

12 退出群组，选择该群组与坡道面，执行右键菜单栏"模型交错"中的"只对选择对象交错"命令，并执行"编辑"|"取消隐藏"|"全部"菜单命令，如图 8-225 所示。

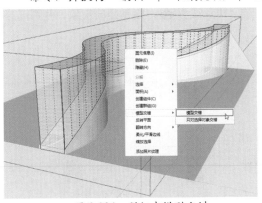

图 8-224　群组内模型交错

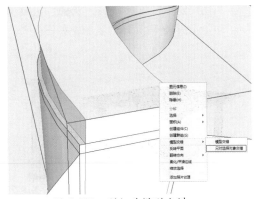

图 8-225　群组外模型交错

13 双击进入道路群组，删除群组中多余的边线和面，保留路牙的内侧面，如图 8-226 所示。

14 将该群组炸开，删除坡道的顶面后，将反面朝上的面翻转到正面朝上，如图 8-227 所示。

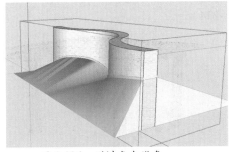

图 8-226　删错多余线条

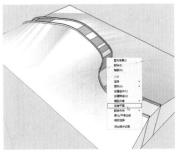

图 8-227　反转平面

15 激活"擦除" 工具，并按住 Ctrl 键，将坡道面上的多余边线柔化，如图 8-228 所示。

16 激活"材质" 工具，为山体坡道填充材质，如图 8-229 所示。

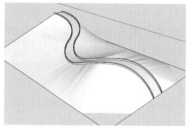
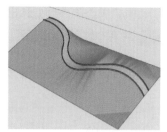

图 8-228　柔化边线　　　　图 8-229　填充材质

8.8　课后练习

8.8.1　创建廊架

本小节通过创建如图 8-230 所示廊架，加强练习 SketchUp 基本绘图工具的使用。通过分析可知：此廊架由立柱、梁组成。

提示步骤如下。

01 激活"圆"工具 、"圆弧"工具 、"矩形"工具 、"推/拉"工具 、"路径跟随"工具 、"缩放"工具 、"偏移"工具 ，绘制立柱，并用"移动"工具 ，将其移动复制，如图 8-231 所示。

02 利用"矩形"工具 、"圆弧"工具 、"推/拉"工具 ，绘制竖向支架，并用"移动"工具 将其移动复制，如图 8-232 所示。

图 8-230　廊架效果　　　　图 8-231　绘制立柱　　　　图 8-232　绘制竖向支架

03 选择绘制的立柱和竖向支架，激活"移动"工具 ，将其移动复制到另一侧，如图 8-233 所示。

04 利用"矩形"工具 、"圆弧"工具 、"推/拉"工具 ，绘制横向支架，并用"移动"工具 ，将其移动复制 16 份，如图 8-234 所示。

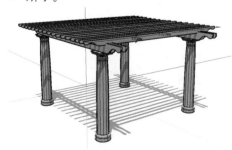

图 8-233　移动复制组件　　　　图 8-234　绘制横向支架

05 重复命令操作，绘制竖向支架，并导入桌椅组件，结果如图 8-230 所示。

8.8.2 创建 2D 树木组件

本小节通过创建如图 8-235 所示 2D 树木组件，加强练习 SketchUp 辅助设计工具和导入功能的使用。

提示步骤如下。

01 首先将需要绘制的植物图片导入到 CAD 中，如图 8-236 所示。

02 通过 CAD 快速绘制出树木轮廓，如图 8-237 所示。

03 然后导入 SketchUp 中进行封面并为其填充材质，再创建成绕相机旋转的组件即可完成，如图 8-235 所示。

图 8-235 2D 树木组件效果

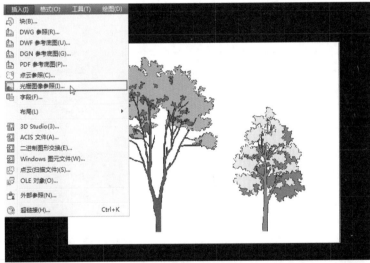

图 8-236 插入图片

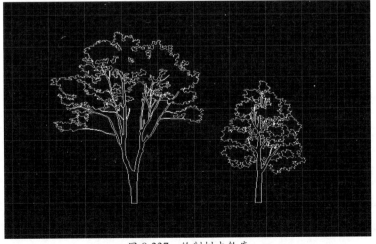

图 8-237 绘制树木轮廓

第 9 章

综合实例——现代风格客厅与餐厅表现

本课知识：

● 导入 SketchUp 前准备工作。

● 在 SketchUp 中创建模型。

● 后期渲染。

室内设计是建筑物内部的环境设计，是以一定建筑空间为基础，运用技术和艺术因素制造的一种人工环境，它是一种以追求室内环境多种功能的完美结合、充分满足人们生活工作中的物质需求和精神需求为目标的设计活动。室内设计是强调科学与艺术相结合，强调整体性、系统性特征的设计，是人类社会的居住文化发展到一定文明高度的产物。如图 9-1 所示为室内设计效果图。

图 9-1　室内设计效果图

本章将详细介绍创建如图 9-1 所示的现代风格户型。通过学习，可了解到利用 SketchUp 辅助室内设计的方法和技巧，包括模型的创建和效果图渲染的整个流程。

9.1 导入 SketchUp 前准备工作

利用 SketchUp 创建模型前需对 CAD 文件进行处理、对 SketchUp 软件进行常用设置，这些导入 SketchUp 前的准备工作避免了后来建模时带来的不必要麻烦，使其建模更加快速、便捷。

9.1.1 导入 CAD 平面图形

CAD 图纸中含有大量的图层、线性和图块等信息，这些信息在平面设计中显得累赘，增加场景文件的复杂程度，并且会影响软件运行速度，所以导入 CAD 平面图形也有技巧可循。

下面介绍导入 CAD 平面图形的操作步骤。

01 用 AutoCAD 软件打开配套光盘"第 09 章 \9.1 室内平面图 .dwg"素材文件，如图 9-2 所示，这是未经任何处理的现代简约两居室室内场景平面布置图。

02 将 CAD 图形中的植物、文字、家具、铺装等信息全部删除，并将门的位置用矩形补齐，将图形全部放置"0"图层，使得导入图形尽量精简，如图 9-3 所示。

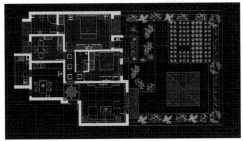

图 9-2 打开室内 CAD 图形

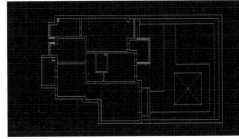

图 9-3 精简图形

03 在命令行中输入"pu"清理命令，将弹出如图 9-4 所示的"清理"对话框，单击"全部清除"选项对场景中的图源信息进行处理。

04 在弹出的"清理—确认清理"对话框中选择"清理所有项目"选项，如图 9-5 所示。

05 经过多次单击"全部清除"和"清理所有项目"选项，直到"全部清理"选项按钮变为灰色才完成图像的清理，如图 9-6 所示。

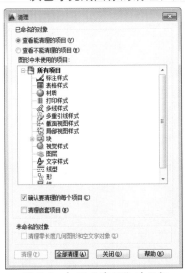

图 9-4 打开"清理"对话框

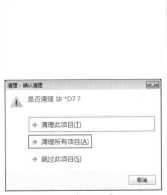

图 9-5 清理所有项目

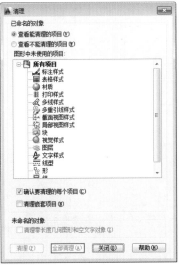

图 9-6 清理完成

06 用上述方法，将如图9-7所示的CAD"顶面布置图"文件进行清理，清理完成后如图9-8所示。

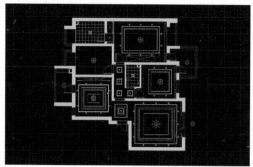

图9-7 处理顶面布置图

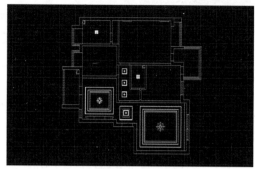

图9-8 精简图形

9.1.2 优化SketchUp模型信息

01 执行"窗口"｜"模型信息"菜单命令，在弹出的"模型信息"对话框中选择"单位"选项，将模型信息设置为如图9-9所示，这样可以使SketchUp场景操作更流畅。

02 执行"文件"｜"导入"菜单命令，在弹出的"打开"对话框中将文件类型设置为"AutoCAD文件（*.dwg、*.dxf）"，单击"打开"面板右侧"选项"按钮，在打开的"AutoCAD DWG/DXF选项"

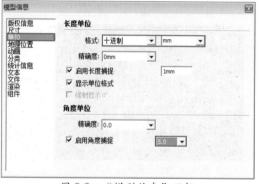

图9-9 "模型信息"面板

对话框中将单位设置为"毫米"，并勾选"保持绘图原点"选项，最后双击目标文件即可进行导入，如图9-10与图9-11所示。

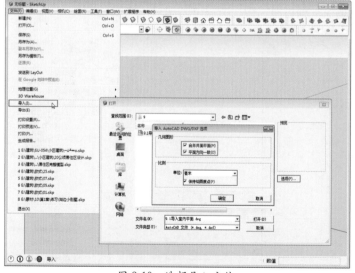

图9-10 选择导入文件

03 单击"图层管理器"按钮 ，在弹出的"图层"对话框中选择"Defpoints"图层，单击"删除图层"按钮 ⊖ ，在弹出的"删除包含图元的图层"对话框中选择"将内容移至默认图层"选项，单击"确定"按钮退出操作，如图 9-12 所示。

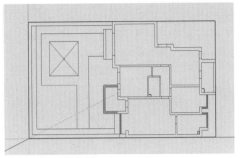
图 9-11 导入结果

图 9-12 删除多余的图层

9.2 在 SketchUp 中创建模型

做好导入图纸前的准备工作后，便可以开始在 SketchUp 场景中创建模型。创建模型时应把握适当的步骤，以加快模型的创建速度，并提高制图的流畅性。

9.2.1 绘制墙体

01 利用"矩形"工具 ▨ 和"直线"工具 ✐ 将导入的 CAD 平面图形进行封面处理，如图 9-13 所示。

02 按 Ctrl+A 组合键选择整个平面，并单击鼠标右键，在弹出的关联菜单中选择"反转平面"命令，将所有平面反转，如图 9-14 所示。

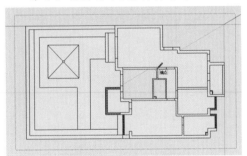
图 9-13 封面处理

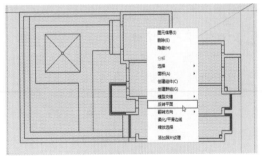
图 9-14 反转平面

03 单击"图层管理器"按钮 ❀ ，在弹出的"图层"对话框中单击"添加图层"按钮，添加名为"墙体"、"天花板"和"平面"的图层，如图 9-15 所示。

04 激活"选择"工具 ▸ ，按住 Ctrl 键进行多选，选中所有墙体平面，包括门窗所在墙体，单击鼠标右键，在关联菜单中选择"创建组"命令，将所有墙体平面创建成组，如图 9-16 所示。

图 9-15 添加图层

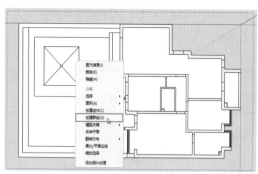

图 9-16　创建墙体群组

05 在墙体群组上单击鼠标右键，在关联菜单中选择"图元信息"命令，在弹出的"图元信息"对话框中，将"墙体"群组所在"Layer0"图层更换为"墙体"图层，如图 9-17 所示。

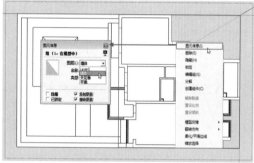

图 9-17　移动图层

06 双击进入"墙体"群组，激活"推/拉"工具 ，将所有墙体面向上推拉出 2800mm 的高度，如图 9-18 所示。

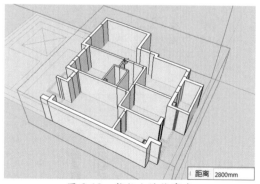

图 9-18　推拉出墙体高度

07 绘制踢脚线。分别激活"视图"工具、"选择"工具 ，选择所有墙体底面边线，如 9-19 所示。

08 激活"移动"工具 ，按住 Ctrl 键，将

墙体底面边线向上移动复制 100mm，如图 9-20 所示。

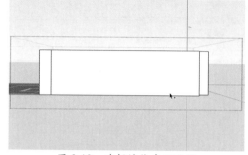

图 9-19　选择墙体底面边线

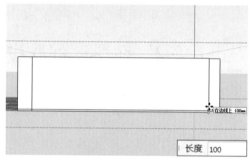

图 9-20　绘制踢脚边线

09 绘制门（窗）洞。激活"卷尺"工具 ，在入口处绘制一条距地面 2200mm 的辅助线，如图 9-21 所示。

图 9-21　在入口处绘制辅助线

10 结合使用"直线"工具 与"推/拉"工具 ，制作入户花园门洞，如图 9-22 与图 9-23 所示。

11 使用类似的方法，完成客厅窗洞的制作。在距地面 100mm 处绘制辅助线，如图 9-24 所示，激活"矩形"工具 ，绘制一个 2330mm×2200mm 的矩形，如图 9-25 所示。

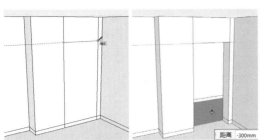

图 9-22　启用"直线"工具　图 9-23　入户花园门洞

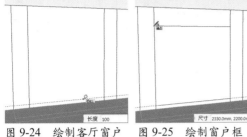

图 9-24　绘制客厅窗户　　图 9-25　绘制窗户框
　　　　辅助线

12　激活"推/拉"工具 ◆，将客厅窗户框架挖空处理，如图 9-26 所示。

13　绘制餐厅窗洞。在距地面 600mm 处绘制辅助线，如图 9-27 所示，激活"矩形"工具 ▨，绘制一个 1500mm×720mm 的矩形，如辅助线 9-28 所示。

图 9-26　客厅窗洞　　　　图 9-27　绘制餐厅窗
　　　　　　　　　　　　　　　户辅助线

14　激活"推/拉"工具 ◆，将窗户框架挖空处理，如图 9-29 所示。

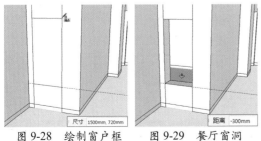

图 9-28　绘制窗户框　　　图 9-29　餐厅窗洞

15　将其余门（窗）洞进行同样的处理，

尺寸与上述门（窗）洞尺寸一样，如图 9-30 ～图 9-32 所示。

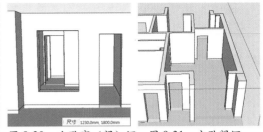

图 9-30　次卧窗（门）洞　图 9-31　主卧门洞

16　绘制客厅电视背景墙。利用"卷尺"工具 🔖 绘制距墙角边线 200mm 的辅助线，然后激活"矩形"工具 ▨、"推/拉"工具 ◆，绘制长宽为 800mm×30mm、高为 2480mm 的长方体，并将其制作为群组，如图 9-33 所示。

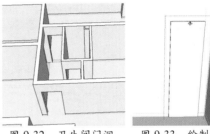

图 9-32　卫生间门洞　　　图 9-33　绘制长方体

17　激活"偏移" 🗗 工具，将矩形平面向内偏移 20mm，并用"推/拉" ◆ 工具向外推出 20mm，如图 9-34 所示。

18　用同样的方法继续细化长方体，如图 9-35 所示。

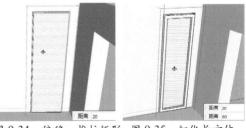

图 9-34　偏移、推拉矩形　图 9-35　细化长方体

19　激活"矩形"工具 ▨、"推/拉"工具 ◆，绘制长宽为 3100mm×10mm、高为 2480mm 的长方体，并将其制作为群组，如图 9-36 所示。

20　绘制电视墙体花样。利用"矩形"工具

━━，绘制尺寸为690mm×420mm的矩形，并用"圆弧"工具 ⟋，在矩形的四个角，绘制出圆角的轮廓形状，并将其制作为组件，如图9-37所示。

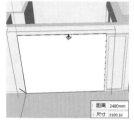 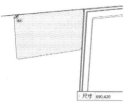

图9-36　绘制长方体　　图9-37　绘制圆弧轮廓

21 双击进入组件，用"推/拉"工具 ⬧ 将矩形面向外推拉出8mm，并激活"缩放"工具 ▣，按住Ctrl键中心缩放至"0.98"，如图9-38所示。

22 同上方法继续细化装饰。并激活"移动"工具 ✛，将其向左、下移动60mm距离，如图9-39所示。

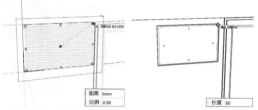

图9-38　缩放矩形面　　图9-39　移动墙体花样

23 利用"移动"工具 ✛，按住Ctrl键，向下移动复制480mm，并在"数值"输入框中输入复制份数4x，如图9-40所示。

24 激活"移动"工具 ✛，同上方法将复制出的装饰向左移动760mm并复制3份，如图9-41所示。

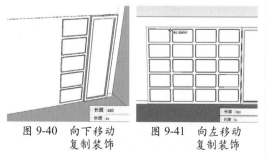

图9-40　向下移动　　　图9-41　向左移动
　　　复制装饰　　　　　　　复制装饰

25 再用"移动"工具 ✛，同上方法将右侧矩形组件移动复制，如图9-42所示。

26 选择所有组成电视背景墙组件，单击鼠标右键，在弹出的快捷菜单中执行"创建群组"命令，客厅电视背景墙绘制结果如图9-43所示。

 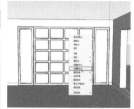

图9-42　复制右侧　　　图9-43　创建群组
　　　矩形组件

27 细化客厅墙体。结合"卷尺"工具、"矩形"工具、"推/拉"工具绘制如图9-44所示的墙体，并创建为群组。

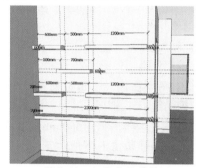

图9-44　细化客厅墙体

28 绘制餐厅酒柜。利用"卷尺"工具 ✎ 绘制距墙角边线370mm的辅助线，然后激活"矩形"工具 ▱、"推/拉"工具 ⬧，绘制尺寸为2740mm×120mm×2480mm的长方体，并将其制作为群组，如图9-45所示。

29 选择外轮廓面，激活"偏移"工具 ⟋，将其向外偏移70mm，用"直线"工具进行完善，并用"推/拉"工具 ⬧，将偏移的面向外推出80mm，如图9-46所示。

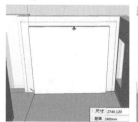
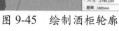
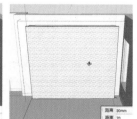

图9-45　绘制酒柜轮廓　　图9-46　偏移、推拉
　　　　　　　　　　　　　　　外轮廓面

30 再用"偏移"工具 ，将推拉的面依次向内偏移30mm、180mm、30mm，并用"推/拉"工具 ，将里面的图形向内推拉10mm、195mm，并删除多余的线段，如图9-47所示。

31 细分餐厅酒柜。激活"矩形"工具 、"推/拉"工具 ，绘制一个尺寸为600mm×170mm×800mm的长方体，并制作为组件，如图9-48所示。

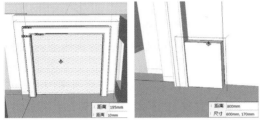

图9-47 启用"偏移"、 图9-48 绘制小柜子
　　"推/拉"工具

32 激活"卷尺"工具 ，绘制如图9-49所示的辅助线。

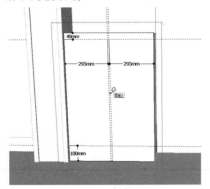

图9-49 绘制辅助线

33 利用"矩形"工具 ，以辅助线交点为起点绘制矩形。并用"推/拉"工具 ，分别向外推出10mm、25mm的距离，如图9-50所示。

34 利用"卷尺"工具 ，绘制距储物柜边线360mm的辅助线。并用"矩形"工具 ，绘制10mm×600mm的矩形，将矩形向外推出165mm，并制作为组件，如图9-51所示。

35 激活"移动"工具 ，按住Ctrl键，向上移动复制360mm，并在"数值"输入框中输入复制份数2x，如图9-52所示。

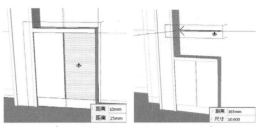

图9-50 启用"矩形"、 图9-51 细化柜子
　　"推拉"工具

36 再激活"移动"工具 ，同上方法将前面绘制的模型向右移动复制，如图9-53所示。

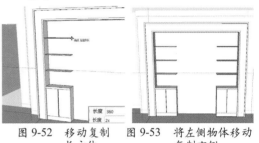

图9-52 移动复制 图9-53 将左侧物体移动
　　长方体 　　复制右侧

37 用SketchUp基本绘图工具绘制不规则截面，并用"矩形"工具绘制尺寸为2240mm×1200mm的矩形，将矩形面删除留下矩形边线，即放样路径，如图9-54所示。

38 用"选择"工具选择放样路径，激活"路径跟随"工具 ，单击不规则截面，不规则面则将会沿矩形边线路径跟随出如图9-55所示的模型，并对其进行柔化处理。

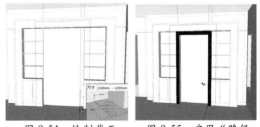

图9-54 绘制截面、 图9-55 启用"路径
　　放样路径 　　跟随"工具

39 激活"矩形"工具 、"推/拉"工具 ，绘制一个尺寸为1000mm×170mm×800mm的长方体，并制作为组件，如图9-56所示。

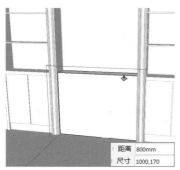

图 9-56　绘制中间柜子

40 激活"卷尺"工具 ，绘制如图 9-57 所示的辅助线。

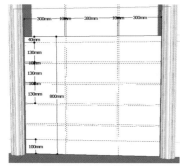

图 9-57　绘制辅助线

41 利用"矩形"工具 ，以辅助线交点为起点绘制矩形。并用"推/拉"工具 ，分别向外推出 10mm、25mm 的距离，如图 9-58 所示。

42 在酒柜中间绘制长方体。利用"矩形"工具 、"推/拉"工具 ，绘制一个尺寸为 1000mm×110mm×1340mm 的长方体，并制作为组件。餐厅酒柜绘制结果如图 9-59 所示。

图 9-58　细化中间柜子　　图 9-59　餐厅酒柜绘制结果

9.2.2 绘制平面

01 选择"墙体"群组，单击鼠标右键，在关联菜单中选择"隐藏"命令，将其隐藏以方便对平面的绘制，如图 9-60 所示。

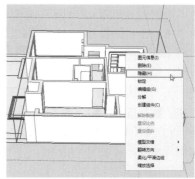

图 9-60　隐藏"墙体"群组

02 框选所有平面，将其创建成组，如图 9-61 所示。并执行右键关联菜单中"图元信息"命令，将平面群组所在"Layer0"图层更换为"平面"图层，如图 9-62 所示。

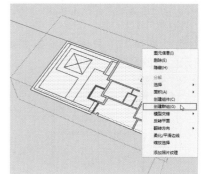

图 9-61　创建平面群组

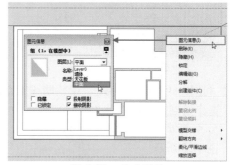

图 9-62　移动图层

03 整理室外景观。双击进入平面组件，用"选择"工具选取室外景观平面，并创建为群组。激活"移动"工具 ，将室外群组向下移动 200mm，如图 9-63 所示。

04 双击进入室外群组，选择客厅通往室外台阶并创建为组，激活"推/拉"工具 ，将阶梯依次提升 150mm，如图 9-64 所示。

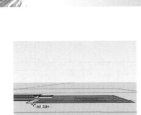

图 9-63 移动室外群组　　图 9-64 推拉室外台阶

05 选择室外围墙平面并创作为组，激活"推/拉"工具 ◆，将围墙平面向上推拉 2400mm，如图 9-65 所示。

06 绘制客厅窗户。执行"编辑"|"取消隐藏"|"全部"菜单命令，显示"墙体"群组。激活"旋转矩形"工具 ▣、"推/拉"工具 ◆，绘制一个尺寸为 2330mm×2200mm×80mm 的长方体，并制作为组件。然后激活"偏移"工具 ⑺，将外轮廓面向内偏移 60mm，如图 9-66 所示。

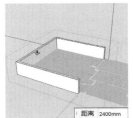

图 9-65 推拉室外围墙　　图 9-66 绘制窗户轮廓

07 利用"卷尺"工具、"直线"工具，绘制距偏移边线 810mm 的辅助线。并激活"偏移"工具 ⑺，将矩形面向内偏移 80mm，如图 9-67 所示。

08 激活"推/拉"工具 ◆，将窗户框挖空，并将窗户框两边向外推出 10mm，如图 9-68 所示。

图 9-67 启用"偏移"　　图 9-68 挖空窗户面
　　　　工具

09 利用"卷尺"工具，绘制如图 9-69 所示辅助线，并用"矩形"工具 ▣，以辅助线交点为起点绘制矩形。

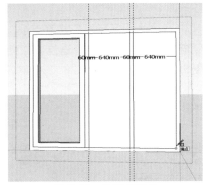

图 9-69 绘制辅助线

10 激活"推/拉"工具 ◆，将窗户挖空。并移动窗户至合适位置，如图 9-70 所示。

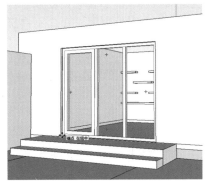

图 9-70 挖空窗户并移动

11 绘制客厅窗套。激活"矩形"工具 ▣，绘制尺寸为 2300mm×2330mm 的矩形，将其制作为组件。并用"偏移"工具 ⑺，将矩形向外偏移 60mm，如图 9-71 所示。

12 用"直线"工具完善图形，并删除多余的线、面。激活"推/拉"工具 ◆，将其向外推出 10mm、150mm，如图 9-72 所示。

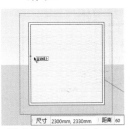
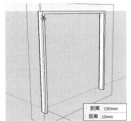

图 9-71 绘制窗户套　　图 9-72 启用"推/拉"
　　　　外轮廓　　　　　　　工具

13 激活"卷尺"工具 🖉，沿踢脚线向下拉出 60mm 距离，并将其向外推出 10mm，即客厅窗套绘制结果如图 9-73 所示。

14 执行"文件"|"导入"菜单命令，将餐厅窗户导入并移动至合适位置，结果如图 9-74 所示。

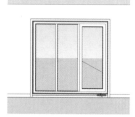 

图 9-73　客厅窗户套　　图 9-74　导入餐厅窗户
　　　　　绘制结果

15 绘制餐厅窗套。运用前面绘制客厅窗套的方法绘制餐厅窗套，在此不再赘述，结果如图 9-75 与图 9-76 所示。

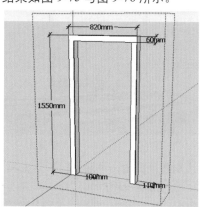

图 9-75　启用"推 / 拉"工具

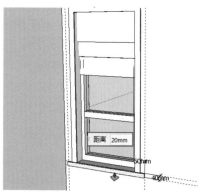

图 9-76　餐厅窗户套绘制结果

16 绘制地板花样，利用 SketchUp 基本绘图工具绘制如图 9-77 所示的图形。

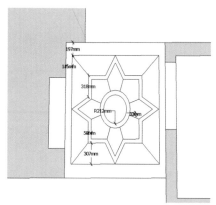

图 9-77　地板花样

9.2.3　绘制天花板

01 导入"顶面布置图 .dwg"，在这里不再赘述，并将其所在图层更改为"天花板"图层，如图 9-78 所示。

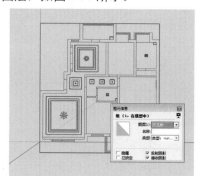

图 9-78　导入顶面布置图

02 激活"矩形"工具 ▨ 和"直线"工具 🖉 将导入的 CAD 平面图形进行封面处理，并将平面进行反转，如图 9-79 所示。

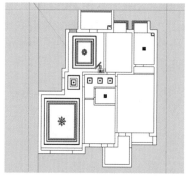

图 9-79　封面处理

03 制作客厅、餐厅及过道天花板。将客厅餐厅及过道天花板平面单独创建成组，如图 9-80 所示。

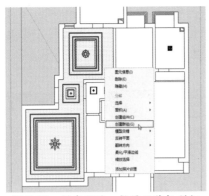

图 9-80　创建客厅、餐厅天花板群组

04 双击进入客厅、餐厅及过道天花板群组，激活"推/拉"工具 ◈，将其顶平面沿蓝轴方向向下推拉出 320mm 的厚度，如图 9-81 所示。

05 再用"推/拉"工具 ◈，将客厅、餐厅及过道顶平面依次向下推拉 260mm、200mm，如图 9-82 与图 9-83 所示。

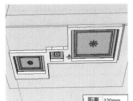

图 9-81　推拉出天花板　　　图 9-82　推拉客厅
　　　　　厚度　　　　　　　　　　天花板

06 细化客厅天花板。选择客厅其他顶平面并创建为组。双击进入"天花板"群组，将多余的线段删除，然后激活"偏移"工具 ⬄，将客厅顶面向内偏移 370mm，将其创建为组件，如图 9-84 所示。

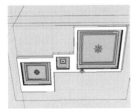
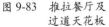

图 9-83　推拉餐厅及　　　图 9-84　偏移客厅
　　　　　过道天花板　　　　　　　顶面

07 双击进入组件，激活"偏移"工具 ⬄，将底面依次向外偏移 100mm、50mm，并用"推/拉"工具 ◈，将矩形向下推拉 40mm，如图 9-85 所示。

08 激活"推/拉"工具 ◈，将中间矩形向上推拉 127mm，并用"偏移"工具 ⬄，将顶面矩形向内依次偏移 50mm、127mm、273mm、52mm，如图 9-86 所示。

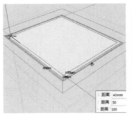
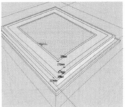

图 9-85　分割客厅吊顶　　图 9-86　启用"推拉"、
　　　　　　　　　　　　　　　　　"偏移"工具

09 激活"推/拉"工具 ◈，挖空中间两个矩形并将最里面的矩形框底面向上推拉 119mm，然后将中间两个矩形框分别创建为组件，如图 9-87 所示。

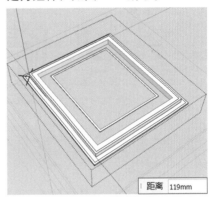

图 9-87　创建组件

10 双击进入正中间矩形框组件，保留顶面边线将其他线、面删除掉，并用"直线"、"圆弧"工具绘制如图 9-88 所示截面。

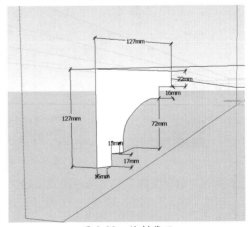

图 9-88　绘制截面

11 选择顶面边线，激活"路径跟随"工具 🐛，单击前面绘制的截面，截面则将会沿顶面边线路径跟随出如图 9-89 所示的模型，并对其进行柔化处理，即完成细化客厅天花板的绘制。

12 用上述相同的方法细化过道天花板，在此不再赘述，如图 9-90 与图 9-91 所示。

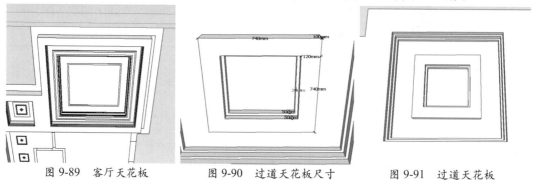

图 9-89　客厅天花板　　　　图 9-90　过道天花板尺寸　　　　图 9-91　过道天花板

13 用上述相同的方法细化餐厅天花板，在此不再赘述，如图 9-92 与图 9-93 所示。

14 将客厅、餐厅以及过道移动至合适位置，如图 9-94 所示。

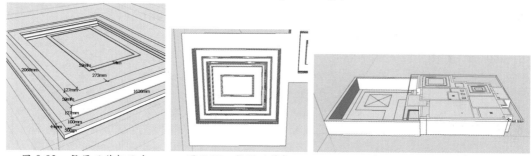

图 9-92　餐厅天花板尺寸　　　　图 9-93　餐厅天花板　　　　图 9-94　移动天花板

9.2.4　赋予材质

01 为客厅、餐厅及过道赋予墙纸。选择"天花板"群组，执行右键关联菜单"隐藏"命令。双击进入"墙体"群组，激活"材质"工具 🐛，在弹出的"材质"编辑器中单击"创建材质"按钮 🐛，此时弹出"创建材质"对话框，单击"浏览材质图像文件"按钮，在弹出的"选择图像"对话框中选择所需墙纸，设置完成后单击"打开"按钮，如图 9-95 所示。

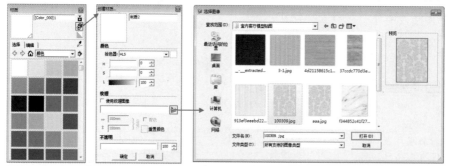

图 9-95　打开客厅墙纸材质

02 关闭"选择图像"对话框，在弹出的"创建材质"对话框中对纹理大小、颜色进行调整，单击"确定"按钮，如图 9-96 所示。选择新材质，将材质赋予到客厅墙壁上，如图 9-97 所示。

03 按住 Alt 键，吸取墙体材质，并对其他相同材质的墙面上继续赋予材质，如图 9-98 与图 9-99 所示。

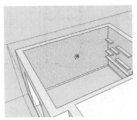
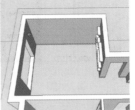
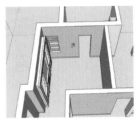

图 9-96　调整纹理　　图 9-97　赋予客厅　　图 9-98　赋予客厅其他　　图 9-99　赋予餐厅及过
　　　　大小　　　　　　墙面材质　　　　　　墙面材质　　　　　　道墙面材质

04 用上述相同方法对踢脚线面赋予材质，如图 9-100 所示。

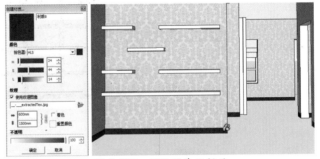

图 9-100　赋予踢脚面材质

05 对置物板赋予木材质，参照如图 9-101 所示材质填充。

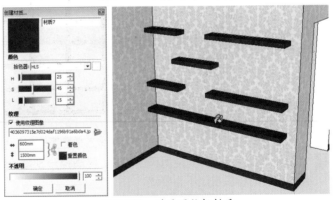

图 9-101　赋予置物板材质

06 为客厅电视背景墙赋予材质。将背景墙分别赋予"金属-镜面不锈钢"、"布"、"大理石"和"玻璃-喷砂"材质，如图 9-102～图 9-105 所示。

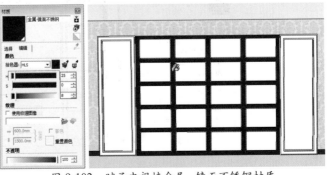

图 9-102　赋予电视墙金属-镜面不锈钢材质

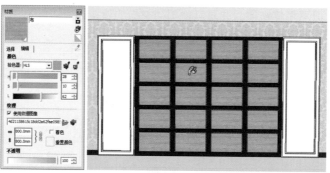

图 9-103　赋予电视墙布材质

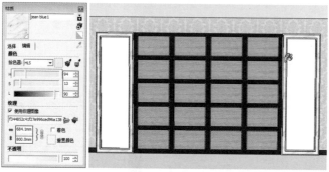

图 9-104　赋予电视墙大理石材质

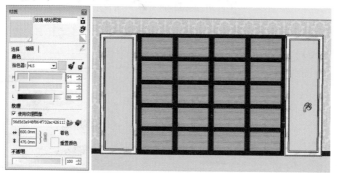

图 9-105　赋予电视墙玻璃 - 喷砂材质

07 对餐厅酒柜赋予材质。用同样的方法，将酒柜分别赋予如图 9-106 ～图 9-110 所示的材质，有些重复的材质在此不再赘述。

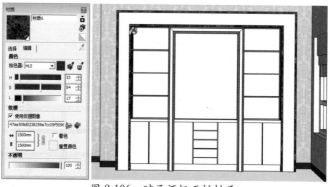

图 9-106　赋予酒柜石材材质

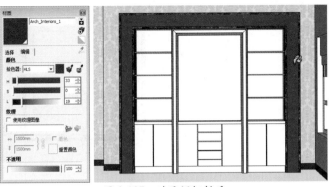

图 9-107 赋予酒柜材质

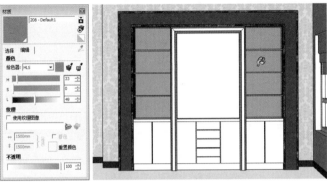

图 9-108 赋予酒柜背景材质

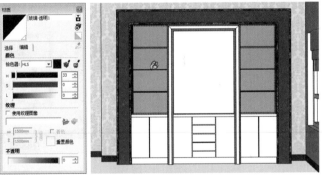

图 9-109 赋予酒柜透明材质

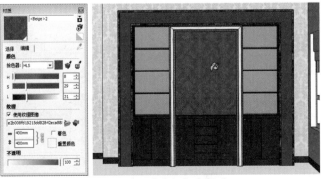

图 9-110 赋予酒柜布材质

08 对客厅、餐厅窗户赋予材质，结果如图 9-111 所示。

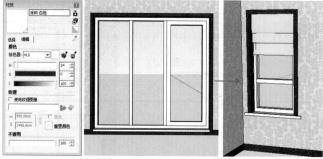

图 9-111　赋予客厅、餐厅窗户材质

09 双击进入平面群组，为室内地板赋予材质。同上述"创建材质"相同的方法，将材质赋予到客厅、餐厅地板上，如图 9-112 所示。

图 9-112　赋予客厅、餐厅地板材质

10 用同样的方法，为过道地板赋予材质，有些重复的材质在此不再赘述，如图 9-113 所示。

图 9-113　赋予过道地板材质

11 为室外园林景观地面赋予材质。将室外地面分别赋予如图 9-114 所示的材质。

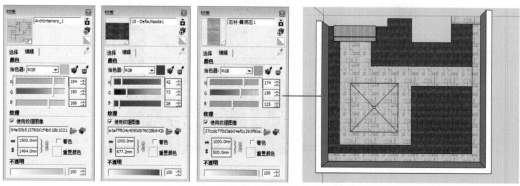

图 9-114　赋予室外园林景观地面材质

12 为天花板赋予材质。取消隐藏"天花板"群组，双击进入"天花板"群组。激活"材质"工具 ，将室内天花板赋予"涂料-白色"材质，如图9-115所示。

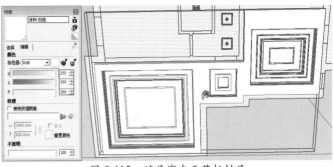

图 9-115　赋予室内天花板材质

13 双击进入客厅天花板群组，激活"材质"工具 ，为天花板中间平面赋予"玻璃-金镜1"，如图9-116所示。

图 9-116　赋予客厅天花板玻璃材质

14 为客厅、餐厅天花板灯光带赋予材质，材质颜色、效果如图9-117所示。

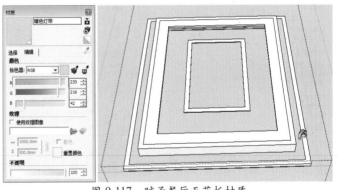

图 9-117　赋予餐厅天花板材质

15 对室内天花板安装灯组件。执行"文件"|"导入"菜单命令，导入吊灯、筒灯并移动复制到合适位置，结果如图9-118～图9-120所示。

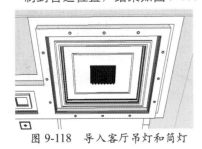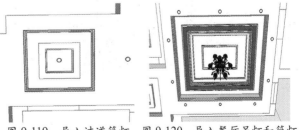

图 9-118　导入客厅吊灯和筒灯　　　图 9-119　导入过道筒灯　　图 9-120　导入餐厅吊灯和筒灯

9.2.5　安置家具

01 双击进入墙体群组，导入"第09章\9.2.5导入室内家具.dwg"素材文件，并将其移动

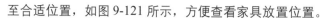

至合适位置，如图 9-121 所示，方便查看家具放置位置。

02 布置客厅。单击"图层管理器"按钮 🗐 ，在弹出的"图层"对话框中单击"添加图层"按钮，添加名为"家具"的图层，如图 9-122 所示，并将"家具"图层切换为当前图层。

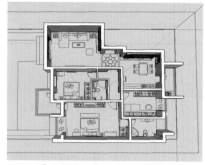

图 9-121　导入 CAD 文件

图 9-122　添加家具图层

03 执行"文件"|"导入"菜单命令，如图 9-123 所示。在弹出的"打开"面板中，根据要求设置好"打开"面板参数后，双击目标文件或单击"打开"按钮即可进行导入，如图 9-124 所示。

图 9-123　执行"文件"|"导入"命令

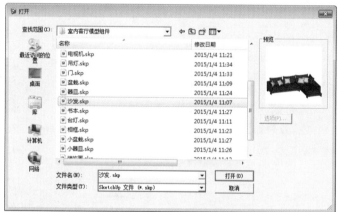

图 9-124　导入沙发组件

04 导入沙发组件后，将其移动放置到合适位置，如图 9-125 所示。

05 继续导入组件，将电视机组件、茶几组件、壁画组件等安置在相应位置，客厅家具布置结果如图 9-126 ～ 9-127 所示。

图 9-125　放置客厅沙发

图 9-126　布置客厅壁画、茶几、置物板组件

图 9-127　布置客厅电视背景墙组件

06 在客厅内放置窗帘，利用"缩放"工具 🗐 缩放至合适大小，如图 9-128 所示。

07 在入户花园安置门组件，并将其放置合适位置，结果如图 9-129 所示。

08 布置餐厅家具。安置灶台组件、冰箱组件，如图 9-130 所示。

图 9-128 布置客厅窗帘组件

图 9-129 放置入户门组件

图 9-130 布置厨房

09 在餐厅中安置餐桌椅组件、酒柜组件，并在餐厅和生活阳台之间安装隔门组件，如图 9-131 与图 9-132 所示。

图 9-131 布置餐厅

图 9-132 放置餐厅与生活阳台之间隔门

10 客厅、餐厅及过道布置完成后，效果如图 9-133 所示。

图 9-133 布置完成效果

9.3 后期渲染

在 SketchUp 中创建的模型难免粗糙，真实度不够。一般情况下都需要做适当的后期效果处理，使得模型更真实、更富有质感。在本小节中仅挑取客厅进行后期渲染的详细讲解。

9.3.1 渲染前期准备

在对一个空间进行渲染之前，需要对场景进行灯光分析，并由此在场景中安置合适的灯源。分析可知，场景客厅中拥有 1 盏吊灯、2 盏台灯和 21 个筒灯，餐厅中拥有 1 盏吊灯和 12 个筒灯。

01 调整场景。单击"阴影设置"按钮 ，在弹出的"阴影设置"面板中设置参数，将时间设为"14:26"，并单击"显示 / 隐藏阴影"按钮 ，开启阴影效果，如图 9-134 所示。

02 结合利用"缩放"工具 、"环绕视察"工具 和"平移"工具 将场景调整至合适位置，并执行"视图"｜"动画"｜"添加场景"菜单命令，保存当前场景，如图 9-135 所示。

03 布置灯光。在客厅台灯中添加点光源 ，并在点光源上单击鼠标右键，在关联菜单中执行"V-Ray for SketchUp"｜"编辑光源"命令，打开"V-Ray 光源编辑器"，设置相关参数，如图 9-136 所示。灯光颜色的 RGB 值为"255、253、180"。

04 由于场景中亮度不够，需要添加光域网光源以提亮场景，提升室内空间的品质感。首先，在客厅上方添加 14 个光域网光源 ，在光域网光源上单击鼠标右键，通过执行"V-Ray for SketchUp"｜"编辑光源"命令，打开"V-Ray 光源编辑器"，并设置相关参数，如图 9-137 所示。滤镜颜色的 RGB 值为"255、253、193"。

图 9-134　设置阴影

图 9-135　添加场景页面

图 9-136　为客厅台灯添加点光源

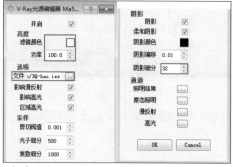

图 9-137　在客厅上方添加光域网光源

05 用同样的方法在客厅置物板上分别添加光域网光源，并设置光域网光源参数，以提亮客厅空间，如图 9-138 所示。

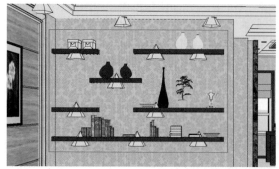

图 9-138　在客厅置物板上添加光域网光源

06 室内客厅灯光设置完成后，在客厅窗户处添加一个面光源 ，并在面光源上单击鼠标右键，通过执行"V-Ray for SketchUp"｜"编辑光源"命令，打开"V-Ray光源编辑器"，并设置相关参数，如图9-139所示，滤镜颜色的RGB值为"199、255、255"。

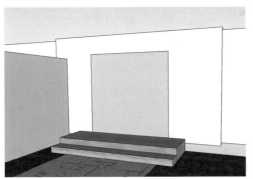

图9-139　为客厅窗户添加面光源

9.3.2　设置渲染材质参数

处理完场景中灯光效果后，便可以为场景中材质设置渲染参数。

01 在V-Ray for SketchUp工具栏中单击"打开V-Ray材质编辑器"按钮 ⑩，用材质面板上的吸管单击吸取客厅吊灯材质，此时可以快速地在"材质编辑器"面板"材质"列表下方找到相应的材质，如图9-140所示。

02 找到材质后单击鼠标右键，创建反射材质，单击反射选项后"设置贴图"按钮 m，在弹出的"贴图编辑器"面板中将"纹理贴图"设置为"菲涅耳"，并设置相应参数，如图9-141所示，将反射

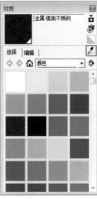

图9-140　找到客厅吊顶材质

颜色RGB值设置为"212、212、212"、漫反射颜色RGB值设置为"22、22、22"。

图9-141　设置客厅吊顶反射材质参数

03 用同样的方法设置客厅吊灯灯泡和天花板灯光带材质参数。用"吸取管" ✎ 吸取材质，并在"材质编辑器"面板中的"材质"列表下方找到材质后单击鼠标右键，创建自发光材质，设置的参数如图9-142所示。

图 9-142　设置客厅吊灯和天花板灯光带材质参数

04 设置地板材质参数。用
"吸取管" ✏ 吸取材质，
创建反射材质，单击反
射选项后的"设置贴图"
按钮 ⊾ ，在弹出的"贴
图编辑器"面板中将"纹
理贴图"设置为"菲涅耳"
并设置参数，如图 9-143
所示。

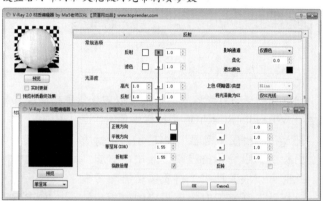

图 9-143　设置地板反射材质参数

05 再设置漫反射材质，将
漫反射颜色 RGB 值设置
为"236、231、220"，
然后单击颜色选项后的
"设置贴图"按钮 ⊾ ，
将贴图设置为"位图"，
如图 9-144 所示。

图 9-144　设置地板漫反射材质参数

06 用同样的方法设置客厅
墙面浅紫红材质参数。
用"吸取管" ✏ 吸取
材质，单击漫反射选项
后的"设置贴图"按钮
⊾ ，将贴图设置为"位
图"并设置参数，漫反
射颜色 RGB 值设置为
"224、208、171"，如
图 9-145 所示。

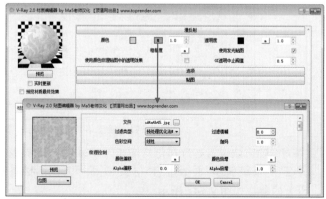

图 9-145　设置客厅墙面反射材质参数

07 设置装饰画墙黄洞石材质参数。用"吸取管" 吸取材质，并在"材质编辑器"面板中的"材质"列表下方找到材质后单击鼠标右键，创建反射材质，单击反射选项后的"设置贴图"按钮 m，在弹出的"贴图编辑器"面板中将纹理贴图设置为"菲涅耳"并设置参数，如图9-146所示。

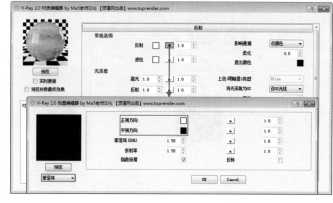

图9-146 设置客厅装饰墙反射材质参数

08 再设置漫反射材质，将漫反射颜色RGB值设置为"175、158、126"，然后单击颜色选项后的"设置贴图"按钮 m，将贴图设置为"位图"，如图9-147所示。

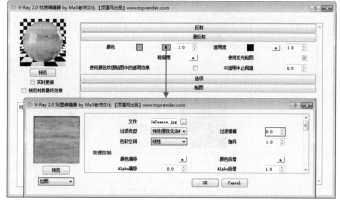

图9-147 设置客厅装饰墙漫反射材质参数

09 设置客厅沙发材质参数。用"吸取管" 吸取材质，设置漫反射材质，将漫反射颜色RGB值设置为"114、41、49"，然后单击颜色选项后的"设置贴图"按钮 m，将贴图设置为"位图"，如图9-148所示。

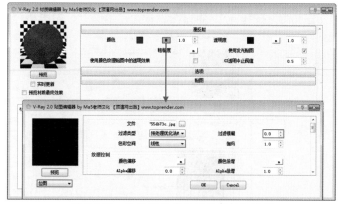

图9-148 设置客厅沙发漫反射材质参数

10 设置客厅靠枕材质参数。用"吸取管" 吸取材质，并在"材质编辑器"面板材质列表下方找到材质后单击鼠标右键，创建反射材质，单击反射选项后的"设置贴图"按钮 m，在弹出的"贴图编辑器"面板中将纹理贴图设置为"菲涅耳"并设置参数，如图9-149所示。

11 设置客厅茶几、电视柜、置物板、踢脚面木材质参数。用"吸取管" 吸取材质，并在"材质编辑器"面板中的"材质"列表下方找到材质后单击鼠标右键，创建反射材质，单击反射选项后的"设置贴图"按钮 m，在弹出的"贴图编辑器"面板中将纹理贴图设置为"菲涅耳"并设置参数，如图9-150所示。

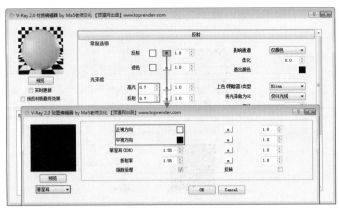

图 9-149　设置客厅靠枕反射材质参数

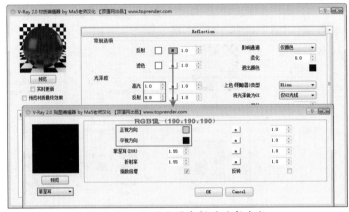

图 9-150　设置客厅木材质反射参数

12 再设置漫反射材质，将漫反射颜色RGB值设置为"58、36、22"，然后单击颜色选项后的"设置贴图"按钮 m ，将贴图设置为"位图"，如图9-151所示。

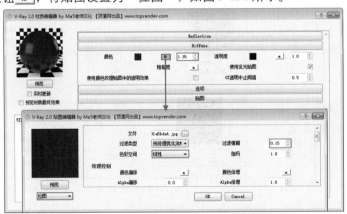

图 9-151　设置客厅木材质漫反射参数

13 设置客厅茶几玻璃材质参数。用"吸取管" ✐ 吸取材质，并在"材质编辑器"面板中的"材质"列表下方找到材质后单击鼠标右键，创建反射材质，单击反射选项后的"设置贴图"按钮 m ，在弹出的"贴图编辑器"面板中将纹理贴图设置为"菲涅耳"并设置参数，如图9-152所示。

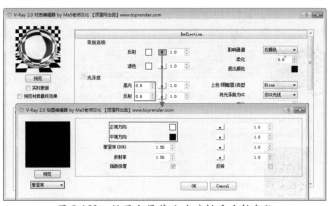

图 9-152　设置客厅茶几玻璃材质反射参数

14 在"材质编辑器"面板中的"材质"列表下方找到材质后单击鼠标右键，创建折射材质，再设置折射材质，将漫反射颜色 RGB 值设置为"0、0、0"，如图 9-153 所示。

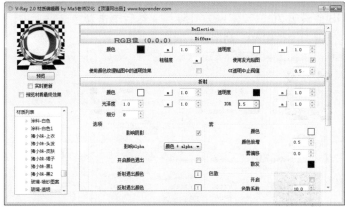

图 9-153　设置客厅茶几玻璃材质漫反射、折射参数

15 设置客厅电视机背景墙玻璃 - 喷砂材质参数。用"吸取管" ✎ 吸取材质，并在"材质编辑器"面板中的"材质"列表下方找到材质后单击鼠标右键，创建反射材质，单击高光、反射选项后的"设置贴图"按钮 m ，在弹出的"贴图编辑器"面板中将纹理贴图设置为"位图"并设置参数，如图 9-154 所示。

图 9-154　设置电视机背景墙玻璃 - 喷砂材质反射参数

16 再设置漫反射材质，将漫反射颜色 RGB 值设置为"207、207、207"，然后单击颜色选

项后的"设置贴图"按钮 m ，将贴图设置为"位图"，如图 9-155 所示。

图 9-155　设置电视机背景墙玻璃 - 喷砂材质漫反射参数

17 设置客厅电视机背景墙布材质参数。用"吸取管" 吸取材质，设置漫反射材质，将漫反射颜色 RGB 值设置为"172、160、151"，然后单击颜色选项后的"设置贴图"按钮 m ，将贴图设置为"位图"，如图 9-156 所示。

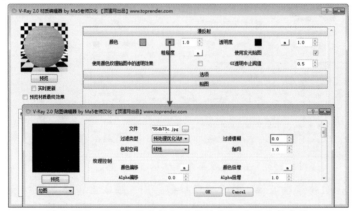

图 9-156　设置客厅电视机背景墙布材质漫反射参数

18 设置客厅地毯材质参数。用"吸取管" 吸取材质，设置漫反射材质，将漫反射颜色 RGB 值设置为"141、117、97"，然后单击颜色选项后的"设置贴图"按钮 m ，将贴图设置为"位图"，如图 9-157 所示。

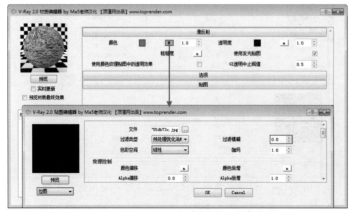

图 9-157　设置客厅地毯材质漫反射参数

9.3.3 设置渲染参数

在调整好场景中主要的材质参数后，便可以开始设置渲染参数。

01 在 V-Ray for SketchUp 工具栏中单击"打开 V-Ray 渲染设置面板"按钮，在"系统"卷展栏下设置"最大树深度"为 60，"面的级别"为 2，"动态内存限制"为 500，"宽度"为 48，"高度"为 48，如图 9-158 所示。

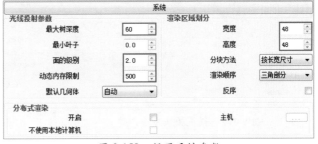

图 9-158 设置系统参数

02 在"环境"卷展栏下单击全局光颜色选项后的"设置贴图"按钮，在弹出的"贴图编辑器"面板中将纹理贴图设置为"天空"并设置参数，如图 9-159 所示。

图 9-159 设置环境参数

03 在"图像采样器"卷展栏下，设置图像采样器类型为"自适应确定性蒙特卡罗"，"最多细分"为 8，如图 9-160 所示。

图 9-160 设置图像采样器参数

04 打开"颜色映射"卷展栏，将"燃烧值"设为 0.8，如 9-161 所示。

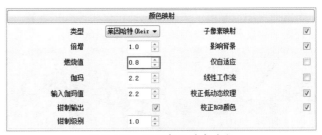

图 9-161 设置颜色映射参数

05 打开"输出"卷展栏，勾选"覆盖视口"复选框，设置"长度"为 3000，"宽度"为 1875，并设置渲染文件路径，如图 9-162 所示。

06 在"间接照明"卷展栏中设置"首次渲染引擎"为"发光贴图"，"二次渲染引擎"为"灯光缓存"，"二次倍增"值为 0.85，如 9-163 所示。

图 9-162　设置输出参数　　　　　　　　图 9-163　设置间接照明参数

07 在"发光贴图"卷展栏中设置"最小比率"为"4","最大比率"为-1,"颜色阀值"为0.3,如图 9-164 所示。

08 在"灯光缓存"卷展栏中设置"细分"为500,"过程数"为4,"过滤采样"为5,如图 9-165 所示。

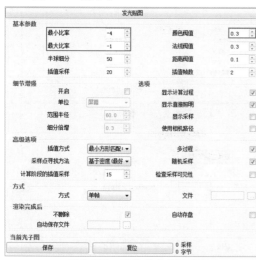

图 9-164　设置发光贴图参数　　　　　　图 9-165　设置灯光缓存参数

09 设置完成后,单击"关闭"按钮,关闭"参数设置"面板,单击"开始渲染"按钮 ⓡ,开始渲染场景,最终渲染效果如图 9-166 所示。

图 9-166　最终渲染效果

第 10 章

综合实例——时尚别墅建筑表现

- 导入 SketchUp 前准备工作。

- 创建模型前准备工作。

- 在 SketchUp 中创建模型。

- 后期渲染。

- 后期效果图处理。

欧式风格建筑外形优美典雅,风格雍容华贵,由于有较多的华丽装饰和精美造型,因此建模有一定的难度,需要掌握一定的方法和技巧。

本章通过一个复杂的欧式时尚别墅建筑的绘制,讲解 SketchUp 欧式建筑的绘制方法和流程,其总平面图如图 10-1 所示。由总平面图可知,双拼别墅坐北朝南,别墅南面临城市道路,建筑四面绿地率较高,且建在坡上,环境优良。

图 10-1 时尚别墅建筑总平面图

10.1 导入 SketchUp 前准备工作

本实例选用的作图方法是，将建筑 CAD 图纸导入 SketchUp 中，再根据 CAD 图纸中的建筑尺寸等图元信息进行模型的创建。

施工图通常附带大量的图块、标注以及文字等信息，这些信息导入 SketchUp 后，都会占用大量资源，也不便于图纸的观察，因此首先应该在 AutoCAD 中对其进行简化整理。

10.1.1 整理 CAD 平面图纸

01 打开配套光盘"第 10 章\欧式时尚别墅建筑图纸 .dwg"素材文件，文件中包含简化后的欧式时尚别墅的总平面图、建筑平面以及建筑立面图，如图 10-2 ～图 10-4 所示。

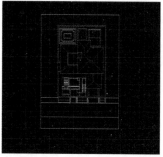
图 10-2 简化后总平面图

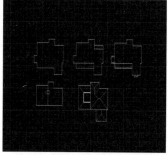
图 10-3 简化后平面图

图 10-4 简化后立面图

提示： 此实例的创建注重表现建筑外观，故建筑内部结构问题可以不予深究，所以为方便建筑平面的创建，建筑平面图只需保留外轮廓即可。

02 在命令行中输入"pu"清理命令，将弹出如图 10-5 所示的"清理"对话框，单击"全部清除"选项对场景中的图源信息进行处理。

03 在弹出的"清理—确认清理"对话框中选择"清理所有项目"选项，如图 10-6 所示。

04 经过多次单击"全部清除"和"清理所有项目"选项，直到"全部清理"选项按钮变为灰色才完成图像的清理，如图 10-7 所示。

图 10-5 打开"清理"对话框

图 10-6 清理所有项目

图 10-7 清理完成

10.1.2 优化 SketchUp 场景设置

在 AutoCAD 中整理好图纸后，接下来将 SketchUp 场景进行设置。

01 打开 SketchUp 软件，执行"窗口"｜"模型信息"菜单命令，弹出"模型信息"对话框，如图 10-8 所示。

02 在对话框中选择"单位"选项，将"长度单位"格式设置为"十进制"、"毫米"，并勾选"角度单位"下的"启用角度捕捉"选项，将捕捉角度更改为"5"，如图10-9 所示，正确的参数设置对后面作图流畅有很大帮助。

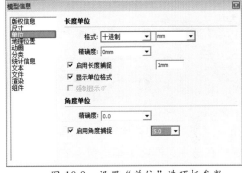

图 10-8 执行"模型信息"命令

图 10-9 设置"单位"选项板参数

10.2 创建模型前准备工作

在 AutoCAD 中整理好图纸并对 SketchUp 场景进行设置后，接下来将其导入 SketchUp，并整理图层和位置对齐。

10.2.1 导入 CAD 图形

01 执行"文件"｜"导入"菜单命令，在弹出的"打开"对话框中将文件类型设置为"AutoCAD 文件（*.dwg、*.dxf）"，单击"打开"面板右侧的"选项"按钮，在打开的"AutoCAD DWG/DXF 选项"对话框中将单位设置为"毫米"，并勾选"保持绘图原点"选项，最后双击目标文件即可进行导入，如图 10-10 所示。

02 CAD 图形导入完成后，分别框选每一个图形，通过选择右键关联菜单中的"创建群组"命令，将其分别创建成组，如图 10-11 所示。

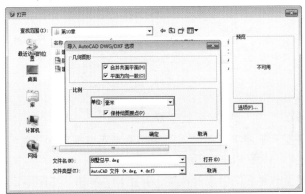

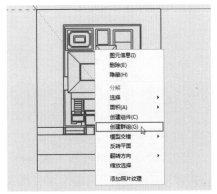

图 10-10 选择导入文件

图 10-11 分别创建组

03 单击"图层管理器"按钮 🔮，在弹出的"图层"对话框中选择除"Layer0"图层所有图层，单击"删除图层"按钮 ⊖，在弹出的"删除包含图元的图层"对话框中选择"将内容移至默认图层"选项，单击"确定"按钮退出操作，如图 10-12 所示。

04 单击"添加图层"按钮 ⊕，分别添加命名为"总平面图"、"地下室平面图"、"一层平面图"、"二层平面图"、"三层平面图"、"顶面图"、"东立面图"、"西立面图"、"南立面图"和"北立面图"一共 10 个图层，如图 10-13 所示。

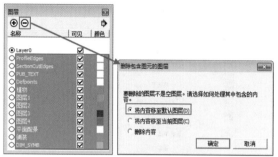

图 10-12　删除多余的图层

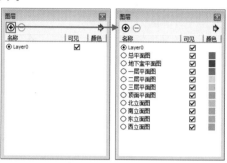

图 10-13　添加图层

05 在总平面群组上单击鼠标右键，在关联菜单中选择"图元信息"命令，在弹出的"图元信息"对话框中，将总平面群组所在"Layer0"图层更换为"总平面图"图层，如图 10-14 所示。并用同样的方法，将其余图形群组与图层对号入座。

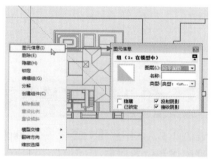

图 10-14　移动图层

10.2.2　调整图形位置

完成图形的导入以及分层工作后，需要将各图形位置进行调整，以便创建模型时有据可参。下面介绍详细操作步骤。

01 选择一层平面图，激活"移动"工具 ✛，将其移动至地下室平面图上相应位置，并将一层平面图沿蓝轴方向向上移动 2022mm，如图 10-15 与图 10-16 所示。

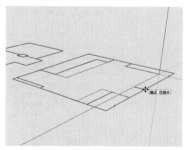

图 10-15　移动至地下室平面图上

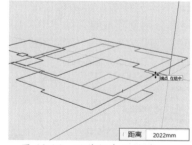

图 10-16　沿蓝轴向上移动

02 用上述相同的方法，分别将二层平面图、三层平面图和顶面图移动至距离地下室平面图 5022mm、8022mm 和 11022mm 的位置，如图 10-17 所示。

03 激活"旋转"工具 ⟳，将立面图旋转至与平面图垂直的位置，并结合"移动"工具 ✛，将立面图分别放置在建筑的东西南北四个面，如图 10-18 所示。

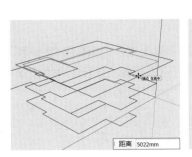
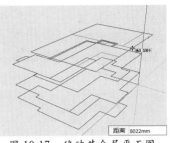
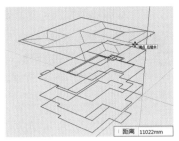

图 10-17　移动其余层平面图

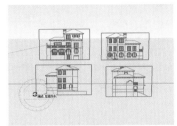

图 10-18　旋转并移动立面图至相应位置

10.3　在 SketchUp 中创建模型

做完所有准备工作后，便可开始在 SketchUp 中创建别墅模型。模型的创建步骤是由下而上，依次创建：先创建地下室模型，然后创建一层模型，接着创建二层模型，再创建三层模型，最后创建顶层模型。

10.3.1　创建地下室模型

创建建筑每层模型也需明确的建模思路，首先需推拉出建筑层高，然后分别根据建筑四个立面图，对建筑立面进行绘制，最后赋予材质。

1.　推拉地下室层高度

 单击"图层管理器"按钮 ，在弹出的"图层"对话框中取消勾选除"地下室平面图"、"南立面图"图层外的所有图层的可见性，如图 10-19 所示，这样可以方便操作。

02 双击进入"地下室平面图"群组，利用"直线"工具 ✏，将地下室平面图进行封面操作，如图 10-20 所示。

03 在地下室平面上单击鼠标右键，执行"反转平面"命令。并激活"推／拉"工具 ◆，参照立面图的立面高度，将地下室平面向上推拉出相应高度，如图 10-21 所示。

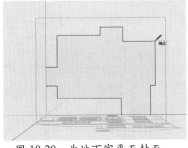
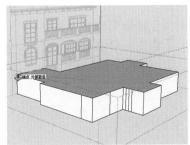

图 10-19　取消图层的　　　图 10-20　为地下室平面封面　　　图 10-21　推拉地下室高度
　　　　　可见性

2. 绘制地下室南、北立面

01 绘制车库门。激活"矩形"工具 ▨，参照立面，绘制矩形，并创建为组件，如图 10-22 所示。

02 利用"推 / 拉"工具 ◈，将车库门框向内推拉 40mm，并将门框面向内推拉 120mm，如图 10-23 与图 10-24 所示。

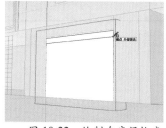

图 10-22　绘制车库门轮廓

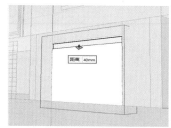

图 10-23　推拉车库门框

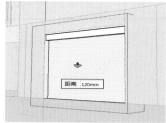

图 10-24　推拉车库门

03 绘制主入口台阶。显示"西立面平面图"图层，激活"卷尺"工具 🖉，绘制辅助线，如图 10-25 所示。

04 结合"矩形"工具 ▨、"推 / 拉"工具 ◈、"移动"工具 ✥ 绘制台阶，每步台阶"宽度"为 300mm，"高度"为 150mm，并将其创建为组件，如图 10-26 所示。

05 绘制后花园入口台阶。用上述绘制台阶的方法绘制，如图 10-27 所示。

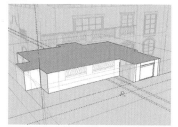

图 10-25　绘制辅助线

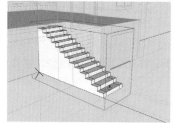

图 10-26　推拉台阶

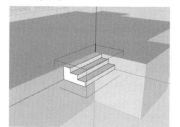

图 10-27　后花园入口台阶

3. 赋予地下室模型材质

01 激活"材质"工具 🖉，在弹出的"材质"对话框中单击"创建材质"按钮 🎲，将地下室墙壁赋予"自然文化石"材质，如图 10-28 所示。

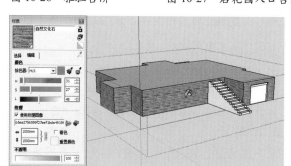

图 10-28　赋予地下室墙壁材质

02 用上述相同的方法为地下室主入口台阶赋予材质，如图 10-29 所示。

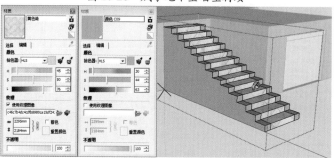

图 10-29　赋予地下室主入口台阶材质

03 用上述相同的方法为地下室车库门、后花园入口台阶赋予材质，如图10-30与图10-31所示。

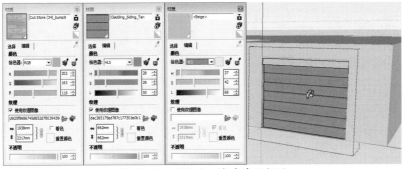

图10-30 赋予地下室车库门材质

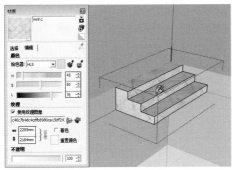

图10-31 赋予地下室后花园入口台阶材质

10.3.2 绘制建筑一层模型

建筑一层模型的创建步骤与建筑地下室模型的创建步骤相似，下面介绍具体步骤。

1. 推拉建筑一层高度

01 双击进入"一层平面图"群组，用"直线"工具 ✏ 将一层平面进行封面处理，如图10-32所示。

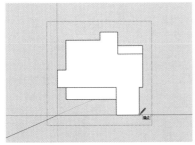

图10-32 封面处理

02 将一层平面中两个小矩形分别创建为组，如图10-33所示，并激活"推/拉"工具

⬦ ，按照南立面图高度，将一层平面推拉到相应高度，如图10-34所示。

图10-33 创建群组

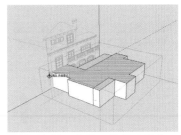

图10-34 推拉一层平面高度

2. 绘制一层南立面

01 绘制阳台。激活"偏移"工具 🖐，将矩形两条边向内偏移240mm，并用"推/拉"工具 ⬦ 将其挖空，如图10-35所示。

02 激活"矩形"工具 ▱、"圆弧"工具 ◠，参照南立面图的尺寸绘制阳台洞轮廓，并用激活"推/拉"工具 ⬦，将其挖空，如图10-36所示。

03 用上述相同方法绘制阳台装饰，并将其创建为组，阳台装饰结果如图10-37所示。

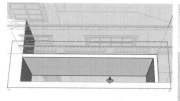

图 10-35　启用"偏移"、
　　　　　"推拉"工具

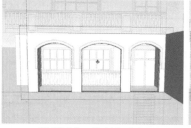

图 10-36　绘制阳台洞

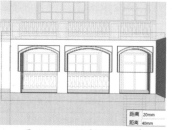

图 10-37　绘制阳台装饰

04 绘制阳台下挑板。激活"矩形"工具 ▨ 、"直线"工具 ✐ ，参照南立面图尺寸绘制下挑板轮廓，将其创建为组件，并用"推 / 拉"工具 ◆ ，将其向内推拉 200mm、30mm，如图 10-38 所示。

05 用上述相同方法绘制阳台上挑板，用"推 / 拉"工具分别推拉 240mm、15mm、35mm、55mm，如图 10-39 所示。

06 绘制阳台栏板。结合使用"直线"工具 ✐ 、"矩形"工具 ▨ 、"圆"工具 ◉ ，参照南立面图尺寸绘制放样路径和截面，并创建为组件，如图 10-40 所示。

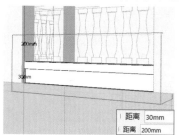

图 10-38　绘制阳台上挑板

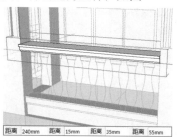

图 10-39　绘制阳台下挑板

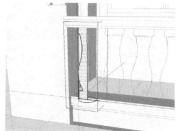

图 10-40　绘制放样路径和截面

07 选择圆形边线，激活"路径跟随"工具 ＠ ，单击绘制的截面，截面则将会沿圆形边线路径跟随出如图 10-41 所示的模型，并对其进行柔化处理。

08 激活"移动"工具 ✦ ，移动至合适位置，并按住 Ctrl 键，向右移动复制 8 份，并选择阳台所有物件创建为群组，如图 10-42 与图 10-43 所示。

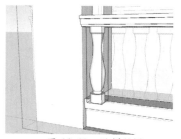

图 10-41　放样结果

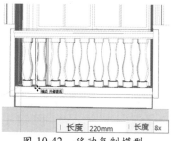

图 10-42　移动复制模型

图 10-43　创建阳台组件

09 用上述相同的方法绘制其他阳台栏杆，如图 10-44 与 图 10-45 所示。

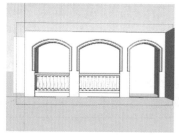

图 10-44　南立面右侧阳台栏杆

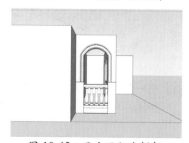

图 10-45　西立面阳台栏杆

10 将一层阳台隐藏，绘制门、窗。激活"矩形"工具 ▨，参照立面图绘制门的外轮廓，将其创建为组件，并用"偏移"工具 ⑦，将矩形面依次向内偏移36mm、90mm、30mm、50mm，如图10-46所示。

11 激活"直线"工具 ✐，完善图形，并用"偏移" ⑦ 工具向内偏移50mm，如图10-47所示。

12 激活"推/拉"工具 ♦，将门扇矩形轮廓向内推拉150mm、门套向外推拉20mm、门沿向内推拉20mm，如图10-48所示。

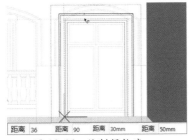

图10-46 绘制门轮廓

图10-47 划分门

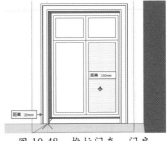

图10-48 推拉门套、门扇、门沿

13 激活"矩形"工具 ▨、"卷尺"工具 ⊘，并参照立面图绘制窗外轮廓，如图10-49所示。

14 选择最内矩形左侧边线，执行右键关联菜单中"拆分"命令，将线段拆分为4段，并用"直线"工具 ✐，以拆分线端点为起点绘制直线，如图10-50所示。

15 利用"偏移"工具 ⑦，将矩形向内偏移30mm，重复偏移操作，结果如图10-51所示。

图10-49 绘制窗轮廓

图10-50 划分窗户

图10-51 偏移矩形

16 激活"推/拉"工具 ♦，将窗外框向外推拉90mm、120mm，窗轮廓向内推拉120mm，窗玻璃向内推拉30mm，如图10-52所示。

17 激活"移动"工具 ✤，按住Ctrl键，参照立面图将窗户像左移动复制，结果如图10-53所示。

18 绘制右侧窗户。激活"矩形"工具 ▨、"圆弧"工具 ⊘、"直线"工具 ✐、"偏移"工具 ⑦，参照南立面图的尺寸绘制窗户轮廓，并用激活"推/拉"工具 ♦，窗外框向外推拉40mm、20mm，窗轮廓向内推拉150mm，窗玻璃向内推拉25mm，如图10-54与图10-55所示。

图10-52 推拉窗

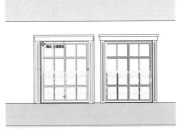

图10-53 移动复制窗户

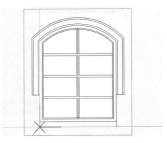

图10-54 绘制窗轮廓

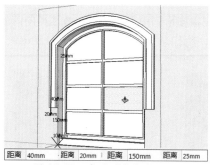

图 10-55　启用"推拉"工具

3.　绘制一层北立面

01 勾选"北立面图"图层的可见性，并取消"南立面图"的可见性，将视图模式切换为"后视图"，如图 10-56 所示。

02 参照前面绘制一层南立面阳台的方法绘制北立面外廊，结果如图 10-57 所示。

03 将外廊隐藏，绘制门。激活"卷尺"工具 🔑，绘制距墙角边线 60mm、150mm 的辅助线，并用"矩形"工具 ▨ ，参照北立面图绘制矩形，将其创建为组件，如图 10-58 所示。

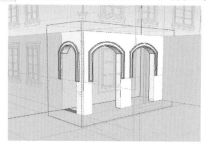

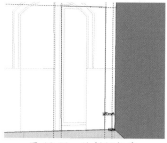

图 10-56　切换图层可见性　　　　图 10-57　绘制外廊　　　　　　图 10-58　绘制门轮廓

04 利用"偏移"工具 🖝 ，将矩形向外偏移 30mm、90mm、30mm，向内偏移 50mm，如图 10-59 所示。

05 利用"推/拉"工具 ◆，将门扇矩形轮廓向内推拉 150mm、门套向外推拉 20mm、门沿向内推拉 20mm，如图 10-60 所示。

06 激活"卷尺"工具 🔑，绘制距窗框边线 1200mm 的辅助线，利用"矩形"工具 ▨ ，参照"北立面图"绘制矩形，将其创建为组件，并用"偏移"工具 🖝 ，将窗轮廓向内依次偏移 50mm、50mm，窗轮廓向外依次偏移 100mm、50mm，如图 10-61 所示。

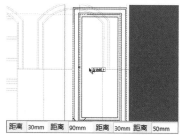

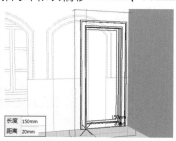

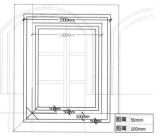

图 10-59　启用"偏移"工具　　　　图 10-60　推拉门　　　　　　图 10-61　绘制窗轮廓

07 激活"直线"工具 ✏、"移动"工具 ✛，完善图形，如 3．绘制一层北立面 10-62 所示。

08 激活"推 / 拉"工具 ◈，窗外框向外推拉 40mm、20mm，窗轮廓向内推拉 150mm，如图 10-63 所示。

图 10-62　完善图形

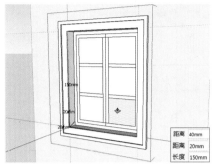

图 10-63　推拉窗

09 由于剩余的窗户与前面绘制的窗户一样，即可以通过导入组件的方法来绘制剩余的窗户。执行"窗口"|"组件"菜单命令，在弹出的"组件"对话框中单击"在模型中的材质" 🏠 按钮，然后选择所需组件，如图 10-64 所示。

10 在组件上单击并移动到视图区，此时鼠标光标自动变为移动光标 ✛，参照立面图移动到合适位置，如图 10-65 所示。

11 重复上述操作或直接激活"移动"工具 ✛，按住 Ctrl 键，将窗户组件进行复制，结果如图 10-66 所示。

图 10-64　"组件"面板

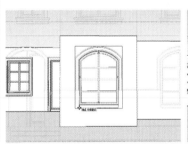

图 10-65　移动窗到合适位置

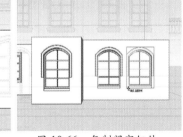

图 10-66　复制门窗组件

4．绘制一层东立面

01 勾选"东立面图"图层的可见性，并取消"北立面图"的可见性，将视图模式切换为"右视图"，如图 10-67 所示。

02 激活"矩形"工具 ▱、"直线"工具 ✏，参照东立面图绘制窗户轮廓，如图 10-68 所示。

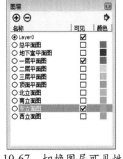

图 10-67　切换图层可见性

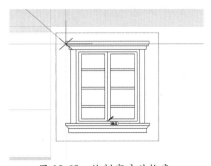

图 10-68　绘制窗户外轮廓

03 激活"推/拉"工具 ◈，窗台依次向外推拉 218mm、132mm，窗檐依次向外推拉 90mm、76mm、30mm，窗框向外推拉 30mm，窗扇向内推拉 150mm，如图 10-69 与图 10-70 所示。

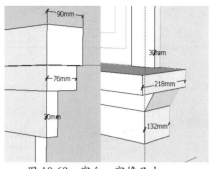

图 10-69　窗台、窗檐尺寸

图 10-70　推拉窗户

04 激活"移动"工具 ✛，按住 Ctrl 键，将刚绘制的窗户组件进行复制，并用"缩放"工具 ▦，参照立面图窗户尺寸将窗户组件进行缩放，如图 10-71 与图 10-72 所示。

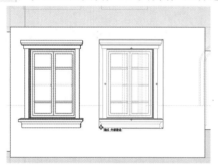

图 10-71　移动复制窗组件

图 10-72　缩放至合适尺寸

5. 赋予一层模型材质

01 激活"推/拉"工具 ◈，按住 Ctrl 键，将一层底面向上推拉 1200mm，选择一层中所有组件，执行右键关联菜单中"模型交错"|"模型交错"命令，并将多余的线、面删除，如图 10-73 与图 10-74 所示。

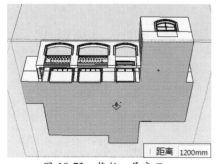

图 10-73　推拉一层底面

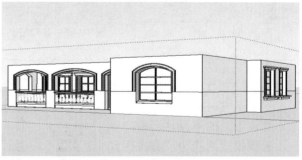

图 10-74　整理结果

02 单击"图层管理器"按钮 ◉，显示地下室模型，激活"材质"工具 ◈，按住 Alt 键，吸取地下室的墙壁材质，并为一层墙壁赋予材质，如图 10-75 所示。

03 用上述相同的方法，吸取地下室车库门框的材质为一层上半部分墙壁赋予材质，如图 10-76 所示。

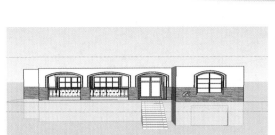

图 10-75　赋予一层墙壁材质

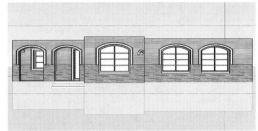

图 10-76　赋予一层上半部分墙壁材质

04 用上述相同的方法，吸取台阶边上材质为门（窗）框、阳台栏杆及装饰赋予材质，如图 10-77 所示。

05 用上述相同的方法，吸取台阶中间材质为阳台、长廊地面赋予材质，如图 10-78 所示。

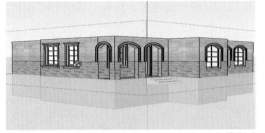

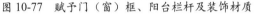

图 10-77　赋予门（窗）框、阳台栏杆及装饰材质

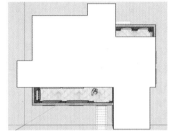

图 10-78　赋予阳台、长廊地面材质

06 激活"材质"工具 🐾，在弹出的"材质"对话框中单击"创建材质"按钮 🎁，将所有门（窗）玻璃和内框赋予材质，如图 10-79 所示。

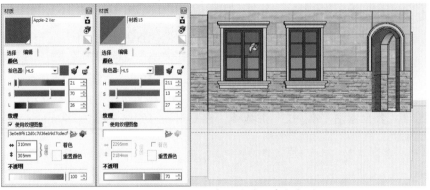

图 10-79　赋予门（窗）玻璃和内框材质

10.3.3　绘制建筑二层模型

1. 推拉建筑二层高度

01 双击进入"二层平面图"群组，用"直线"工具 ✏ 将二层平面进行封面处理，如图 10-80 所示。

02 将二层平面中三个小矩形分别创建为组，如图 10-81 所示。勾选"南立面图"图层的可见性，并激活"推/拉"工具 ◆，参照立面图高度，将二层平面推拉至相应高度，如图 10-82 所示。

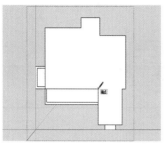

图 10-80　封面处理

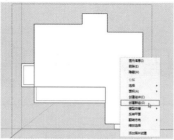

图 10-81　创建群组

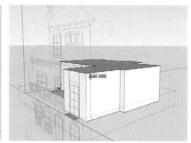

图 10-82　推拉二层高度

2．绘制二层南立面

01 绘制二层阳台。激活"移动"工具 ✥，按住 Ctrl 键，参照立面图将一层阳台组件移动复制到二层，并按 Ctrl+X 组合键，双击进入二层阳台平面组件，执行"编辑"|"原位粘贴"菜单命令，如图 10-83 所示。

02 双击进入栏杆上挑板，激活"推 / 拉"工具 ✦，参照立面图推拉上挑板，如图 10-84 所示。

03 激活卷尺"工具 ✐，绘制距栏杆边线 295mm 的辅助线，并用"直线"工具 ✐，完善图形，结果如图 10-85 所示。

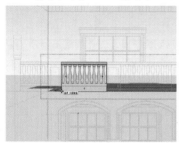

图 10-83　移动复制一层栏杆

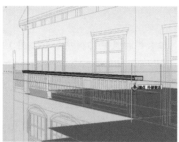

图 10-84　推拉栏杆上挑板

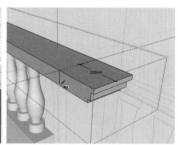

图 10-85　绘制转折处栏杆辅助线

04 激活"推 / 拉"工具 ✦，参照立面图推拉转折边的上挑板，如图 10-86 所示。

05 利用"矩形"工具 ▱，参照立面图绘制矩形，并创建为组件，如图 10-87 所示。移动至合适位置，然后激活"推 / 拉"工具 ✦，将矩形面分别向内推拉 240mm、50mm，如图 10-88 所示。

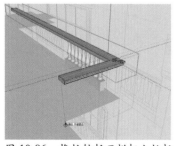

图 10-86　推拉转折面栏杆上挑板

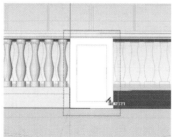

图 10-87　绘制矩形面

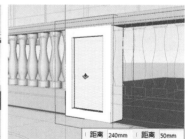

图 10-88　推拉矩形面

06 用选择工具选择栏杆栏板、下挑板，激活"移动"工具 ✥，按住 Ctrl 键，参照立面图将组件移动复制至相应位置，并进行稍微的调整，结果如图 10-89 所示。

07 绘制转折面栏杆。勾选"西立面图"图层的可见性，激活"移动"工具 ✥，将栏杆进行复制，并结合使用"旋转"工具 ↻、"直线"工具 ✐、"推 / 拉"工具 ✦ 对转折面栏杆进行编辑，如图 10-90 所示。

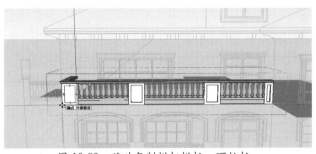

图 10-89 移动复制栏杆栏板、下挑板

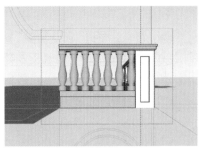

图 10-90 绘制转折面栏杆

08 绘制卧室小阳台。利用"矩形"工具 ▨，参照立面图绘制阳台挑板轮廓，并创建为组件，如图 10-91 所示。

09 激活"推/拉"工具 ◆，将所有矩形面向内推拉 600mm，第二层矩形、最后一层矩形南面分别向外、向内推拉 20mm，如图 10-92 所示。

10 打开光盘中"10.3 在 SketchUp 中创建模型 .mp4"文件，选择铁艺栏杆，按 Ctrl+C 组合键将其复制。在别墅场景模型中，按 Ctrl+V 组合键添加，移动至合适位置并用"缩放"工具 ▧ 调整大小如图 10-93 所示。

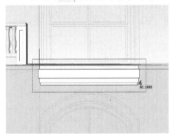

图 10-91 绘制挑板轮廓

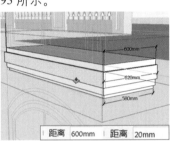

图 10-92 删除组件东面

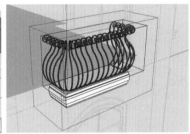

图 10-93 导入铁艺栏杆组件

11 绘制窗户。执行"窗口"|"组件"菜单命令，在弹出的"组件"对话框中单击"在模型中的材质" ⌂ 按钮，然后选择所需组件，在组件上单击，参照立面图移动到合适位置，并用"缩放"工具 ▧ 对其大小进行调整，如图 10-94 所示。

12 用上述相同方法绘制二层南面其他窗户，如图 10-95 与图 10-96 所示。

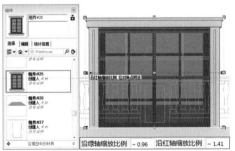

图 10-94 "组件"面板

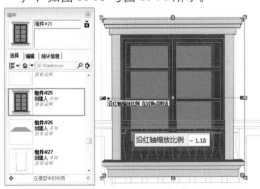

图 10-95 绘制窗户

图 10-96 绘制卧室窗户

3. 绘制二层西立面

01 绘制露台。勾选"西立面图"图层的可见性，利用"矩形"工具 ▨、"圆弧"工具 ◠ 和"直线"工具 ✏，参照立面图在建筑西面绘制装饰墙轮廓，并创建为群组，如图 10-97 所示。

02 激活"推／拉"工具 ◈，将全部平面向内推拉 240mm，装饰墙头东、西面向外依次推拉 30mm、20mm，如图 10-98 与图 10-99 所示。

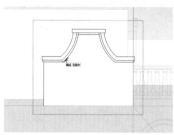
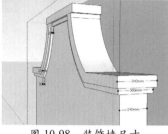
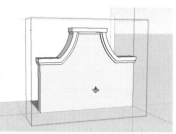

图 10-97　绘制装饰墙轮廓　　图 10-98　装饰墙尺寸　　图 10-99　推拉装饰墙

03 激活"移动"工具 ◈，按住 Ctrl 键，参照立面图将一层阳台栏杆组件移动复制至二层露台相应位置，并用"推／拉"工具 ◈、"擦除"工具 ◿ 对其进行编辑，如图 10-100 所示。

04 重复使用"移动"工具 ◈，按住 Ctrl 键，将栏杆移动复制到左侧，并执行右键关联菜单中的"翻转方向"|"组的绿轴"命令，移动至合适位置，如图 10-101 与图 10-102 所示。

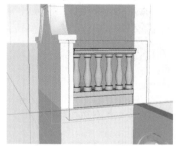
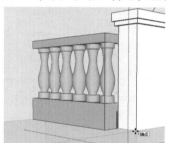
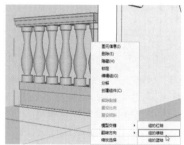

图 10-100　移动复制栏杆　　　图 10-101　复制组件　　　图 10-102　翻转组件

4. 绘制二层东、北立面

01 根据前面的方法绘制东立面。执行"窗口"|"组件"菜单命令，单击"在模型中的材质" ⌂ 按钮，然后选择所需组件，参照立面图移动到合适位置，并用"缩放"工具 ▨ 对其大小进行调整，这里不再进行详细描述，结果如图 10-103 所示。

02 用上述方法绘制北立面窗户，结果如图 10-104 所示。

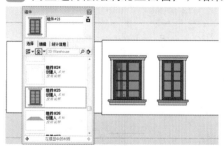
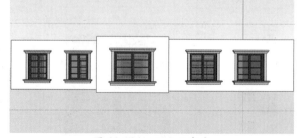

图 10-103　东立面窗户　　　　　　　　图 10-104　北立面窗户

5. 赋予二层模型材质

01 激活"材质"工具 ◍，在弹出的"材质"对话框中单击"创建材质"按钮 ⚽，将二层墙壁赋予材质，如图 10-105 所示。

02 激活"材质"工具 ，按住 Alt 键，吸取二层栏杆挑板材质，并为二层阳台、露台赋予材质，如图 10-106 所示。

图 10-105　赋予二层墙面材质　　图 10-106　赋予二层阳台、露台材质

10.3.4　绘制建筑三层模型

1. 推拉建筑三层高度

01 双击进入"三层平面图"群组，用"直线"工具 ✏ 将一层平面进行封面处理，如图 10-107 所示。

02 将三层平面中的小矩形创建为组，如图 10-108 所示。勾选"南立面图"图层的可见性，并激活"推／拉"工具 ◈，参照立面图高度，将三层平面推拉至相应高度，如图 10-109 所示。

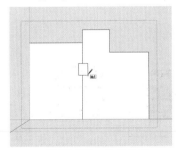

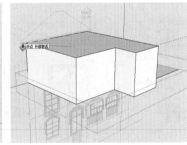

图 10-107　封面处理　　　　图 10-108　创建组件　　　　图 10-109　推拉三层高度

2. 绘制三层南立面

01 绘制窗户。激活"矩形"工具 ▨、"直线"工具 ✏，参照立面图绘制窗户的基本轮廓，并创建为组件，如图 10-110 所示。

02 激活"推／拉"工具 ◈，窗外框向外推拉 40mm、20mm，窗扇向内推拉 150mm，如图 10-111 所示。

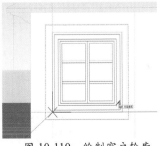
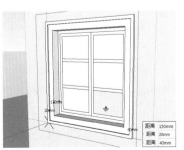

图 10-110　绘制窗户轮廓　　　图 10-111　推拉窗户

03 用上述相同的方法绘制右侧窗户，如图
10-112与图10-113所示。激活"移动"
工具 ✥，按住 Ctrl 键，参照立面图将窗
户组件沿红轴方向移动复制1067mm，
并在"数值"输入框中输入复制份数"2x"，
如图10-114与图10-115所示。

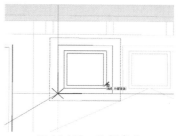

图 10-112　绘制窗户

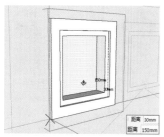

图 10-113　推拉窗户

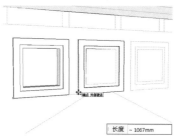

图 10-114　移动复制窗户

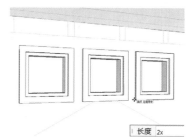

图 10-115　复制份数

3. 绘制三层北、东立面

01 运用绘制一层窗户的方法绘制三层东立面窗户，在此不再赘述。执行"窗口"|"组件"
菜单命令，并参照东立面图，三层东立面图绘制结果如图10-116所示。

02 运用上述相同方法参照北立面图绘制三层北立面窗户，在此不再赘述，结果如图10-117
所示。

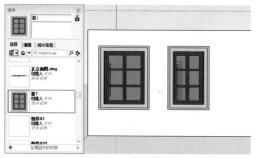

图 10-116　绘制东立面窗户

图 10-117　绘制北立面窗户

4. 绘制三层西立面

01 绘制门。运用上
述相同方法参照西
立面图绘制，在此
不再赘述，结果如
图10-118所示。

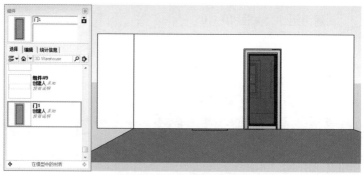

图 10-118　绘制西立面门

02 绘制烟筒。隐藏三层除烟筒平面组件外的所有组件，激活"推／拉"工具 ◆，按住 Ctrl 键，

参照立面图将其推拉至相应高度，继续使用"推／拉"工具细化烟筒，由下到上依次向外推拉 113mm、67mm、180mm，并利用"缩放"工具，按中心缩放将烟筒顶面缩放至最小，如图 10-119 所示。

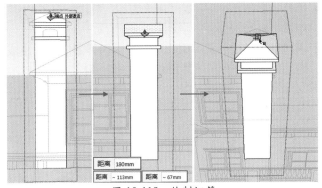

图 10-119　绘制烟筒

03 绘制烟筒装饰。激活"矩形"工具 ▨、"圆弧"工具 ◠、"直线"工具 ✎，绘制装饰轮廓，并创建为组件，如图 10-120 所示。

04 激活"移动"工具 ✦，按住 Ctrl 键，将装饰轮廓复制到另一边，并用"推／拉"工具 ◆，按住 Ctrl 键，将轮廓向外推拉，如图 10-121 所示。

05 执行右键关联菜单中的"模型交错"|"模型交错"命令，并将多余的线、面删除，如图 10-122 所示。

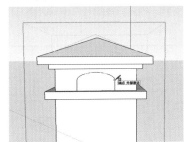
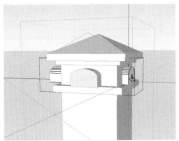
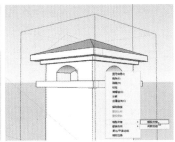

图 10-120　绘制装饰轮廓　　　图 10-121　启用"推／拉"工具　　　图 10-122　绘制结果

5. 赋予三层模型材质

01 激活"材质"工具 ◈，按住 Alt 键，吸取二层窗户材质，并未三层窗户赋予材质，如图 10-123 所示。

02 用上述相同方法，吸取二层墙面材质，并为三层墙面赋予材质，如图 10-124 所示。

03 赋予烟筒材质。单击"图层管理器"按钮 ◈，在弹出的"材质"对话框中单击"创建材质"按钮 ◈，将烟筒顶面赋予材质，如图 10-125 所示。

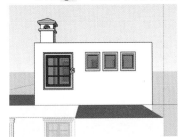
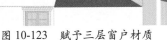
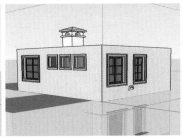
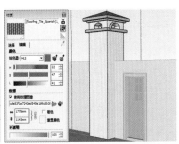

图 10-123　赋予三层窗户材质　　　图 10-124　赋予三层墙面材质　　　图 10-125　赋予三层烟筒材质

10.3.5 绘制建筑顶面模型

01 绘制顶平面。双击进入"顶平面图"群组，用"直线"工具 ✐ 将顶层平面进行封面处理，如图 10-126 所示。

02 通过对图纸的分析可知，别墅屋顶由两层坡屋顶组成，是高低错落的坡屋顶。对顶平面进行处理后并分别将其创建为群组，如图 10-127 所示。

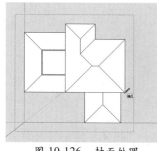

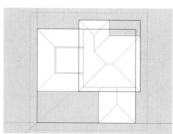

图 10-126　封面处理　　　　图 10-127　整理平面

03 首先绘制最顶层屋顶。双击进入群组，激活"卷尺"工具 ✐，参照北立面图绘制辅助线，并用"移动"工具 ✥，按住 Ctrl 键，参照北立面图将中间两条线段移动复制至相应高度，如图 10-128 所示。

04 激活"直线"工具 ✐，将向上移动的直线与对角线连接，如图 10-129 所示。

05 用"选择"工具选择蓝色线段，单击"沙盒"工具栏上的"根据等高线创建"命令 ⬢，生成不规则面域，如图 10-130 所示。

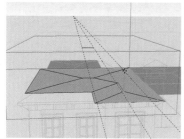

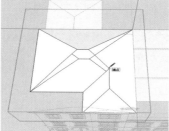
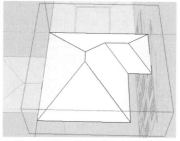

图 10-128　移动复制线段　　图 10-129　连接对角线　　图 10-130　启用"根据等高线创建"命令

06 用上述相同的方法绘制其他不规则面，结果如图 10-131 所示。

07 将顶层屋顶隐藏，激活"移动"工具 ✥，参照立面图将二层屋顶移动至合适位置，如图 10-132 所示。

08 激活"移动"工具 ✥，按住 Ctrl 键，参照北、东立面图将中间屋顶斜线移动复制至相应高度，中间直线向上移动 301mm，如图 10-133 所示。

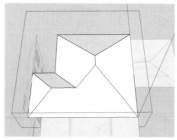
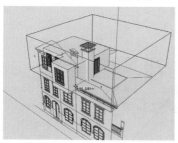
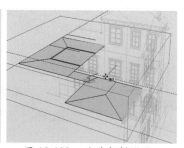

图 10-131　生成不规则面域　　图 10-132　移动二层屋顶　　图 10-133　移动复制线段

09 激活"直线"工具 ✏，将向上移动的直线与对角线连接，如图 10-134 所示。

10 用"选择"工具选择蓝色线段，单击"沙盒"工具栏上的"根据等高线创建"命令 🗊，生成屋面，如图 10-135 所示。

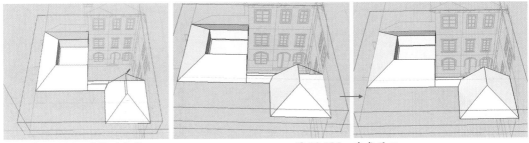

图 10-134 连接对角线　　　　　　　图 10-135 生成屋面

11 激活"推/拉"工具 ◈，按住 Ctrl 键，将矩形面向上推拉 1200mm，屋顶底面向下推拉 100mm，如图 10-136 所示。

12 激活"材质"工具 🖌，按住 Alt 键，分别吸取三层烟筒顶面、墙壁和二层栏杆材质，并为别墅屋顶赋予材质，如图 10-137 所示。

图 10-136 推拉矩形面　　　　　　　图 10-137 赋予屋顶材质

10.3.6　绘制建筑其他细节

1. 绘制建筑三层细节

01 绘制脚线。双击进入三层，激活"推/拉"工具 ◈，将三层顶面向下推拉 250mm，用"直线"工具 ✏，根据图 10-138 提供的尺寸在墙角绘制放样截面，并创建为群组。

02 选择顶面边线，激活"路径跟随"工具 ⟲，单击绘制的截面，截面则将会沿顶面边线路径跟随出如图 10-139 所示的模型，并移动至合适位置。

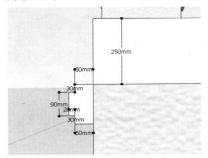

图 10-138 放样截面尺寸　　　　　　图 10-139 放样路径

03 绘制屋顶装饰架。激活"圆弧"工具 ◗、"直线"工具 ✏，参照立面图绘制装饰架轮廓，并创建为组件，如图 10-140 所示。

04 激活"推/拉"工具 ◆，将装饰架平面向外推拉 120mm，再将小面向内推拉 25mm，如图 10-141 所示。

05 参照立面图将装饰架移动至合适位置，并激活"移动"工具 ◆，按住 Ctrl 键，将其移动复制，结果如图 10-142 所示。

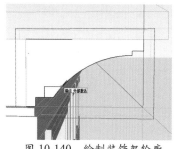
图 10-140　绘制装饰架轮廓

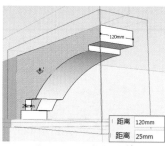
图 10-141　推拉装饰架

图 10-142　移动复制装饰架

06 用上述相同方法绘制其余三面装饰架，并创建为群组，如图 10-143 所示。

07 激活"材质"工具 ，按住 Alt 键，吸取三层窗户边框材质，并赋予装饰架和脚线材质，如图 10-144 所示。

图 10-143　装饰架绘制结果

图 10-144　赋予装饰架和脚线材质

2. 绘制建筑二层细节

01 分别双击进入二层屋顶组件，激活"推/拉"工具 ◆，按住 Ctrl 键，按照图 10-145 将二层屋顶底面向下推拉。双击进入二层模型组件，重复命令操作，将二层顶面向上推拉 250mm，如图 10-146 所示。

02 参照立面图，运用绘制建筑三层细节的方法绘制二层装饰架，在此不再赘述，结果如图 10-147 所示。

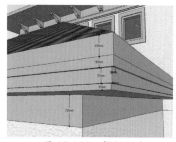
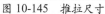
图 10-145　推拉尺寸

图 10-146　推拉结果

图 10-147　绘制二层脚线、装饰架

3. 绘制建筑一层细节

01 参照立面图，运用绘制建筑三层细节的方法绘制一层上方脚线，在此不再赘述，如图 10-148 所示。

02 运用上述相同方法绘制一层中间脚线，别墅建筑绘制结果如图10-149所示。

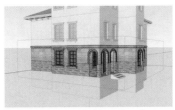

图10-148　绘制一层上脚线　　　　图10-149　绘制一层中间脚线

10.3.7　处理别墅景观效果

别墅模型制作完成后，便可以为别墅增加周围景观效果。

01 勾选"总平面图"图层的可见性，并用"矩形"工具 ▨ 和"线"工具 ✐，对总平面图进行封面处理，如图10-150所示。

02 将总平面中花坛、围墙、踏步和地面分别创建为组，如图10-151所示。

03 激活"推/拉"工具 ◈，按住Ctrl键，将别墅围墙、地形推拉如图10-152所示效果。

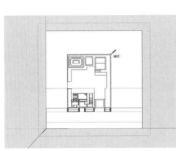

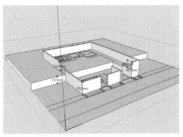

图10-150　封面处理　　　图10-151　创建组件　　　图10-152　绘制围墙、地形

04 激活"推/拉"工具 ◈，将别墅花坛、踏步推拉如图10-153与图10-154所示效果。

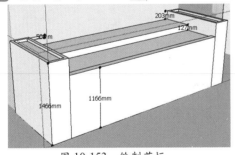
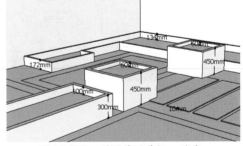

图10-153　绘制花坛　　　　图10-154　别墅花园花坛、踏步

05 激活"材质"工具 ⌘，按住Alt键吸取材质，或激活"材质"工具 ⌘，在弹出的"材质"对话框中单击"创建材质"按钮 ⌘，并赋予别墅景观材质，如图10-155所示。

06 执行"文件"|"导入"菜单命令，将组件导入场景中并移动至合适位置，如图10-156所示。

图10-155　赋予材质　　　　　图10-156　导入组件

10.4　后期渲染

使用 V-Ray for SketchUp 渲染时，需要通过编辑材质、初次渲染效果测试以及最终渲染三步来完成一张效果较为真实的图片。

10.4.1　渲染前准备工作

室外模型进行渲染之前，对场景信息的处理和简化十分重要，可以提高渲染出图质量，同时也可以加快渲染速度。

01 调整场景。单击"阴影设置"按钮 ，在弹出的"阴影设置"面板中设置参数，并单击"显示/隐藏阴影"按钮 开启阴影效果，如图 10-157 所示。

02 结合利用"缩放"工具 、"环绕视察"工具 和"平移"工具 将场景调整至合适位置，并执行"视图"｜"动画"｜"添加场景"菜单命令，保存当前场景，如图 10-158 所示。

图 10-157　设置阴影

03 执行"窗口"｜"组件"菜单命令，单击"详细信息"图标 ，在关联菜单中选择"清理未使用项"选项，将模型中未使用的模型元素删除，如图 10-159 所示。

图 10-158　添加场景

图 10-159　清除未使用组件

10.4.2　设置材质参数

在做好渲染前期准备工作后，便可开始对渲染参数进行相关设置。

01 在 V-Ray for SketchUp 工具栏中单击"打开 V-Ray 材质编辑器"按钮 ，用"材质"面板上的吸管 单击吸取窗户玻璃材质，此时可以快速地在"材质"编辑器面板"材质"列表下方找到相应的材质，如图 10-160 所示。

图 10-160　找到窗户玻璃材质

02 找到材质后单击鼠标右键，创建反射材质，单击反射选项后的"设置贴图"按钮 **m**，在弹出的"贴图编辑器"面板中将纹理贴图设置为"菲涅耳"，并设置相应参数，如图10-161所示，将反射颜色RGB值设置为"170、170、170"。

图10-161 设置窗户玻璃反射材质参数

03 设置地下室墙面材质参数。用"吸取管" 吸取材质，在"贴图"卷展栏中勾选"凹凸贴图"选项，并单击"凹凸贴图"后的按钮 **m**，在弹出的"贴图编辑器"面板中将"纹理贴图"设置为"位图"并设置参数，如图10-162所示。

图10-162 设置地下室墙面材质参数

04 将建筑一、二、三层墙面、阳台、长廊及屋顶的相关材质，分别设置上述相同参数。

05 上述同样的方法为墙面材质添加一个反射层，并设置相关参数，如图10-163所示。

图10-163 设置墙面材质参数

10.4.3 设置渲染参数

完成所有材质的参数调整之后，即可设置渲染参数。

01 在V-Ray for SketchUp工具栏中单击"打开V-Ray渲染设置面板"按钮 ，在"系统"卷展栏下设置"宽度"为60，"高度"为60，如图10-164所示。

02 在"环境"卷展栏下设置"全局光颜色"强度为2，如图10-165所示。

03 打开"输出"卷展栏，勾选"覆盖视口"复选框，设置"长度"为3000，"宽度"为1875，并设置渲染文件路径，如图10-166所示。

图 10-164　设置系统参数

图 10-165　设置环境参数

图 10-166　设置输出参数

04 在"间接照明"卷展栏
中设置"首次反弹"为"发
光贴图","二次反弹"
为"灯光缓存", "二
次倍增"为 0.85,如图
10-167 所示。

图 10-167　设置间接照明参数

05 在"发光贴图"卷展
栏中设置"最小比率"
为 -2,"最大比率"为 -1,
"半球细分"为 80,如
图 10-168 所示。

图 10-168　设置发光贴图参数

06 在"灯光缓存"卷展栏中设置"细分"为1200,"过程数"为6,如图10-169所示。

07 设置完成后,单击"关闭"按钮,关闭"参数设置"面板,单击"开始渲染"按钮 ⑧,开始渲染场景,最终渲染效果如图10-170所示。

图10-169 设置灯光缓存参数

图10-170 最终渲染效果

10.5 后期效果图处理

在SketchUp中利用V-Ray进行渲染后,为使得场景显得更加真实,需要将效果图在Photoshop中进行终极处理。

01 打开Photoshop软件,执行"文件"│"打开"命令,将渲染的png格式的效果图打开,并在图层上双击将其重命名,如图10-171所示。

图10-171 新建图层

02 复制"原图"图层并隐藏,选择"魔棒"工具,选中"原图"中的天空部分,然后添加天空背景,并输入快捷键C将图像进行裁剪,如图10-172所示。

03 在建筑物两旁添加乔灌木和地被，如图 10-173 所示。

图 10-172　添加天空背景并裁剪图像

图 10-173　添加建筑旁乔灌木

04 在道路两侧分别添加灌木、铺装，如图 10-174 所示。

05 在效果图中添加路灯和车辆，如图 10-175 所示。

图 10-174　添加道路灌木

图 10-175　添加路灯和车辆

06 在效果图中添加背景植物和前景树，如图 10-176 所示。

07 最后对图像进行微调，如图 10-177 所示。

图 10-176　添加背景植物和前景树

图 10-177　微调图像

08 完成操作后，即可将图像输出。执行"文件"｜"存储为"菜单命令，将文件以 JPG 形式输出。

第11章

综合实例——小区景观设计

本课知识：

- 创建模型前准备工作。

- 在 SketchUp 中创建模型。

- 细化场景模型。

- 丰富场景模型。

- 整理场景。

居住区绿化是建立居住小区众多因素中不可缺少的组成部分。随着社会的发展，居民生活质量要求提高，人们普遍追求营造高品质的小区环境。小区景观设计并非只是在空地上配置花草树木，而是一个集总体规划、控件层次、建筑形态、竖向设计、花木配置等功能为一体的综合概念。

本住宅小区占地近3万平方米，项目由高层舒适型住宅、小户型公寓组成，并辅以星级酒店式综合楼（公寓、酒店、写字楼）、风情商业街及主题幼儿园等配套设施等组成。

本章将讲解如何使用SketchUp软件创建住宅小区园林景观设计的流程和方法，下面选取图11.1的红色区域进行详细讲解。

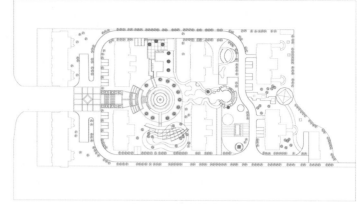

图 11.1　模型创建区域

11.1　创建模型前准备工作

11.1.1　整理 CAD 平面图纸

01 打开配套光盘"第11章\居住区平面图.dwg"素材文件，文件中包含简化后的居住区总平面图，如图11.2所示。

02 在命令行中输入"pu"清理命令，在弹出的"清理"对话框中单击"全部清除"选项对场景中的图源信息进行处理，并在弹出的"清理—确认清理"对话框中选择"清理所有项目"选项如图11.3所示。

03 经过多次单击"全部清除"和"清理所有项目"选项，直到"全部清理"选项按钮变为灰色才完成图像的清理，如图11.4所示。

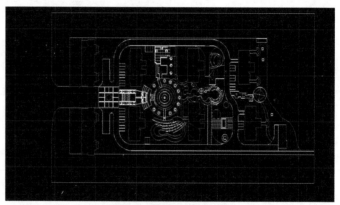

图 11.2　简化后总平面图

图 11.3　打开"清理"对话框

图 11.4　清理完成

11.1.2 导入 CAD 图形

01 执行"文件"｜"导入"菜单命令，在弹出的"打开"对话框中将文件类型设置为"AutoCAD 文件（*.dwg、*.dxf）"，单击"打开"面板右侧的"选项"按钮，在打开的"AutoCAD DWG/DXF 选项"对话框中将单位设置为"毫米"，并选中"保持绘图原点"选项，最后双击目标文件即可进行导入，如图 11.5 所示。

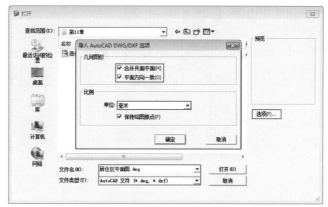

图 11.5　导入文件

02 CAD 图形导入完成后，框选图形，通过选择右键关联菜单中的"创建群组"命令，将其分别创建成组，如图 11.6 所示。

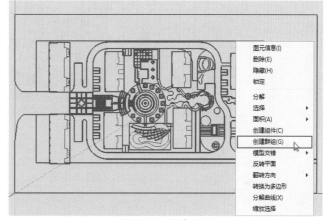

图 11.6　创建组件

03 单击"图层管理器"按钮，在弹出的"图层"对话框中选择除"Layer0"图层外的所有图层，单击"删除图层"按钮，在弹出的"删除包含图元的图层"对话框中选择"将内容移至默认图层"选项，单击"确定"按钮，退出操作，如图 11.7 所示。

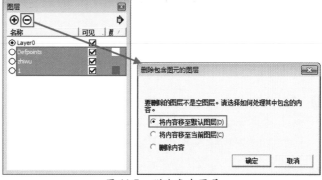

图 11.7　删除多余图层

04 单击"添加图层"按钮，分别添加命名为"建筑"、"人物"、"植物"、"小品"、"车"一共 5 个图层，如图 11.8 所示。

05 双击进入群组，利用"直线"工具、"矩形"工具，将居住区总平面图进行封面操作，并全选图形执行右键关联菜单中的"反转平面"命令，如图 11.9 与图 11.10 所示。

图 11.8　添加图层

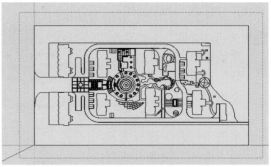

图 11.9　为居住区平面图封面

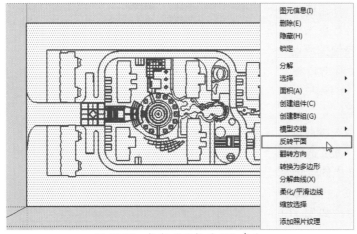

图 11.10　执行"反转平面"命令

11.2　在 SketchUp 中创建模型

11.2.1　绘制主干道和中心圆形喷泉广场模型

1. 绘制主干道

01 绘制阶梯状花坛。激活"推/拉"工具 ，将主干道两侧花坛依次向上推拉 420mm、780mm，如图 11.11 所示。

02 绘制花坛细节。激活"卷尺"工具 、"直线"工具 ，绘制距花坛边线 30mm 的辅助线，并用"推拉"工具 ，将花坛边缘和绿化边框分别向外、向上推拉 30mm、50mm，如图 11.12 所示。

03 绘制台阶。激活"推/拉"工具 ，将每阶台阶向上推拉 60mm，绘制结果如图 11.13 所示。

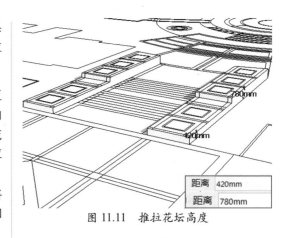

图 11.11　推拉花坛高度

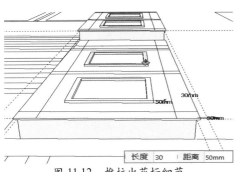

图 11.12　推拉出花坛细节

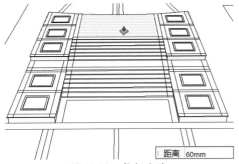

图 11.13　推拉台阶

04 绘制主干道花坛。激活"推 / 拉"工具 ◈，将花坛依次向上推拉 586mm、745mm、900mm 的高度，并按住 Ctrl 键，分别向上推拉 50mm、50mm、48mm 高度，表示花坛边缘，并将花坛绿化平面分别向上推出 169mm、277mm、293mm 的高度，如图 11.14 所示。

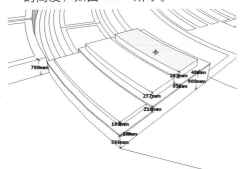

图 11.14　绘制花坛

05 绘制台阶。激活"推 / 拉"工具 ◈，将向上、向下两部分台阶每阶分别向上推拉 50mm、75mm 的高度，如图 11.15 所示。

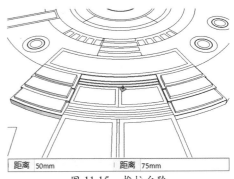

图 11.15　推拉台阶

2．绘制中心圆形喷泉广场

01 激活"推 / 拉"工具 ◈，按住 Ctrl 键，将圆形喷泉广场向上推拉 900mm 的高度，并留出 70mm 的边缘厚度，如图 11.16 所示。

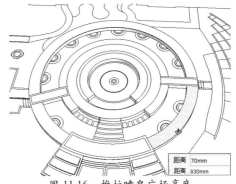

图 11.16　推拉喷泉广场高度

02 重复命令操作，将圆形喷泉广场中水体部分向上推拉 120mm 的高度，如图 11.17 所示。

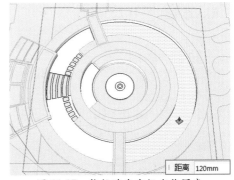

图 11.17　推拉喷泉广场水体深度

03 激活"推 / 拉"工具 ◈，按住 Ctrl 键，将圆形喷泉广场中踏步向上推拉 763mm 的高度，如图 11.18 所示。

04 细化喷泉广场基本形态。激活"推 / 拉"工具 ◈，按住 Ctrl 键，将喷泉广场内部圆形向上推拉，由内到外分别为 50mm、150mm、300mm、450mm、600mm，如图 11.19 所示。

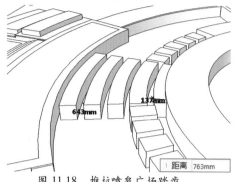

图 11.18　推拉喷泉广场踏步

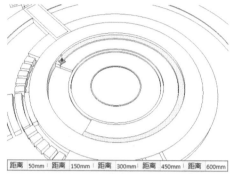

图 11.19　细化喷泉广场基本形态

05 绘制喷泉广场花坛。激活"推 / 拉"工具 ◈，按住 Ctrl 键，将喷泉广场花坛依次向上推拉出 830mm、447mm、50mm，并将绿化平面向下推拉 47mm，如图 11.20 所示。

06 执行"文件"|"导入"菜单命令，导入喷泉组件并移动至合适位置，如图 11.21 所示。

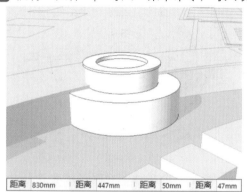

图 11.20　推拉喷泉广场花坛

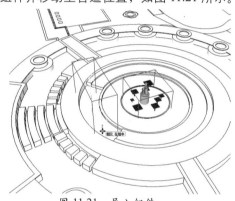

图 11.21　导入组件

07 使用上述相同方法导入喷泉台组件，激活"移动"工具 ◈，按住 Ctrl 键，将组件移动复制，结果如图 11.22 所示。

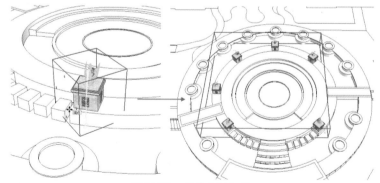

图 11.22　移动复制组件

08 选择导入组件，执行右键关联菜单中的"图元信息"命令，移动组件至"小品"图层，如图 11.23 所示。

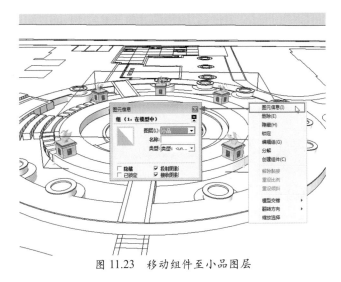

图 11.23　移动组件至小品图层

11.2.2　绘制老年人活动区及周围景观模型

1. 绘制水池

01 绘制台阶和道路边缘。激活"推 / 拉"工具 ◆，按住 Ctrl 键，将每阶台阶向上推拉 225mm 高度，并将道路边缘向上推拉出 100mm 的高度，如图 11.24 所示。

02 激活"推 / 拉"工具 ◆，按住 Ctrl 键，将水池平面向下推拉 178mm 的深度，如图 11.25 所示。

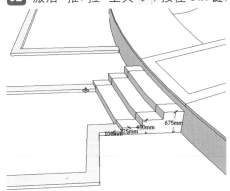

图 11.24　绘制台阶和道路边缘

图 11.25　推拉出水池的深度

03 绘制水边防护栏。激活"移动"工具 ✦，按住 Ctrl 键，将玻璃栏板平面向上移动复制 100mm，并用"推 / 拉"工具 ◆，向上推拉 1100mm 高度的实体栏板，进行细化，结果如图 11.26 所示。

04 激活"移动"工具 ✦，按住 Ctrl 键，将绘制的实体栏板移动复制至合适位置，并使用"推 / 拉"工具 ◆，将玻璃栏板向上推拉 955mm 的高度，如图 11.27 所示。

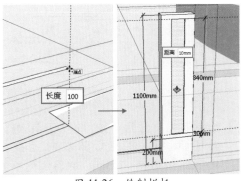

图 11.26　绘制栏板

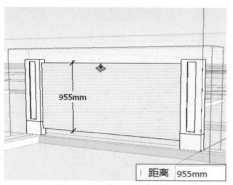

图 11.27　推拉玻璃栏板

05 激活"移动"工具 ✛，按住 Ctrl 键，移动复制栏杆至合适位置，如图 11.28 所示。

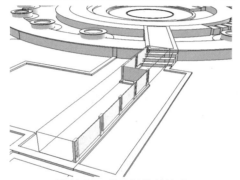

图 11.28　防护栏绘制结果

2.　绘制老年人活动区

01 绘制铺装。激活"推/拉"工具 ✦，按住 Ctrl 键，将广场全部铺装向下推拉 150mm 的厚度，如图 11.29 所示。

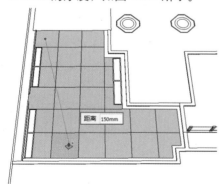

图 11.29　推拉出广场铺装厚度

02 绘制花坛。激活"推/拉"工具 ✦，按住 Ctrl 键，将花坛依次向上推拉 400mm、73mm、76mm，并将绿化平面

向下推拉 14mm，如图 11.30 所示。

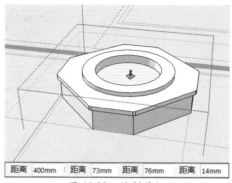

图 11.30　绘制花坛

03 激活"移动"工具 ✛，按住 Ctrl 键，移动复制花坛，并将其创建为群组，结果如图 11.31 与图 11.32 所示。

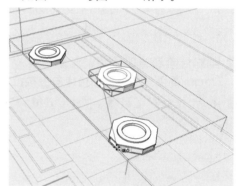

图 11.31　移动复制花坛

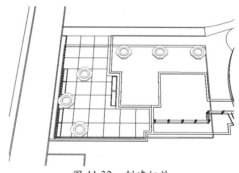

图 11.32　创建组件

04 绘制绿篱。激活"推/拉"工具 ✦，将绿化面向上推拉 700mm，如图 11.33 所示。

05 执行"文件"|"导入"菜单命令，导入座椅、廊架、小品组件并移动至合适位置，如图 11.34 与图 11.35 所示。

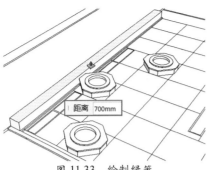

图 11.33　绘制绿篱

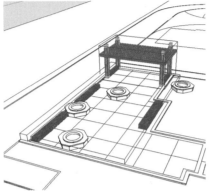

图 11.34　导入座椅、廊架组件

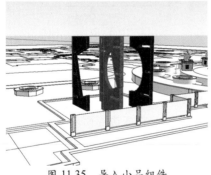

图 11.35　导入小品组件

11.2.3　绘制休闲区模型

01 激活"推/拉"工具 ◆，按住 Ctrl 键，将景墙分别向上推拉 1448mm、1751mm、2295mm、2412mm、2470mm 的高度，如图 11.36 所示。

02 激活"推/拉"工具 ◆，向上推拉台阶，结果如图 11.37 所示。

03 绘制微地形。双击进入组件，激活"移动"工具 ❖，将等高线向上移动，并将其全部选择，然后单击沙盒工具栏上的"根据等高线创建" 🖺 工具，结果如图 11.38 所示。

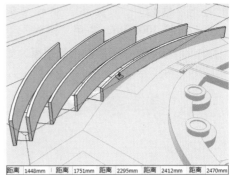

图 11.36　推拉景墙高度

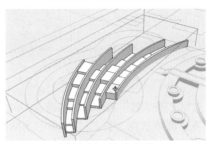

图 11.37　推拉台阶

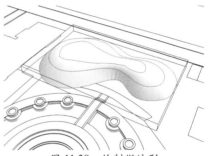

图 11.38　绘制微地形

04 绘制景观亭。激活"矩形"工具 ▨，绘制尺寸为 2700mm×3000mm 的矩形，并以矩形角点为端点绘制 4 个尺寸为 300mm×300mm 的小矩形，如图 11.39 所示。

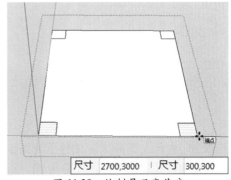

图 11.39　绘制景观亭基座

05 激活"推/拉"工具 ◈，将柱子平面向上推拉3000mm，并用"矩形"工具 ▨，以柱子端点为起点绘制顶面，如图11.40所示。

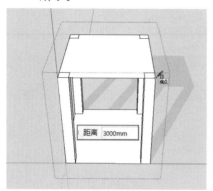

图11.40 推拉景观柱并封顶

06 激活"推/拉"工具 ◈，按住 Ctrl 键，将平面依次向上推拉140mm、700mm、140mm，如图11.41所示。

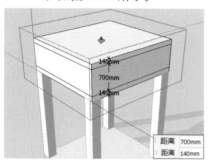

图11.41 向上推拉顶面

07 激活"偏移"工具 ⟳，将顶面向内偏移299mm，并使用"推/拉"工具 ◈，将里面矩形挖空，如图11.42所示。

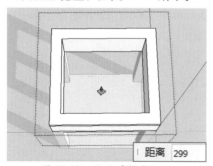

图11.42 偏移并挖空顶面

08 激活"卷尺"工具 ⟋，沿柱子边线绘制辅助线，并使用"矩形"工具 ▨，以交点为起点绘制矩形，然后激活"推/拉"

工具 ◈，将平面向内推拉85mm，如图11.43所示。

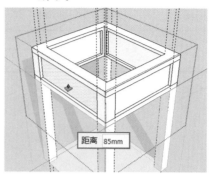

图11.43 细化景观亭

09 细化亭子。激活"卷尺"工具 ⟋，绘制距横向边线20mm、330mm，距竖向边线577mm的辅助线，并用"直线"工具 ✐，连接辅助线的交点，如图11.44所示。

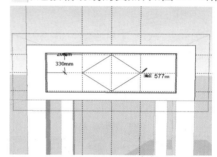

图11.44 绘制亭子装饰轮廓

10 选择多边形平面创建为组件，激活"偏移"工具 ⟳，将多边形面向内偏移85mm，并使用"推/拉"工具 ◈，将内多边形挖空，外多边形向外推拉11mm，如图11.45所示。

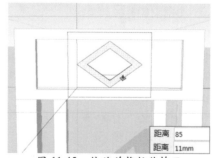

图11.45 偏移并推拉装饰面

11 激活"圆"工具 ◎，在顶面四角、中心绘制半径为120mm的圆，并创建为组件，双击进入组件，激活"推/拉"工具

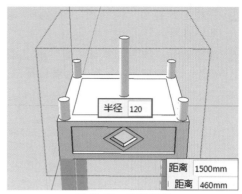

图 11.46 绘制顶柱

，将圆形面分别向上推拉 460mm、1500mm 的高度，如图 11.46 所示。

12 激活"矩形"工具 ▣、"推/拉"工具 ◆，绘制尺寸为 1600mm×90mm×29mm 的长方体，创建为群组并移动至合适位置，如图 11.47 所示。

13 激活"移动"工具 ✦，按住 Ctrl 键，将其移动复制 12 份，并创建为群组，使用"旋转"工具 ❂，按住 Ctrl 键，将组件旋转复制 3 份，如图 11.48 所示。

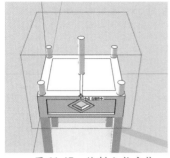

图 11.47 绘制小长方体

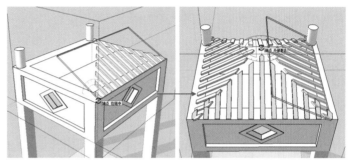

图 11.48 绘制亭子顶部

14 绘制亭顶。激活"矩形"工具 ▣，参照顶面尺寸绘制两个垂直的矩形，并用"偏移"工具 ◔，将矩形平面向外偏移 689mm，整理完成后结果如图 11.49 所示。

15 用"选择"工具选择放样路径，激活"跟随路径"工具 ◔，单击垂直截面，将会沿放样路径跟随出如图 11.50 所示图形，并对景观亭进行调整，结果如图 11.51 所示。

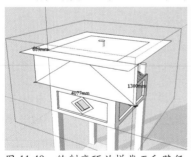

图 11.49 绘制亭顶放样截面和路径

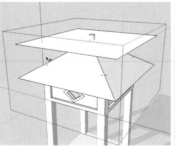

图 11.50 启用跟随路径工具

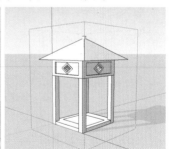

图 11.51 调整景观亭

16 绘制基座装饰。激活"圆弧"工具 ⌒，绘制弧高为 270mm、弧长为 500mm 的弧面，创建为组件并用"推/拉"工具 ◆，推拉弧形面，如图 11.52 所示。

17 激活"移动"工具 ✦、"旋转"工具 ❂，按住 Ctrl 键，将亭底部装饰组件进行复制，结果如图 11.53 所示。

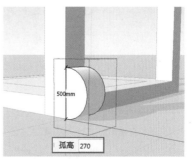

图 11.52 绘制亭基座装饰

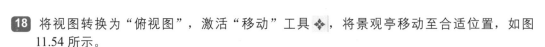

18 将视图转换为"俯视图"，激活"移动"工具 ❖，将景观亭移动至合适位置，如图 11.54 所示。

19 选择亭子，激活"曲面平整" ▨ 工具，单击山体，此时亭子底面平整到山体上，并将 11.2.4 绘制枯山水区模型合适位置，如图 11.55 所示。

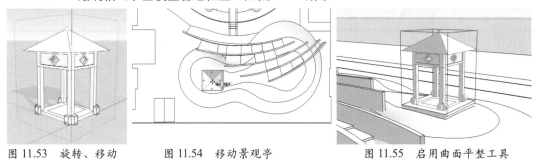

图 11.53　旋转、移动　　　　图 11.54　移动景观亭　　　　图 11.55　启用曲面平整工具
　　　　　复制组件

11.2.4　绘制枯山水区模型

01 选择枯山水区平面，执行右键关联菜单中"创建群组"命令，如图 11.56 所示。

02 激活"推/拉"工具 ❖，将假水平面向下推拉 265mm，绿化平面向下推拉 100mm，如图 11.57 所示。

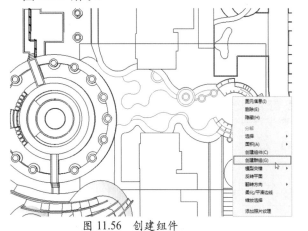

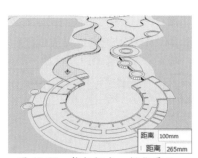

图 11.56　创建组件　　　　　　　　图 11.57　推拉假水、绿化平面

03 执行"文件"|"导入"菜单命令，导入小品、石灯笼和景观石（对其进行大小、高低变化）、石头园路组件并移动至合适位置，如图 11.58 ～图 11.61 所示。

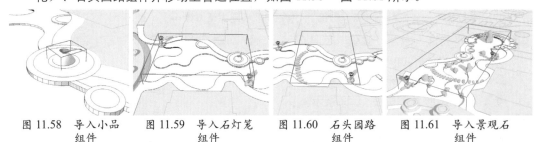

图 11.58　导入小品　　　图 11.59　导入石灯笼　　　图 11.60　石头园路　　　图 11.61　导入景观石
　　　　　组件　　　　　　　　　　组件　　　　　　　　　　组件　　　　　　　　　　组件

11.2.5　绘制儿童游乐区模型

01 绘制座椅。激活"旋转矩形"工具 ▧，绘制尺寸为 378mm×360mm 的矩形，并用"偏移"

工具 ，将矩形面向外偏移 30mm，创建为组件，然后利用"推/拉"工具 ，将平面推拉 48mm 的厚度，如图 11.62 所示。

02 激活"旋转"工具 ，按住 Ctrl 键，将组件旋转 0.8° 并复制 32 份，如图 11.63 所示。

03 结合"圆弧"工具 、"直线"工具 ，绘制放样路径并选择，激活"跟随路径"工具 ，单击矩形截面，放样结果如图 11.64 所示。

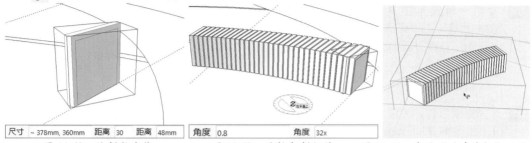

图 11.62 绘制长方体 图 11.63 旋转复制组件 图 11.64 启用"跟随路径"工具

04 激活"旋转" 按住 Ctrl 键，将座椅组件旋转复制 2 份并进行调整，如图 11.65 所示。

05 利用"推/拉"工具 按住 Ctrl 键，将场景边缘向上推拉 50mm，如图 11.66 所示。

06 执行"文件"|"导入"菜单命令，导入小品、儿童游戏器械组件并移动至合适位置，如图 11.67 所示。

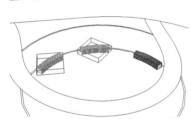
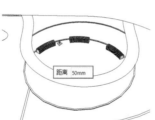

图 11.65 旋转复制座椅组件 图 11.66 推拉场景边缘 图 11.67 导入小品、游戏器械组件

11.2.6 绘制静区模型

01 绘制廊架。激活"卷尺"工具 ，绘制距铺装边线 243mm、1380mm、240mm 距离的辅助线，并用矩形工具 ，以交点为起点绘制矩形，然后利用"推/拉"工具 ，将矩形平面分别向上推拉 825m、780mm、2860mm 的高度，如图 11.68 所示。

02 激活"卷尺"工具 ，绘制距横向景墙边线 1317mm、700mm 和竖向边线 1147mm 距离的辅助线，并用"矩形"工具，以辅助线交点为起点绘制矩形，然后利用"推/拉"工具 ，将其挖空，如图 11.69 所示。

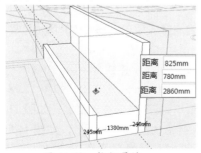
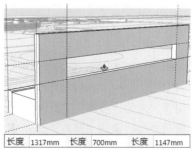

图 11.68 推拉景墙 图 11.69 挖空景墙

03 激活"直线"工具 ✏️，绘制如图 11.70 所示的图形。

04 利用"推/拉"工具 ◈，将绘制的平面推拉 9331mm 的长度，结果如图 11.71 所示。

05 激活"卷尺"工具 🖉，绘制距横向景墙边线 192mm、竖向边线 12mm 的辅助线，并结合使用"矩形"工具 ▨、"推/拉"工具 ◈，绘制尺寸为

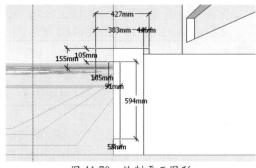

图 11.70　绘制平面图形

155mm×192mm×2563mm 的长方体，如图 11.72 所示。

06 选择支架组件，激活"移动"工具 ✥，按住 Ctrl 键，将支架向左移动 3044mm 并复制 3 份，如图 11.73 所示。

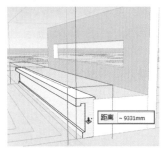

图 11.71　推拉平面

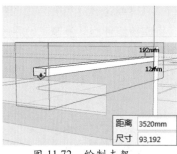

图 11.72　绘制支架

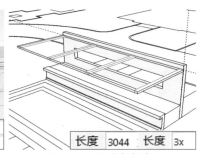

图 11.73　移动复制支架

07 激活"卷尺"工具 🖉，参照柱子边线绘制辅助线，并结合使用"矩形"工具 ▨、"推/拉"工具 ◈，绘制尺寸为 155mm×192mm×2563mm 的长方体，如图 11.74 所示。

08 选择组件，激活"移动"工具 ✥，按住 Ctrl 键，将支架向左移动复制 3 份，如图 11.75 所示。

09 激活"旋转"工具 ♻️，以组件角点为起点绘制尺寸为 50mm×93mm 的矩形，并用"推/拉"工具 ◈，将矩形平面向外推拉 9324mm，结果如图 11.76 所示。

图 11.74　绘制竖向支撑

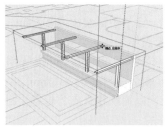

图 11.75　移动复制支撑

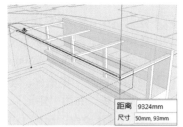

图 11.76　绘制横向支架

10 选择组件，激活"移动"工具 ✥，按住 Ctrl 键，将支架向右移动 650mm 并复制 3 份，如图 11.77 所示。

11 激活"卷尺"工具 🖉，绘制距组件边线 930mm 辅助线，并结合使用"矩形"工具 ▨、"推/拉"工具 ◈，绘制尺寸为 74mm×64mm×1900mm 的长方体，如图 11.78 所示。

12 选择组件，激活"移动"工具 ✥，按住 Ctrl 键，将支架向左移动复制，如图 11.79 所示。

13 绘制廊架顶面。激活"矩形"工具 ▨，以支架端点为起点绘制矩形，如图 11.80 所示。

14 绘制绿篱。利用"推/拉"工具 ◈，按住 Ctrl 键，将绿化平面向上推拉 300mm，如图 11.81 所示。

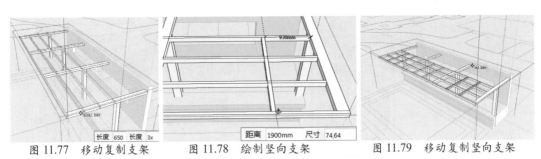

图 11.77 移动复制支架　　　图 11.78 绘制竖向支架　　　图 11.79 移动复制竖向支架

15 细化铺装。利用"推 / 拉"工具 ◈，按住 Ctrl 键，将铺装平面向下推拉 150mm，如图 11.82 所示。

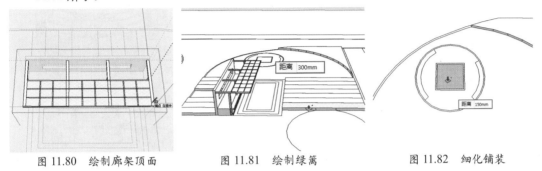

图 11.80 绘制廊架顶面　　　图 11.81 绘制绿篱　　　图 11.82 细化铺装

16 绘制座椅。激活"推 / 拉"工具 ◈，按住 Ctrl 键，将座椅平面向上推拉 450mm，激活"偏移"工具 ⤵，将平面向外偏移 50mm，并使用"推 / 拉"工具 ◈，将其向上推拉 40mm，如图 11.83 所示。

17 执行"文件"|"导入"菜单命令，导入小品组件并移动至合适位置，如图 11.84 所示。

18 激活"推 / 拉"工具 ◈，按住 Ctrl 键，将道路牙子平面向上推拉 100mm，如图 11.85 所示。

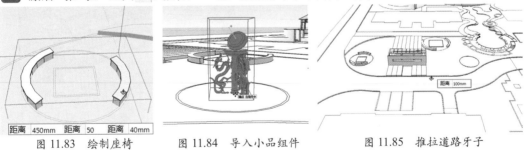

图 11.83 绘制座椅　　　图 11.84 导入小品组件　　　图 11.85 推拉道路牙子

11.3 细化场景模型

模型的基本形态创建完成后，即可开始为模型赋予材质，在赋予材质的同时修改整理模型使其更为真实。

11.3.1 赋予主干道模型材质

01 首先赋予小区中草坪、道路材质，铺大关系。激活"材质"工具 ⦾，单击"材质"面板中的"创建材质"按钮 ⬚，选择材质"草皮" ▨ 并填充小区草坪，如图 11.86 所示。

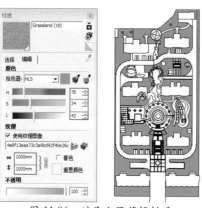

图 11.86 赋予小区草坪材质

02 用上述相同方法导入材质，选择"花岗岩01" 材质，填充小区道路，如图 11.87 所示。

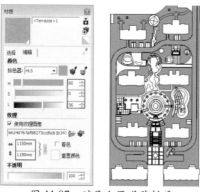

图 11.87 赋予小区道路材质

03 用上述相同方法导入材质，选择"深色花岗石" 材质，填充主干道边框，如图 11.88 所示。

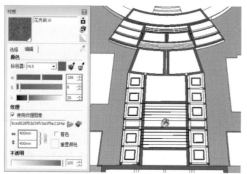

图 11.88 赋予主干道边框材质

04 用上述相同方法导入材质，选择"黄色砖"材质 ，填充主干道道路，如图 11.89 所示。

05 选择"花岗岩01" 材质，填充主干道台阶，如图 11.90 所示。

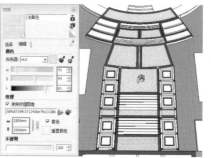

图 11.89 赋予主干道道路材质

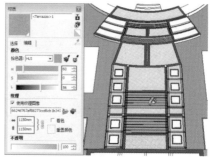

图 11.90 赋予主干道台阶材质

06 用上述相同方法选择"瓷砖01" 材质，填充主干道花坛外围，如图 11.91 所示。

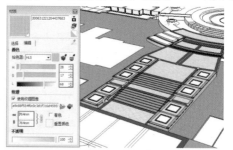

图 11.91 赋予主干道花坛边材质

07 选择"石材" 材质，填充主干道花坛材质，如图 11.92 所示。

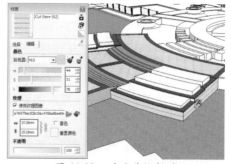

图 11.92 赋予花坛材质

08 选择"花草植被" 材质，填充主干道花坛绿化，如图 11.93 所示。

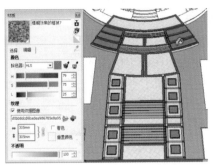

图 11.93　赋予花坛绿化材质

11.3.2　赋予中心喷泉广场模型材质

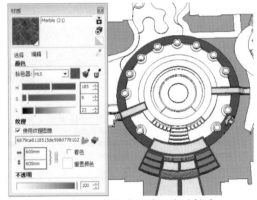

01 激活"材质"工具 ，单击"材质"对话框中的"创建材质"按钮 ，选择"深色大理石" 材质、"石材" 材质和"广场砖" 材质，填充中心喷泉广场外圈走道材质，如图 11.94 所示。

02 选择"鹅卵石" 材质和"水纹" 材质，填充水池底部和水面，并选择"浅色大理石" 材质、"石材" 、"深色花岗岩" 材质、"米黄色花岗岩"材质、"木质纹" 材质、"花色大理石" 材质和"浅灰色砖" 材质，由

图 11.94　赋予广场外圈走道材质

外向内依次填充中心广场喷泉内圈走道材质，如图 11.95 与图 11.96 所示。

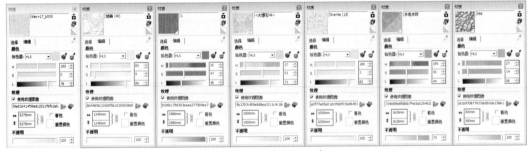

图 11.95　"材质"面板

03 选择"米黄色花岗岩" 材质、"深色花岗岩" 材质、"花草植被" 材质，填充中心喷泉广场花坛，如图 11.97 所示。

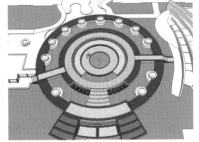

图 11.96　赋予中心喷泉广场内圈走道材质

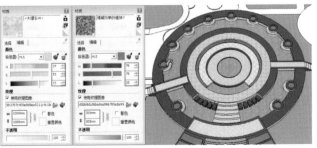

图 11.97　赋予中心喷泉广场花坛材质

11.3.3　赋予休闲区模型材质

01 激活"材质"工具，单击"材质"对话框中的"创建材质"按钮，选择"广场砖"　材质、"石材"　材质、"工字砖"　材质及"草皮"　材质，填充休闲区景墙和微地形材质，如图 11.98 所示。

02 选择"灰色半透明玻璃"　材质和"白色"材质，赋予景观亭顶部支架与玻璃顶面材质，并将亭身赋予"灰色自然砖"材质，景观亭基面赋予"灰色大理石"材质和"回纹砖"　材质，如图 11.99 所示。

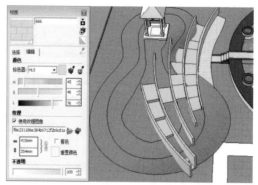

图 11.98　赋予休闲区景墙和微地形材质

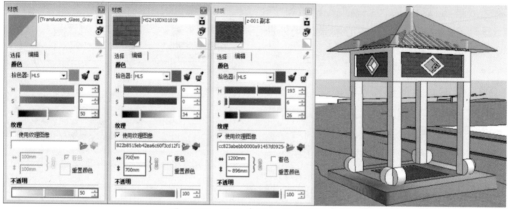

图 11.99　赋予休闲区景观亭材质

11.3.4　赋予老年人活动区模型材质

01 激活"材质"工具，单击"材质"对话框中的"创建材质"按钮，选择"条形砖"　材质、"深色花岗岩"　材质、"蓝色半透明玻璃"　材质及"浅色花岗岩"　材质，填充老年人活动区铺地材质；选择"深色木纹"　材质、"草皮"　材质和白色、灰色材质填充老年人活动区树池，如图 11.100 与图 11.101 所示。

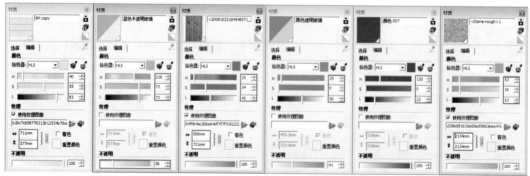

图 11.100　"材质"面板

02 选择"自然文化石"　材质和"水纹"　材质，填充水池底部和水面；选择"灰色半透明玻璃"[image]材质、"浅色花岗岩"[image]材质和深色[image]材质,赋予老年人活动区防水栏杆材质,如图 11.102 所示。

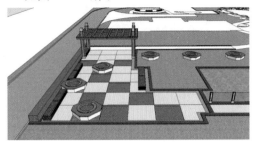
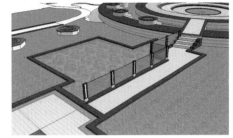

图 11.101　赋予老年人活动区地面、树池材质　　　图 11.102　赋予老年人活动区水池、防护栏杆材质

11.3.5　赋予枯山水区模型材质

激活"材质"工具[image],单击"材质"对话框中的"创建材质"按钮[image],选择"沙耙地被层"[image]材质、"灰色砖"[image]材质、"灰色片石"[image]材质、"浅蓝色碎石拼砖"[image]材质、"深色花岗岩"[image]材质及"草皮"[image]材质,填充枯山水区铺地材质,如图 11.103 与图 11.104 所示。

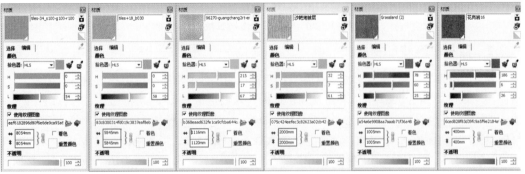

图 11.103　"材质"面板

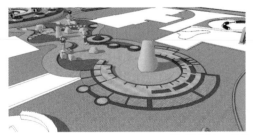
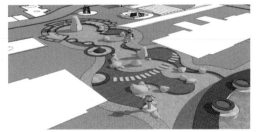

图 11.104　赋予枯山水区铺地材质

11.3.6　赋予儿童活动区模型材质

激活"材质"工具[image],单击"材质"对话框中的"创建材质"按钮[image],选择"深色木纹"[image]材质、"人字形砖"[image]材质、"碎石地被层"[image]材质、"浅色花岗岩"[image]材质、"植草砖"[image]材质,填充儿童活动区中的游戏器械区铺地材质;选择"原色樱桃木质纹"[image]材质、"水洗石"[image]材质填充座椅材质;选择灰色砖"[image]材质、"细沙地被层"[image]材质,填充儿童活动区中的戏沙区铺地材质,如图 11.105 与图 11.106 所示。

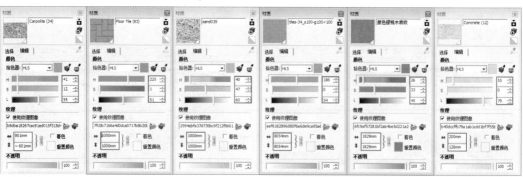

图 11.105　赋予水体侧面与地面材质

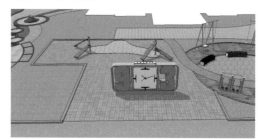

图 11.106　赋予儿童活动区地面材质

11.3.7　赋予静区模型材质

激活"材质"工具 ，单击"材质"对话框中的"创建材质"按钮 ，选择"石材" 材质、"深色花岗岩" 材质填充景墙；选择"米白色大理石" 材质、"木质纹" 材质、"草皮" 材质，填充花池、绿篱材质；选择"不锈钢" 材质、"紫色半透明玻璃" 材质填充廊架顶棚、支架材质；选择"深色大理石" 材质、"灰色砖" 材质、"深色花岗岩" 材质、"灰色砖" 材质、"灰色片石" 材质及"蓝色半透明玻璃" 材质、"深色木纹" 材质，填充静区铺地和座椅材质，如图 11.107 ～图 11.109 所示。

图 11.107　廊架材质面板　　　　　　　　图 11.108　铺地材质面板

图 11.109　赋予静区廊架、铺地、绿篱材质

11.4 丰富场景模型

在 SketchUp 中，为了使得模型看起来更为灵动真实，一般通过为场景中添加真实生活中的物件以丰富场景模型。

11.4.1 添加构筑物

01 单击"图层管理器"按钮 🖲，将建筑图层设为当前图层，首先为居住区添加居住建筑和应用商店，并移动至合适位置，结果如图 11.110 所示。

02 在场景中添加防护围栏，如图 11.111 所示。

图 11.110　添加居住建筑和应用商店　　　　图 11.111　添加防护围栏

03 在老年人活动区草地上添加石块，石块随意摆放，有大有小，有远有近，使其放置自然真实；在玻璃铺地材质下面放置三维文字，如图 11.112 所示。

04 在枯山流水区中添加桥组件，更能渲染小桥流水人家的意境，如图 11.113 所示。

05 在静区草地上随意添加放置石块，并添加园路用来连接不同的景观空间，起到移步异景的作用；在玻璃铺地材质下面放置三维文字，如图 11.114 所示。

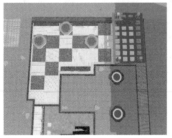  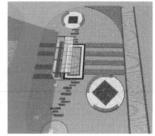

图 11.112　添加石块、铺地组件　　　图 11.113　添加桥组件　　　图 11.114　添加石块、园路、
　　　　　　　　　　　　　　　　　　　　　　　　　　　　　　　　　　　　　铺地组件

11.4.2 添加植物

在添加植物时，不仅需要考虑植物的乔木、灌木、花卉、草皮和地被植物等层次搭配，同时也要考虑植物色彩、姿态等其他因素，从整体出发，营造特点鲜明且丰富多样的景观。

01 单击"图层管理器"按钮 🖲，将植物图层设为当前图层，主干道添加彩色植物组件，起到指引作用，如图 11.115 所示。

02 中心喷泉广场添加灌木植物组件，起到点缀作用，结果如图 11.116 所示。

03 在老年人活动区添加乔木、低矮植被、少量灌木植物组件，大片留白空地增加了人们活动场地，如图 11.117 所示。

图 11.115　主干道添加植物效果

图 11.116　中心喷泉广场添加植物效果

04 在休闲区添加小乔木、灌木丛植物组件，此场景中没有添加高大乔木，以达到一览众山小的效果，如图 11.118 所示。

图 11.117　老年人活动区添加植物效果

图 11.118　休闲区添加植物效果

05 在枯山流水区添加竹子、彩色小乔木植物组件，渲染氛围，如图 11.119 所示。

06 儿童是特殊群体，在儿童活动区种植植物时需考虑安全性问题，因此在此区域没有种植高大、树叶密集植物，种植小乔木、灌木，使视线不遮挡，如图 11.120 所示。

图 11.119　枯山水区添加植物效果

图 11.120　儿童区添加植物效果

07 在静区添加乔木、小乔木、灌木、低矮地被，植物搭配丰富，层次感强，适合人们在此交谈、静坐，如图 11.121 所示。

图 11.121　静区添加植物效果

11.4.3　添加人、动物、车辆及路灯

01 植物放置完成后，开始在场景中放置人物组件，并将所有放置的人物创建为一个群组，如图 11.122 所示。

02 完成添加人组件后，接下来为场景添加鸟和狗等动物组件，使场景更有活力，并且将所有动物创建成组，如图 11.123 所示。

图 11.122 放置人物组件并创建组

图 11.123 放置动物组件

03 完成添加动物组件后，接下来为场景添加路灯、车组件，使居住区氛围更为强烈，如图 11.124 与图 11.125 所示。

图 11.124 放置路灯组件

图 11.125 放置车组件

11.5 整理场景

至此模型基本构建完成，接下来通过调节相应的参数，便可以导出需要的图形，将图形进行 Photoshop 后期处理即可。

11.5.1 渲染图片

01 调整场景。单击"阴影设置"按钮 ，在弹出的"阴影设置"面板中设置参数，并单击"显示/隐藏阴影"按钮 开启阴影效果，如图 11.126 所示。

02 结合利用"缩放"工具 、"环绕视察"工具 和"平移"工具 将场景调整至合适位置，并执行"视图"|"动画"|"添加场景"菜单命令，保存当前场景，如图 11.127 所示。

03 在做好渲染前期准备工作后，便可开始对渲染参数进行相关设置。在 V-Ray for SketchUp 工具栏中单击"打开 V-Ray 渲染设置面板"按钮 ，参照前面章节，在此不再赘述。单击"开始渲染"按钮 ，开始渲染场景，最终渲染效果，如图 11.128 所示。

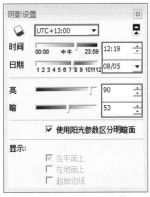

图 11.126 设置阴影

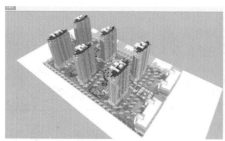

图 11.127 添加场景

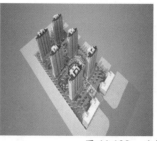

图 11.128 渲染效果

11.5.2 后期处理

在 SketchUp 中利用 V-Ray 进行渲染后，为使得场景显得更加真实，需要将效果图在 Photoshop 中进行后期效果的处理。

01 打开 Photoshop 软件，执行"文件"｜"打开"命令，将渲染的 png 格式的效果图在 Photoshop 中打开，并在图层上双击将其重命令，如图 11.129 所示。

02 复制"原图"图层并隐藏，选择与模型类似环境的图片，添加大体场景，如图 11.130 所示。

图 11.129 新建图层

图 11.130 添加大体场景

03 选择"魔棒"工具，选中"原图"图层中的草坪部分，并添加草坪，如图 11.131 所示。

04 选择"魔棒"工具，选中"原图"和"大场景"图层中的水体，并添加水体和倒影，如图 11.132 所示。

图 11.131 添加草坪

图 11.132 添加水体和倒影

05 在规划场地周边环境添加植物，如图 11.133 所示。

06 在规划场地中添加桥木、灌木、地被等植物，如图 11.134 所示。

07 丰富规划场地周边环境，如图 11.135 所示。

图 11.133 添加周边环境植物

图 11.134 添加规划场地植物

08 在规划场地中添加车子，渲染氛围，如图 11.136 所示。

图 11.135 丰富周边环境

图 11.136 添加车子

09 为场景添加投影，使阳光效果更强烈，如图 11.137 所示。

10 对整个画面进行处理，添加云雾，使鸟瞰画面感更强，如图 11.138 所示。

图 11.137 添加投影

图 11.138 添加云雾

11 对整个场景进行微调，小区鸟瞰图绘制
结果如图 11.139 所示。

图 11.139 小区鸟瞰图